シリーズ 現代の天文学［第2版］ 第4巻

銀河I──銀河と宇宙の階層構造

谷口義明・岡村定矩・祖父江義明［編］

日本評論社

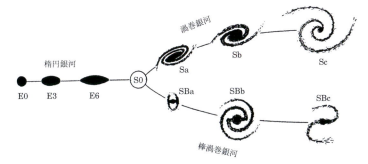

口絵1 ハッブルが提案した銀河の分類体系．(上) 1936年の著書にある分類体系の模式図．音叉を横にした形に似ているので音叉図と呼ばれる．当時はまだS0銀河が仮説的存在として描かれている（図1.1, Hubble 1936, *The Realm of the Nebulae*）(下) 実際の銀河の画像で構成した音叉図．上図にない不規則銀河も含まれている．Zooniverse（市民が参加できる科学プロジェクトの集合体）のGalaxy Zooへの投稿「Types of Galaxies」May 12, 2010, https://blog.galaxyzoo.org/tag/hubble/page/2/（2018年7月5日閲覧）」(図1.2)

口絵2 さまざまな波長で見たアンドロメダ銀河（M 31）．①X線チャンドラ衛星（NASA/UMass/Z.Li & Q.D.Wang）②紫外線GALEX（GALEX team, Caltech, NASA）③可視光（木曽観測所シュミット望遠鏡）④近赤外線（1.6 μm）(Atlas Image courtesy of 2MASS/UMass/IPAC-Caltech/NASA/NSF)⑤中間赤外線（24 μm）スピッツァー望遠鏡（NASA/JPL-Caltech/K.Gordon）⑥遠赤外線（175 μm）ISO（ESA/ISO/ISOPHOT & M.Haas D.Lemke, M.Stickel, H.Hippelein, *et al.*）⑦電波（3 mm, CO分子ガス）Ch. Nieten *et al.* 2006, *A&A*, 453, 459⑧電波（21 cm, 中性水素H$_I$ガス）GBT100 m 電波望遠鏡（NRAO/AUI/NSF, WSRT）

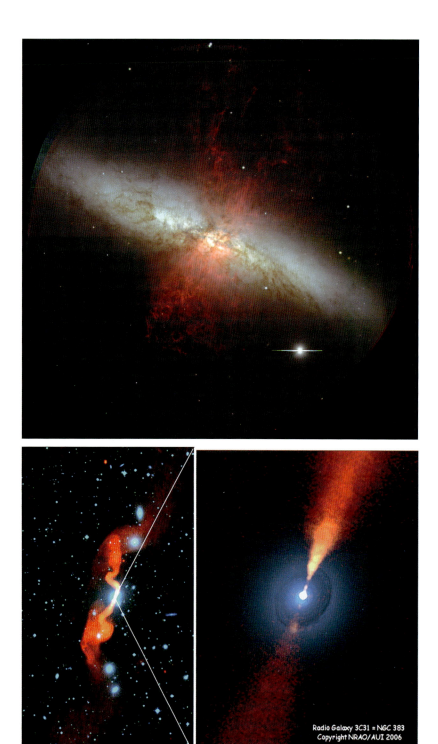

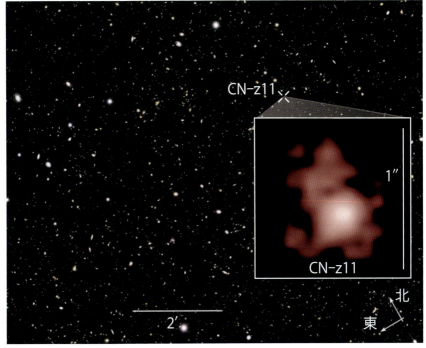

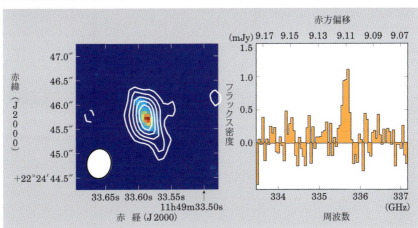

口絵3 ［左上］不規則銀河M 82の光学写真．スターバーストによって噴出した電離ガスが出すHα線が赤く光っている（すばる撮影）（図4.1，国立天文台）

口絵4 ［左下］楕円銀河の中心核（クェーサー 3C31）から噴出する巨大な電波ジェット．青が可視光で見た母銀河，赤が電波で見たジェットの画像．ジェットは，母銀河を突き抜けて数100 kpcに広がっている（VLA観測）（第4章，NRAO/AUI）

口絵5 ［上］おおぐま座の方向で見つかった134億光年彼方のGN-z11（中央右側にクローズアップされている）（5.4節，NASA, ESA, P.Oesch (Yale University), G.Brammer (STScI), P.van Dokkum (Yale University), and G.Illingworth (University of California, Santa Cruz)

口絵6 ［下］ALMAによって [OⅢ]88 μm輝線が観測された赤方偏移 z = 9.1の銀河MACS1149-JD1．（左）[OⅢ]88 μm輝線の強度マップ，（右）[OⅢ]88 μm輝線のスペクトル（図5.6，大阪産業大学／国立天文台，橋本拓也）

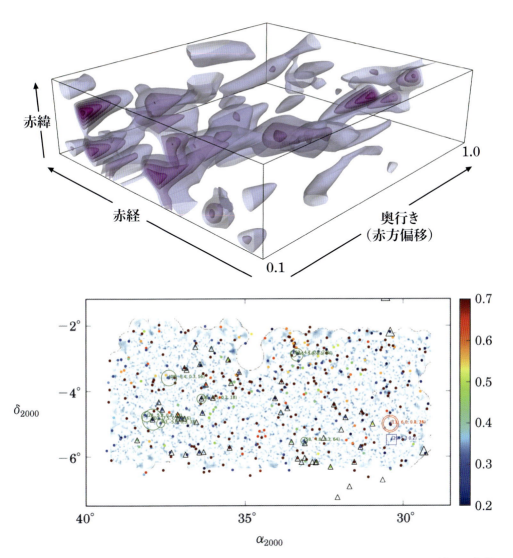

口絵7 ［左上］「ハッブルフロンティアフィールド」(ハッブル宇宙望遠鏡の所長裁量時間を使って行われた重力レンズ銀河団の深い探査プロジェクト)によるMACSJ 0717.5+3745銀河団の画像．重力レンズで細長い円弧状にゆがめられた遠方銀河の像がたくさん見られる．黄色っぽい銀河は重力レンズ効果を引き起こしている手前の銀河団のメンバー銀河 (7.3節, NASA, ESA and the HST Frontier Fields team (STScI))

口絵8 ［左下］渦状銀河ESO 137-001のガスの剥ぎ取り．ハッブル宇宙望遠鏡で撮影された銀河本体の可視光の画像(左上)にチャンドラX線観測衛星で観測された高温ガスの画像(本体から右下に伸びる帯状の構造)を重ねてある (7.4節, NASA, ESA)

口絵9 ［上］すばる望遠鏡の超広視野カメラHyper Suprime-Cam (HSC)によるサーベイデータから作成されたダークマターの3次元分布図．弱い重力レンズ効果を利用し，銀河の奥行き情報(赤方偏移)と組み合わせて作成した（第8章, 東京大学, 国立天文台）

口絵10 ［下］すばる望遠鏡の超広視野カメラHyper Suprime-Cam (HSC)の広域撮像データから弱い重力レンズ効果に基づいて作成されたダークマターの分布図(青色の濃淡で示すマップ)．丸印は同じデータから検出された銀河団候補(色は右カラーバーで示す赤方偏移)．△印はX線観測から検出された銀河団 (図8.14, Miyazaki et al. 2018, *PASJ*, 70, S27)

赤方偏移 $z=0$ ($t=13.6$ Gyr) 136億年

赤方偏移 $z=1.4$ ($t=4.7$ Gyr) 47億年

赤方偏移 $z=5.7$ ($t=1.0$ Gyr) 10億年

赤方偏移 $z=18.3$ ($t=0.21$ Gyr) 2.1億年

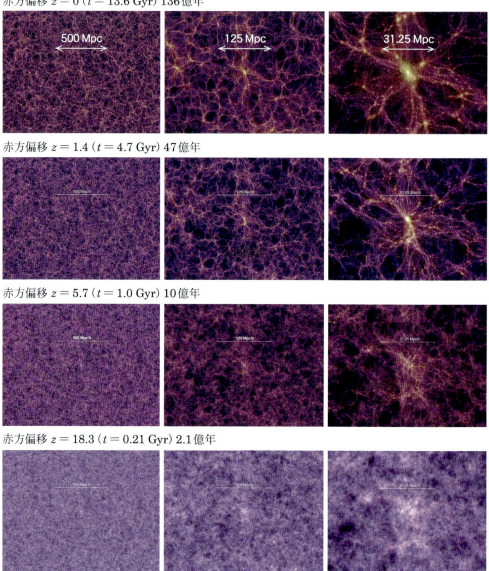

口絵11 The Millennium Simulation Project（100億個の粒子を用いたコンピュータシミュレーションプロジェクト）による，宇宙大規模構造の進化図．下の列から上の列へと時間が経過している．各列で，左から右へ4倍ずつズームインされている．スケールは最上列に示してある．奥行き方向の厚みは約20メガパーセク（第10章）．https://wwwmpa.mpa-garching.mpg.de/galform/virgo/millennium/）

シリーズ第2版刊行によせて

　本シリーズの第1巻が刊行されて10年が経過しましたが，この間も天文学の
めざましい発展は続きました．2015年9月14日に，アメリカの重力波望遠鏡
LIGOによってブラックホール同士の合体から発せられた重力波が検出されまし
た．これによって人類は，電磁波とニュートリノなどの粒子に加えて，宇宙を観
測する第三の手段を獲得しました．太陽系外惑星の探査も進み，今や太陽以外の
恒星の周りを回る3500個を越す惑星が知られています．生物の住む惑星はもと
より究極の夢である高等文明の探査さえ人類の視野に入ろうとしています．観測
された最遠方の銀河の距離は134億光年へと伸びました．宇宙の年齢は138億
年ですから，この銀河はビッグバンからわずか4億年後の宇宙にあるのです．ま
た，身近な太陽系の探査でも，冥王星の表面に見られる複数の若い地形や土星の
衛星エンケラドス表面からの水の噴き出しなど，驚きの発見が相次いでいます．

　さまざまな最先端の観測装置の建設も盛んでした．チリのアタカマ高原にある
日本（東アジア），アメリカ，ヨーロッパの三極が運用する電波干渉計アルマ
（ALMA）と，銀河系の星全体の1%にあたる10億個の星の位置を精密に測る
ヨーロッパのGaia衛星が観測を始めています．今後に向けても，我が国の重力
波望遠鏡KAGRA，口径30mの望遠鏡TMT，長波長帯の電波干渉計SKA，
ハッブル宇宙望遠鏡の後継機JWSTなどの建設が始まっています．

　このような天文学の発展を反映させるべく，日本天文学会の事業として，本シ
リーズの第2版化を行うことになりました．第1巻から始めて適切な巻から順
次全17巻を2版化して行く予定です．「新版シリーズ現代の天文学」が多くの
方々に宇宙への夢を育む座右の教科書として使っていただければ幸いです．

2017年1月

日本天文学会第2版化WG　岡村定矩・茂山俊和

シリーズ刊行によせて

　近年めざましい勢いで発展している天文学は，多くの人々の関心を集めています．これは，観測技術の進歩によって，人類の見ることができる宇宙が大きく広がったためです．宇宙の果てに向かう努力は，ついに 129 億光年彼方の銀河にまでたどり着きました．この銀河は，ビッグバンからわずか 8 億年後の姿を見せています．2006 年 8 月に，冥王星を惑星とは異なる天体に分類する「惑星の定義」が国際天文学連合で採択されたのも，太陽系の外縁部の様子が次第に明らかになったことによるものです．

　このような時期に，日本天文学会の創立 100 周年記念出版事業として，天文学のすべての分野を網羅する教科書「シリーズ現代の天文学」を刊行できることは大きな喜びです．

　このシリーズでは，第一線の研究者が，天文学の基礎を解説するとともに，みずからの体験を含めた最新の研究成果を語ります．できれば意欲のある高校生にも読んでいただきたいと考え，平易な文章で記述することを心がけました．特にシリーズの導入となる第 1 巻は，天文学を，宇宙−地球−人間という観点から俯瞰して，世界の成り立ちとその中での人類の位置づけを明らかにすることを目指しています．本編である第 2−第 17 巻では，宇宙から太陽まで多岐にわたる天文学の研究対象，研究に必要な基礎知識，天体現象のシミュレーションの基礎と応用，およびさまざまな波長での観測技術が解説されています．

　このシリーズは，「天文学の教科書を出してほしい」という趣旨で，篤志家から日本天文学会に寄せられたご寄付によって可能となりました．このご厚意に深く感謝申し上げるとともに，多くの方々がこのシリーズにより，生き生きとした天文学の「現在」にふれ，宇宙への夢を育んでいただくことを願っています．

2006 年 11 月

編集委員長　岡村定矩

はじめに

　第4巻では銀河の構造および形成と進化に関する描像を，宇宙の歴史とリンクさせて解説する．我々の住んでいる銀河系（天の川銀河）も銀河の一つである．典型的な銀河は大きさが10万光年もあり，その中に約1000億個もの星々が存在している．宇宙にはこのような銀河がおよそ1000億個存在していると考えられている．そして100億年以上の長い時間をかけ，銀河は銀河団や宇宙の大規模構造を作りながら進化してきている．なお，銀河系については本シリーズ第5巻「銀河II──銀河系」で，また宇宙の構造と進化については，第2巻と3巻で詳述するので，併せて参照されたい．

　第I部ではまず，銀河の基本的な観測量（質量，光度，スペクトルエネルギー分布，形態など）を概説し，銀河がどのような物理的性質を有しているかを明らかにする．次に，銀河の回転や質量分布などの動力学的性質をまとめ，銀河の持つ普遍的な力学構造を理解する．銀河を構成するものはダークマター，星，およびガスである．ダークマターの素性は現在でも不明であるが，銀河の動力学的性質を説明するためには，必須のものであることが理解できる．また，これらの性質を理解することで，銀河の形成メカニズムを考えるヒントが得られるだろう．

　銀河の進化を考えるときの重要な物理過程は星生成，および星の進化である．星は温度の低い星間ガス（分子ガス雲）の中で誕生する．生成された星は放射光により，周辺のガスを温める．また，超新星爆発などの高エネルギー現象を通じて，星間ガスを激しく加熱する．銀河のなかではこのようなガスから星へ，また星からガスへの循環が起こっているため，銀河内には多様な物理的性質を持つガスが存在している．また，星風や超新星爆発などの星からの質量放出は星間ガスに含まれる重元素量を増加させ，星間ガスの化学的性質をも変化させる．したがって，星間ガスの諸相の理解は，銀河進化の理解につながることが分かる．

　銀河を理解するうえで，銀河中心核およびその周辺で起こる物理現象には注意を払う必要がある．銀河中心核は星が密集した高密度の領域であるばかりでなく，超大質量ブラックホールを内包していると考えられているからである．この

ブラックホールの強力な重力場を利用して，膨大なエネルギーを放射しているものがあり，活動銀河中心核と呼ばれている．また，星の生成率も中心核付近で増大している場合もあり，スターバースト（爆発的星生成）現象と呼ばれている．これらの現象は，銀河円盤部の進化過程とは明らかに異なる．

近年，ハッブル宇宙望遠鏡や，口径 8–10m 級の光学赤外線望遠鏡の活躍で，形成途上にある若い銀河の観測ができるようになってきた．宇宙年齢は約 137 億年と推定されているが，人類はすでに 129 億光年彼方の銀河を検出している．つまり，宇宙誕生後 8 億年の頃の銀河の姿が見え始めているのである．このような観測的進展に加え，銀河形成の精密なシミュレーションも行われている．これらの成果にもとづき，統一的な銀河の理解に挑む．

第 I 部は，単体（孤立系）としての銀河の形成と進化の理解にあてられたものである．しかし，現実には銀河は孤立系ではなく，多くの場合，銀河群や銀河団と呼ばれる銀河集団の中で進化してきている．そこで，第 II 部では，銀河の階層構造に焦点をあて，銀河とその環境の関連性について述べる．特に，銀河団では数 1000 個もの銀河が密集しているものもあり，銀河の進化は環境に強く依存している．銀河の力学進化，化学進化，そして銀河団の重力場に捕捉されている高温プラズマの進化を相補的に理解することを試みる．宇宙には多数の銀河団があり，それらは宇宙の大規模構造と呼ばれる構造を作っている．ダークマターの暗躍する世界であるが，重力レンズという強力なツールを駆使して，私たちは銀河宇宙の理解にかなり肉薄してきている．最先端の研究成果に触れながら，銀河を通して見た宇宙の進化を満喫していただければ幸いである．

本書編集については，担当の佐藤大器氏と筧裕子氏の多大な御尽力をいただきました．著者一同に代わり感謝いたします．

2007 年 8 月

谷口 義明

［第2版にあたって］

　早いもので，シリーズ現代の天文学 第4巻『銀河 I』の刊行（2007年10月）から10年余の歳月が流れた．銀河の研究は恒星の研究に比べれば歴史は短いものの，約100年の蓄積がある*．そのため，銀河の基本的な性質や形成と進化の描像はかなり良く理解されてきた．銀河の研究はアナログからディジタル（写真乾板から半導体結合素子［CCDカメラ］）への転換が行われた80年代中盤から本格化し，90年代にハッブル宇宙望遠鏡や口径8–10 m クラスの地上大型望遠鏡の始動により大きく発展してきた．また，電波からX線，ガンマ線に至る多波長観測時代の幕開けがその発展を揺るぎないものにしてきた．さらに，銀河の統計的な研究は長い間，米国パロマー天文台のシュミット望遠鏡を用いて行われたパロマー天文台スカイ・サーベイに基づく写真データに頼ってきたが，1998年にスタートしたスローン・ディジタル・スカイ・サーベイのCCDデータに取って代わられてから劇的な発展を見た．これは，銀河天文学のみならず，観測的宇宙論の本格的な研究にも大きな影響を与えた．

　第4巻『銀河 I』の第1版はこれらの恩恵を受けて執筆されたものであり，その意味では，10年余の時の経過にも大きな影響を受けるものではないと当初は考えていた．一方，この10年余の銀河の研究の進展をみると，やはり大幅に改訂する方が良いことに気づいた．天文学の研究はまさに日進月歩であり，その歩みを止めることなく発展し続けているということである．

　第1版 "はじめに" を読んで気づくことを挙げてみると以下のようになる．

　　　宇宙の年齢：137億歳 ⟶ 138億歳

　　　最遠方銀河までの距離：129億光年 ⟶ 134億光年

　　　したがって，宇宙年齢4億歳の頃の銀河が発見されていることになる

　宇宙の年齢は宇宙マイクロ波背景放射の詳細な解析とハッブル定数の測定で，すでに決定誤差は±1億年まで追い込まれてきているので，今後大きな変更を受

---

　* 米国の天文学者エドウィン・ハッブルがセファイド型変光星を用いてアンドロメダ銀河（それまではアンドロメダ星雲と呼ばれており，銀河系内にあるかどうか不明であった）の距離を約100万光年と評価し，銀河系の外にある独立した銀河であることを明らかにした（Hubble 1925, *Observatory*, 48, 139; 以下も参照 Hubble 1929, *ApJ*, 69, 103）．したがって，銀河が多数存在するという現代的な宇宙観を得てからまだ100年に満たない．

けることはないと思われるが，今後もより正確な値に改訂され続けていくことは確かである．遠方銀河の探査は地上の大型光学望遠鏡が活躍していた時代が続いていたが，ハッブル宇宙望遠鏡に近赤外線のチャンネルを持つ恒星のカメラ Wide Field Cam 3 が 2009 年に設置されてから大きな進展をみている．それは赤方偏移 $z = 7$（129 億年）を超える銀河からの情報は大きな赤方偏移のために可視光では検出できず，近赤外線でしか検出できなかったからである．そのため，最遠方銀河の記録はハッブル宇宙望遠鏡によって主としてなされるようになった．一方，巨大電波干渉系である ALMA（Atacama Large Millimeter-Submillimeter Array）の運用が 2013 年に開始され，遠赤外線帯にあるイオンの超微細構造輝線をプローブ（探針）にして遠方銀河の探査に大きな成果を出し始めた（すでに赤方偏移 $z = 10$（132 億年）に到達している）．今まで発見されてこなかったサブミリ波銀河の存在は銀河進化のダークサイドの研究に拍車をかけている．

　今後はジェームズ・ウエッブ宇宙望遠鏡（JWST），そして口径 30–40 m 級の地上超大型光学赤外線望遠鏡の稼働でさらなる地平を目指して研究が飛躍的に進展するであろう．初代星の痕跡が見つかる時代を迎えようとしているのである．

　では，銀河形成論はどうだろう．第 1 版の段階では，いわゆ "冷たい暗黒物質（Cold Dark Matter, CDM）" による銀河形成論で決着を見ていたように誰しも考えていた．ここでの CDM 理論は暗黒物質の重力的な凝集で暗黒物質ハロー（塊状の構造）が生まれ，それらが順次合体して現在観測されるような銀河に育ってきたとされてきた．すなわち，階層構造的合体モデルである．しかし，09 年には新たなシナリオであるコールド・ストリーム理論が提案されるに至った．このモデルでは最初に暗黒物質の凝集で生成された領域に暗黒物質が流れ込んで構造形成が進行していくと考える．どちらが良いかの決着はついていないが，一見パラダイムとして定着していた階層構造的合体モデルにも見直しが迫られているということである．

　今回の改訂（第 2 版）ではここ 10 年間の銀河天文学の発展をできるだけ正確に取り入れるよう配慮した．しかし，不十分な点も多々あると思われるので読者の方々のご意見をお待ちしたい．それが将来の第 3 版に繋がっていくと信じて，第 4 巻『銀河 I』第 2 版の挨拶とします．

2018 年 6 月

谷口 義明

シリーズ第2版刊行によせて　i
シリーズ刊行によせて　iii
はじめに　v

第I部　銀河の物理 I

第1章　銀河とは何か　3

1.1　銀河の種類と形態分類　3
1.2　銀河からの放射　15
1.3　基本観測量　19
1.4　銀河を構成する星の種族　31

第2章　銀河の動力学的性質　37

2.1　銀河の運動　37
2.2　銀河のダークマター　47
2.3　スケーリング則　59

第3章　星間物質と星生成　69

3.1　星間物質の諸相と分布　69
3.2　星生成　80
3.3　星間物質の循環と重元素汚染　97
3.4　銀河磁場　100

第4章　銀河の活動現象　107

4.1　スターバースト　107
4.2　銀河風　113
4.3　活動銀河中心核　123
4.4　電波ジェットと電波ローブ　134
4.5　活動銀河中心核の統一モデル　141

第5章 銀河の形成と進化 151

5.1 宇宙進化と赤方偏移 151
5.2 銀河形成論 159
5.3 銀河進化論 167
5.4 高赤方偏移銀河 187

第6章 銀河の距離測定 191

6.1 銀河系内の星と星団の距離決定 192
6.2 標準光源による距離測定の原理 198
6.3 近傍銀河の距離決定 203
6.4 遠方銀河・銀河団の距離測定 210
6.5 ハッブル定数 215

第II部 宇宙の階層構造 ……………………………………229

第7章 宇宙の階層構造と銀河相互作用 231

7.1 宇宙の階層構造 231
7.2 銀河団 241
7.3 銀河団の多波長観測 249
7.4 銀河相互作用 253

第8章 銀河団の観測的性質 265

8.1 銀河団の構造 265
8.2 銀河団と宇宙論 269
8.3 銀河団の質量分布 273
8.4 銀河団のメンバー銀河の速度分散 276
8.5 重力レンズ効果 278

第9章 銀河団物質と銀河進化　297
- 9.1 銀河団銀河の進化　297
- 9.2 銀河団ガス　314
- 9.3 銀河団ガスの圧力とスニヤエフ-ゼルドビッチ効果　320
- 9.4 高エネルギー粒子と磁場　332

第10章 銀河団と大規模構造　339
- 10.1 宇宙大規模構造の認識　339
- 10.2 宇宙地図の歴史と大規模構造の発見　346
- 10.3 完全サーベイの重要性　352
- 10.4 宇宙大規模構造　353

参考文献　361
付表　362
索引　365
執筆者一覧　369

第 I 部
銀河の物理

第 **I** 章

銀河とは何か

　夜空に輝く星は，ほとんどが私たちの住む銀河系（天の川銀河）[*1]の星々である．しかし，ひとたび銀河系を離れて広大な宇宙を丹念に観測すると，そこには銀河の世界が広がっている．宇宙には観測可能な範囲だけでも 1000 億個以上もの銀河が存在しており，銀河系もその一つである．宇宙のもっとも基礎的な構成単位である銀河を理解することは，宇宙そのものの理解にもつながる．本章では，銀河の基本的な性質について解説する．

1.1　銀河の種類と形態分類

　銀河は大別すると，可視光の青色波長帯である B バンド[*2]の絶対等級で約 -18 等を境にして，それより明るい巨大銀河（giant galaxy）と，それより暗い矮小銀河（dwarf galaxy）に分けられる．矮小銀河の質量は $10^9\,M_\odot$（$M_\odot$ は太

　[*1] 我々の住む銀河は英語では the Galaxy あるいは our Galaxy と書かれ，これに対する日本語は「銀河系」が広く用いられてきた．これに伴う「系内天体」や「系外銀河」などの用例もある．最近 the Galaxy と同じ意味で Milky Way Galaxy という英語も多く用いられるようになった．これに対しては「天の川銀河」という和訳があてられている．どちらの語を用いるかは研究分野と個人でそれぞれ異なり，まだどちらかに統一すべき状況にはない．これを踏まえて，本書では，各章の初出時のみ「銀河系（天の川銀河）」と表記し，それ以降は執筆者の記述をそのまま用いている．

　[*2] 1.2 節および詳しくは第 15 巻参照.

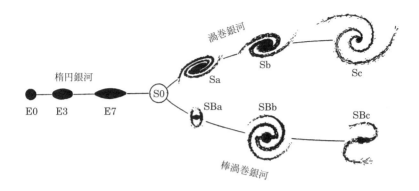

図 **1.1** ハッブルによる銀河分類の音叉図（口絵 1, Hubble 1936, *The Realm of the Nebulae*).

陽質量（2×10^{30} kg）を表す）よりも小さい．矮小銀河はその暗さのために，観測研究の対象としての歴史は巨大銀河に比べるとまだ浅い．ここではまず巨大銀河の形態分類について述べる．形態分類とは，銀河を見かけの形で分類することである．ただし形態と銀河のさまざまな物理量には後で述べるように良い相関がある．したがって，形態分類は銀河に関連する物理過程を理解する一助となるはずである．

1.1.1　ハッブル分類

巨大銀河の形態分類の基本は，1936 年にハッブル（E. Hubble）が提唱した，いわゆるハッブル分類である．ハッブルは，数 100 個の銀河を，可視光の写真[*3]を使ってグループ分けをした．大部分の銀河は回転対称性が良く，中心に光が集中した核を持つ規則銀河としてさらに詳細な分類を行ったが，2–3% の銀河は不規則銀河であるとした．そして規則銀河を，図 1.1 に示すように，左側に楕円銀河（記号 E），右側に通常の渦巻銀河[*4]（記号 S, 上の系列）と，中心に棒状構造のある棒渦巻銀河（記号 SB, 下の系列）を配置して分類した．図 1.1 はハッブルの「音叉図」と呼ばれ[*5]，音叉図に示された左から右への形態の系列を

[*3] 当時使われていた写真乾板は，おもに青色の光に感度があるものであった．
[*4] 渦状銀河とも呼ばれる．
[*5] ハッブル自身は著書で「Y 字型」と記している．

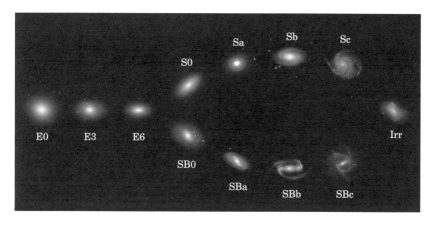

図 1.2 実際の銀河の画像で構成した音叉図．図 1.1 にない不規則銀河も含まれている．Zooniverse（市民が参加できる科学プロジェクトの集合体）の Galaxy Zoo への投稿「Types of Galaxies」May 12, 2010, https://blog.galaxyzoo.org/tag/hubble/page/2/（口絵 1，2018 年 7 月 5 日閲覧）．

ハッブル系列という．

銀河が音叉図の左側にあるほど早期型（early type），右側にあるほど晩期型（late type）と呼ばれる．当時，楕円銀河のような渦巻腕[*6]のない銀河が進化をし，回転速度が増すにつれて赤道面からガスが噴き出して渦巻腕となってゆくとするジーンズ（J.H. Jeans）の星雲進化の仮説が流布していた．ハッブルは早期型と晩期型の分類を便宜上のこととしているが，実際にはジーンズの仮説を意識していたようだ．ジーンズの仮説は現在では否定されているが，ハッブルの命名した早期型，晩期型という言葉は現在でも使用されている．その際にはたとえば，Sa 型銀河は Sb 型銀河よりも早期である，という具合に図上の左右の相対関係で使われることもあれば，銀河全体の中で楕円銀河と S0 銀河[*7]を早期型銀河と総称して使う場合もある．図 1.2（口絵 1）にさまざまな形態を持つ実際の銀河の画像を示す．

[*6] 渦状腕とも呼ばれる．

[*7] エスゼロと発音する．レンズ状銀河と呼ぶこともある．

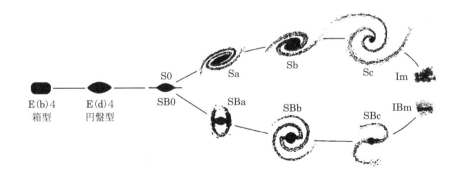

図 1.3 修正された銀河形態のハッブル図．楕円銀河の分類が見かけの扁平度ではなく箱型か円盤型かによる分類となった（Kormendy and Bender 1996, *ApJL*, 464, L119）．

1.1.2 楕円銀河

ハッブル系列のもっとも左に配置される楕円銀河の分類型は En のように表される．音叉図上では，左ほど丸く，右ほど扁平度が増す．E の次に来る数値 n は見かけ上の扁平率を表し，銀河の等輝度線[*8]の形を楕円で近似し，長軸の長さを a，短軸の長さを b としたとき，$10(1-b/a)$ を計算して小数点以下を切り捨てた整数値である．楕円銀河の特徴は，光が中心に集中しており，表面輝度は周辺に向かってなめらかに減少し，ずいぶん遠くまで広がって背景の夜空の明るさになめらかにとけ込んでいる．黒い塵の帯（ダストレーン[*9]）が見られるものもあるが，一般的にはほとんど模様が見られない．図 1.2 に楕円銀河（E3）の例を示した．

楕円銀河の分類は，ハッブルの時代には見かけの扁平率のみで行われていた．しかしながらその後，楕円銀河の中には，回転速度が小さく X 線を発する高温ガスの割合が高いものと，回転速度が大きいものがあることが分かってきた．前者は可視光の等輝度線が楕円に比べて箱型をしており，後者はレモン型あるいは円盤型をしている．図 1.3 が改良された分類で，ハッブルのもともとの分類に比べ，楕円銀河の物理状態をよりよく区別していると考えられる（2.1 節参照）．

[*8] 銀河の表面輝度の等しいところをつないだ線でアイソフォート（isophote）とも呼ばれる．

[*9] 暗く見えるので，現象論的に見た場合には ダークレーンとも呼ばれる．

1.1.3 S0 銀河

ハッブル系列で楕円銀河と渦巻銀河の間には，E7 よりも扁平だが渦巻腕も棒状構造もない S0 銀河が配置されている．ハッブルによって音叉図が作られた当時は，まだ S0 銀河は見つかっておらず，仮想的なタイプとして導入されたものである．ハッブルは，渦巻腕の痕跡もない楕円銀河と，渦巻腕を持つ渦巻銀河の間が不連続すぎると考え，中間的なタイプの銀河があるに違いないと考えたのである．その後観測が進むと，実際に S0 銀河に対応する銀河が見つかり，ハッブルの慧眼が立証された．

S0 銀河は，渦巻銀河と同じく，回転運動で支えられる薄い円盤成分を持つが，円盤内に渦巻腕が見られない銀河である．S0 銀河はガスや塵をほとんど含まないものが多く，楕円銀河と同様，比較的星生成が不活発で古い星の種族からなる．S0 銀河は大きく分けると早期型銀河に分類されるが，なかには星生成活動が比較的活発な銀河もあり，楕円銀河に比べて均質性が低い．

1.1.4 渦巻銀河

渦巻銀河は記号 S の後に a, b, c をつけて分類される．可視光で見た渦巻銀河はバルジと呼ばれる中心の回転楕円体状の成分と広がった円盤成分からなる（図1.9 参照）．円盤では回転運動が卓越しているが，バルジではランダムな運動が卓越している（2.1 節参照）．円盤ではガスや塵が多く，星生成活動が活発である．このガスと塵，およびそれから生まれたばかりの若い星は円盤の赤道面の薄い層に強く集中しており，渦巻腕として顕著に見える．

また密度がたいへん低いので通常の画像では見えにくいが，円盤よりもさらに遠くまで広がり，ほぼ球状に分布しているハローと呼ばれる成分がある．ハローの星もランダムな運動をしている．バルジとハローとをあわせて回転楕円体成分と呼ぶことがあり，どちらも比較的古い星が主体となっている．たとえば球状星団は年齢の古い星団であるが，おもにハローに分布している．これに対して比較的若い星からなる散開星団は，おもに円盤に分布している．

渦巻銀河では，早期型（Sa）から晩期型（Sc）に向かうに従い，次に示すように性質が変化する．

（1）円盤の明るさに対するバルジの明るさの比が小さくなる．

（2）渦巻腕の巻き込みの度合いが緩やかになる．

（3）円盤で巨大な電離水素領域（HII領域）や若い明るい星と星団が目立ってくる．

（4）星に対するガスや塵の相対質量が大きくなる．

渦巻銀河は，大きく分けて普通の渦巻銀河と棒渦巻銀河に分かれる．明るい渦巻銀河のおよそ20-30%は顕著な棒状構造をもち棒渦巻銀河と呼ばれている．ただし，約60%の渦巻銀河には，多少とも棒状構造が見られる．したがって棒渦巻銀河と普通の渦巻銀河に大きな性質の差があるとは考えない方が良い．棒状構造は銀河同士の相互作用などでも生じると考えられるが，銀河に内在する要因によって次第に成長するという説もあり，成因はまだ十分に理解されていない

1.1.5　不規則銀河

不規則銀河はハッブル分類では記号Irrで表される．ハッブルは不規則銀河の約半分はマゼラン雲に代表されるような銀河であるとした．マゼラン雲型の不規則銀河は明瞭な中心核を持たず，また回転対称な円盤や渦巻腕も持たない．ただし，渦巻銀河の円盤と同様に若い種族の星やガスからなっている．

また残り半分については，M82やNGC1275などのような特異な銀河であり，元々は規則銀河のどれかに対応したものであるとした．これらは銀河同士の相互作用によって規則銀河の形態が乱れ，見かけの形状が特異になっていると考えられている（7.4節参照）．ハッブル分類を集大成した写真集であるハッブルアトラスでは，マゼラン雲のような不規則銀河をI型（IrrI），M82やNGC1275のような銀河をII型（IrrII）の不規則銀河としている．

1.1.6　さまざまな銀河分類

ハッブル以後，さまざまな観点から多種多様な形態分類が提案された．ハッブル分類はサンデージ（A. Sandage）らにより詳細化が進み，ド・ヴォークルール（G. de Vaucouleurs）による改訂ハッブル分類[*10]として定着した．改訂ハッブル分類では，Scよりもさらに晩期型のSdとSmを導入し，またハッブルの不規則銀河のI型をIm，II型をI0[*11]とした．棒構造に関しては，まったくないもの

[*10] ド・ヴォークルール分類と呼ばれることもある．

[*11] アイゼロと発音する．

表 **1.1** 形態型指数 T に対するハッブル分類とド・ヴォークルールによる分類.

ハッブル分類	E	E–S0		S0	
ド・ヴォークルール分類	E	E$^+$	S0$^-$	S0	S0$^+$
形態型指数 T	-5	-4	-3	-2	-1

ハッブル分類	S0/a	Sa	Sa–b	Sb	Sb–c
ド・ヴォークルール分類	S0/a	Sa	Sab	Sb	Sbc
形態型指数 T	0	1	2	3	4

ハッブル分類		Sc			Sc–Irr	Irr I
ド・ヴォークルール分類	Sc	Scd	Sd	Sdm	Sm	Im
形態型指数 T	5	6	7	8	9	10

を SA 型，はっきりと認められるものを SB 型とし，中間的な SAB 型を導入した．また，渦巻腕の構造に関して r（リング）型と s（スパイラル）型という分類基準も導入した．その結果，改訂ハッブル分類は，図 1.4 に示すように立体的な分類となっている．細長い分類立体の中心軸がハッブル系列に対応し，中心軸に垂直な断面に多様な渦巻構造の特徴を展開する形になっている．ド・ヴォークルールはまた，形態を定量的に扱う手段として形態型指数 T を導入した．T は表 1.1 に示すように，ハッブル分類の早期型から晩期型にかけて -5 から 10 までに対応している[*12]．

形態分類の観点からは渦巻腕の特徴に大きな関心が払われたが，後になって円盤成分の有無が銀河の物理を理解する上で重要な要因であることが分かってきた．この観点から，円盤成分を持つ S0 銀河と渦巻銀河を総称して円盤銀河と呼ぶようになった．

このほかにもさまざまな観点から種々の形態分類が提案された．ヤーキス天文台のモルガン（W.W. Morgan）は銀河画像内の光の中心集中度と銀河のスペクトルが良い相関を持つことに着目し，中心集中度を第 1 のパラメータとして分類をした．もっとも中心集中度の低い銀河（おもに不規則銀河）を a，もっとも高いもの（おもに楕円銀河）を k とし，集中度が高くなるにつれ a, af, f, fg, g, gk,

---

[*12] これ以外に，コンパクトな E を $T = -6$，コンパクトな不規則銀河を $T = 11$，I0 銀河を $T = 0$ としているが，あまり用いられていない．

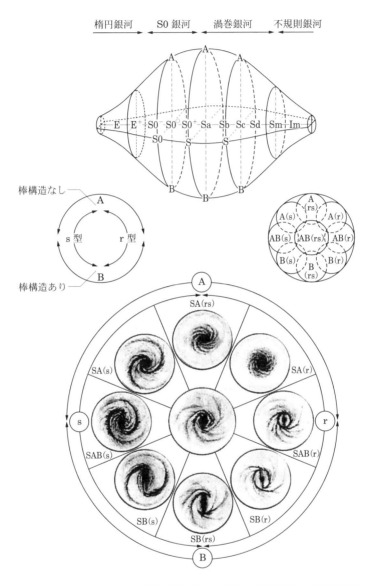

図 1.4 ド・ヴォークルールの銀河分類の図．一番上の図が分類の全体像を示す立体．水平に走る中心軸に沿ってハッブル系列が配置されている．その下の両側の図は，中心軸に垂直な断面内での渦巻腕形状（r, rs, s）と棒構造（A, AB, B）の配置の仕方を示したもの．下の図は Sc 型の位置での断面内に分類される銀河の模式図を示す（de Vaucouleurs 1959, *Handbuch der Physik*, vol.53, 275）．

およびkと分類する．文字の由来は星のスペクトル分類であり，たとえば楕円銀河ではK型星のスペクトルが卓越することからkの文字を用いた．このヤーキス分類では第2のパラメータとして形の情報も加える．形のパラメータにはS, B, E, I, Ep, D, L, およびNの8種類がある．Sは普通の渦巻銀河，Bは棒渦巻銀河，Eは楕円銀河，Iは不規則銀河，Epは塵の吸収がはっきり見える楕円銀河，Dはハッブル分類で塵の吸収がないS0銀河や巨大な楕円銀河に対応するもの，Lは表面輝度の低い銀河，およびNは銀河核が際立った銀河である．また第3のパラメータは見かけの扁平度で1から7の整数で表す．完全に丸く見える銀河を1とし，もっとも扁平な銀河を7とする．ヤーキス分類において，たとえばM 31はkS5, M 51はfS1, そしてM 87はkE1である[*13].

カナダのデービッド・ダンラップ天文台のヴァンデンバーグ（S. van den Bergh）は，渦巻腕の発達の度合いと銀河の絶対等級の間に相関があることを見いだし，渦巻腕の見え方（すなわち絶対等級）にもとづく光度階級分類（DDO分類）を提案した．光度階級はローマ数字のI–V（Iが明るい）で表され，Sc I, Sb IIIなどとなる．銀河の見かけの形から絶対等級を推定できるこの分類は，一時期，銀河の距離決定に利用された[*14].

ヴァンデンバーグはその後，同じような渦巻銀河でも，銀河団中にあるものはフィールド[*15]にあるものに比べて，渦巻腕のコントラストが弱いことに気づいた．彼は，渦巻腕のコントラストの弱いものを「貧血銀河」と呼んだ[*16]．その極限がS0銀河である．こうして彼は，渦巻銀河とS0銀河の骨格構造は同じであることを主張する改訂DDO分類を発表した（図1.5）．これは銀河団ガスによる銀河ガスの剥ぎ取りを観測面から初めて示唆した研究である．改訂DDO分類はS0銀河の起源についてその後の長い議論のきっかけとなった．

なお，楕円銀河やS0銀河を含めた星生成活動が不活発な銀河に対してpassive galaxy（受動的銀河あるいはパッシブ銀河）という総称が用いられることもある．これは銀河の形態とは別に星生成活動に着目した総称である．

[*13] 銀河団の中心にある巨大楕円銀河をcD銀河と呼ぶのはヤーキス分類に由来する．

[*14] 特に，渦巻腕がもっともくっきりと見えるSc I型が使われた．

[*15] 銀河群や銀河団領域以外で，銀河がほぼ一様に分布すると見なせる領域．7.1節参照．

[*16] anemic spiralの訳．星を作る原料である水素ガスを人間の血液にたとえたのである．

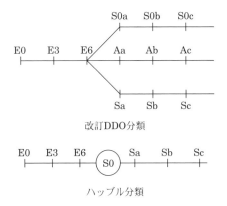

図 1.5 ヴァンデンバーグによる改訂 DDO 分類．ハッブル分類や改訂ハッブル分類と比べて S0 銀河の位置づけがまったく異なっていることが分かる（van den Bergh 1976, *ApJ*, 206, 883）．

　エルメグリーン夫妻（D.M. & B.G. Elmegreen）は，渦巻腕の連続性，長さ，対称性などの特徴にもとづく，渦巻腕分類を考案した．長くつながった対称性のよいものはグランドデザインの腕，その反対に対称性がなくぶつぶつに切れたものはフラキュラント[*17]な腕と名付けられた．この分類は，銀河内で起こる大局的な星生成のメカニズムと関連すると考えられている．

　なお，銀河の形態分類は目視によって行われてきた．このため熟練した専門家が行っても個人差が生じる．たとえばネイム（A. Naim）らは専門家が分類した結果を比較し，形態型指数のずれを 1 まで許しても 80%以下しか一致しないことを示した．最近では，銀河の画像データはデジタル化されており，計算機による画像解析から形態に関する定量的かつ客観的な指標を求め，それらを用いた分類がなされるようになってきている．基本的には早期型銀河は光が中心に集中し，また対称性がよいという性質を使う．図 1.6 にこのような分類の例を示した．銀河における光の分布についてのより詳しい解説は 1.3 節でなされる．

[*17] 「羊毛のような」という意味である．

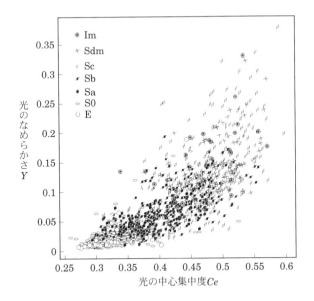

図 1.6 定量的な指標にもとづく銀河分類の例．横軸は光の中心集中の度合い（値が小さいほど中心集中度が高い）を表し，縦軸は光の分布のなめらかさ（値が小さいほど光の分布がなめらか）を表す（Yamauchi *et al.* 2005, *AJ*, 130, 1545）．

1.1.7 矮小銀河の形態分類

　矮小銀河はその大きさと質量が巨大銀河に比べてずっと小さいだけでなく，表面輝度も巨大銀河より暗い．矮小銀河は，矮小楕円銀河（記号 dE），矮小楕円体銀河（記号 dSph），矮小不規則銀河（記号 dI または dIrr），ブルーコンパクト矮小銀河（記号 BCD）に大別される．矮小楕円銀河と矮小楕円体銀河はいずれも見かけの形が楕円状であり，表面輝度分布は滑らかで，現在ではほとんど星生成を行っていない．特に矮小楕円体銀河はもっとも暗い矮小銀河で，星の密度がきわめて低い．矮小不規則銀河には星生成活動の形跡が見られる．ブルーコンパクト矮小銀河は矮小銀河としては例外的に表面輝度が高く，ガスを豊富に持ち，比較的活発な星生成活動が行われている．

　図 1.7 に銀河の環境（フィールドと銀河団）別に調べた銀河の光度関数（明る

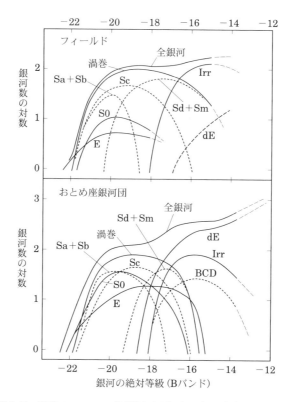

図 1.7 近傍のフィールド銀河（上）とおとめ座銀河団の銀河（下）に対する銀河の光度関数（Binggeli et al. 1988, ARA&A, 26, 509）.

さ別頻度分布）を示した．数においては矮小銀河をはじめとする小型の銀河が巨大銀河よりも多いことがわかる．また矮小銀河の種類別の割合も環境によって変化していることが分かる．

1.1.8　銀河の形態を決めるもの

　銀河の形態はどのようにして決まるのであろうか．絶対等級（大まかには銀河中にある星の総質量）と銀河が存在する環境という二つの要因が形態に影響していることは確かである．DDO 分類を提案したヴァンデンバーグは，形態と絶対等級の関係を図 1.8 のように表現した．この図は，これまでの観測にもとづいた

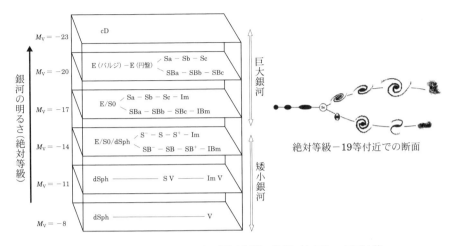

図 1.8 ヴァンデンバーグの銀河分類の提案（左図）．右図は絶対等級 −19 等付近での断面図（van den Bergh 1988, *Galaxy Morphology and Classification* の図を改変）．

彼の提案であるが，興味深い示唆を含んでいる．ハッブルの音叉図やド・ヴォークルールの 3 次元分類に見られるような多様な形態を示すのは，巨大銀河の中でもある特定の絶対等級の範囲にあるものであり，きわめて明るい銀河は cD 型となる傾向がある．矮小銀河は巨大銀河ほど多様な形態を示さない．

また，銀河の形態は銀河の存在する環境によって異なることも知られている．図 1.7 に示すように早期型銀河は銀河団など銀河の個数密度の高い場所に多く存在するが，晩期型銀河は逆に密度の低い場所（フィールド）に多く分布する（9.1 節参照）．このような形態と密度の相関が生じた理由については，銀河形成の際に生じた「生まれつき」の部分と，進化の過程で他の銀河や銀河団ガスとの相互作用，あるいは外部から銀河へのガスの降着量の差などの要因で後天的に生じた部分があると考えられている（9.1 節参照）．銀河の形態がどのようなメカニズムでどのように決まって今日の姿になっているのか．これはまだ未解決の問題として残されている．

1.2 銀河からの放射

銀河を構成する恒星，ガス，および塵はそれぞれ，構成成分とその物理状態に応じた電磁波を放射している．基本的には温度に応じて高温ほど短い波長（高い

エネルギー）の電磁波を多く放出する．またガスや塵は線スペクトルやバンドスペクトルも生じる．銀河からの放射の波長ごとの強度分布はスペクトルエネルギー分布（Spectral Energy Distribution; SED と略す）と呼ばれ，銀河を構成する成分を推定する基本量となる[18]．ここでは，典型的な渦巻き銀河と楕円銀河を例にとり，銀河からの放射を概観する．なお，活発に活動する活動銀河中心核やスターバースト現象[19]を示すスターバースト銀河からの放射については4章で解説する．

　観測する波長帯によって，銀河の見え方はさまざまである．ガンマ線，X 線，紫外線，可視光，赤外線，電波という大区分に加えて，可視光と赤外線においては，広く観測に用いられている波長帯（バンド）に固有の呼び名（記号）が付けられている．たとえば，可視光では，波長 $0.365\,\mu\mathrm{m}$ を中心とする U バンド，波長 $0.445\,\mu\mathrm{m}$ を中心とする B バンド，波長 $0.551\,\mu\mathrm{m}$ を中心とする V バンドはもっとも古くから標準とされたバンドである[20]．

　図 1.9 は渦巻銀河 M 81 （NGC 3031） をさまざまな波長で観測した様子である．可視光の B, V, R バンドの 3 色合成画像（左下）[21]では，中心部の楕円体状のバルジと渦巻腕の発達する薄い円盤がよく見える．上段左の図は，X 線と紫外線の画像を合成したものである．X 線においては銀河中心核にある巨大ブラックホールのまわりの降着円盤の高温ガスからの放射がもっとも強く観測されているが，その他にも渦巻腕にある連星系の降着円盤の高温ガスからの X 線も観測されている．また紫外線では，O 型星，B 型星などの渦巻腕に多く見られる高温の恒星の出す光が主になる．これらの高温度星の周辺では水素が電離され $\mathrm{H}\alpha$ 線などの再結合線を放射している．可視光の波長域では図 1.9 左下のように，通常の恒星がおもな寄与をしており，バルジ部分は比較的赤い星が多く，一方，円盤部分には青い星が目立っている．

---

[18] SED という言葉は，単にスペクトルという場合に比べて波長（または周波数）の関数としての放射強度であることを強調する場合に用いられる．

[19] starburst は「爆発的星生成」と訳されているが，「スターバースト」という言葉も広く使われている．

[20] 詳しくは第 15 巻 4.1 節参照．

[21] 可視光ではバンドは色に対応しているので，3 バンド合成画像をこのように 3 色合成画像ということが多い．

1.2 銀河からの放射 | 17

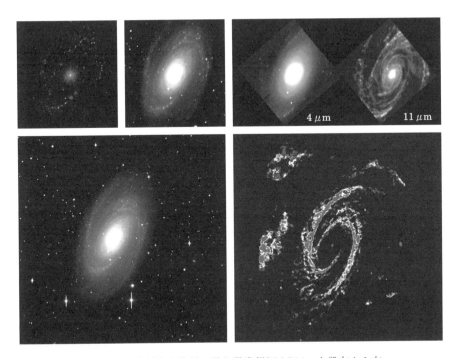

図 1.9 さまざまな波長で見た渦巻銀河 M 81. 上段左から右へ向かって順に, X 線と紫外線の画像を合成した画像（A. Breeveld, M.S.S.L., RGS Consortium およびヨーロッパ南天天文台提供), 可視光の B, V, Hα 線の 3 色合成画像（東京大学木曽観測所提供), 波長 4 ミクロンと波長 11 ミクロンの赤外線画像（JAXA あかり衛星提供), 下段は左が可視光の B, V, R の 3 色合成画像（東京大学木曽観測所提供), 右が波長 21 cm の中性水素輝線で観測した画像. 可視光と赤外線の画像では, バルジ成分と円盤成分がよく見える. 中性水素ガスはバルジにはなく, 円盤中に渦巻腕に沿って分布していることが分かる（米国国立電波天文台 VLA 提供).

赤外線域では波長 4 ミクロンくらいまでは比較的低温の星からの光が主となっており, 渦巻腕が目立たないなめらかな分布となっている. 一方, より波長の長い中間赤外線から遠赤外線にかけては星間塵の出す放射がおもな成分となっており星生成活動の活発な渦巻腕からの放射が際立っている（上段右端の図). 電波領域では低温のガスの出す放射が主になる. 図 1.9 右下には中性水素原子（H I）[*22]

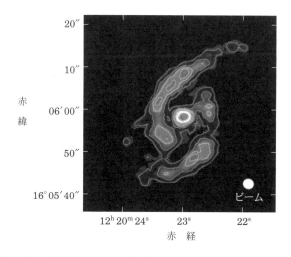

図 1.10 渦巻銀河 M 100 (NGC 4321) を波長 2.6 mm の一酸化炭素の輝線で観測した様子．右下の白丸は電波望遠鏡のビームサイズ（分解能）を示す（国立天文台野辺山宇宙電波観測所提供）．

の放射する波長 21 cm の電波輝線の強度分布を示したが，円盤部分の渦巻腕にガスが多く分布し，星生成活動の原料となっている様子が分かる．また星や塵が観測されている領域よりも外側にも H I ガスが広がっていることが分かる．一般に渦巻銀河では，H I ガスは恒星よりもはるかに広がっている場合が多い．

この M 81 の例に見られるように，星生成活動の活発な渦巻銀河の円盤部には，低温ガスや塵が大量に見られる．特に塵は可視光領域では恒星からの光を背景に黒い影をなし，腕に沿ってダストレーンとして見られることも多い．また大質量の星がまわりの星間ガスを電離している電離水素領域からは可視光から近紫外線領域にあるバルマー系列の輝線等が大量に放射されている．

渦巻銀河を電波で観測すると，H I ガスからの輝線に加えて分子ガスの出す輝線も検出される．H I ガスは図 1.9 右下の例のように，一般に銀河の円盤部

[*22] （17 ページ）星間ガスは中性状態や電離状態などいろいろであるが，その状態を表すのにローマ数字を使うことになっていて，中性状態は I, 原子が電子 1 個を失った 1 階電離状態を II, 2 階電離状態を III というように書く．たとえば，水素原子の中性状態を H I, 電離状態を H II と書く．

 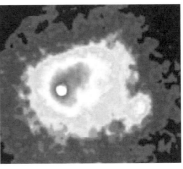

図 1.11 楕円銀河 M 86 と M 84 を可視光（左）および X 線（右）で観測した様子（ISAS ニュース No. 251）.

に多く見られ，中心付近ではむしろ減少して見えることが多い．一方，分子ガスは銀河の中心付近まで分布していることが多い．図 1.10 は渦巻銀河 M 100 (NGC 4321) を波長 2.6 mm の一酸化炭素（CO）の輝線で観測した様子である．渦巻腕に沿ってガスが多く分布している一方で，銀河の中心付近にも大量のガスが分布している様子が分かる．なお，低温の水素分子（H_2）ガスは電磁波を出しにくいため，代わりに一酸化炭素分子など別の分子ガスの量から推定することが多い．星が生まれる際の原料である分子ガスは，銀河の中心部の星生成活動と密接な関係があり，ガスの運動も含めた詳細な研究が行われている（3 章参照）．

一方，楕円銀河では低温のガスや塵はたいへん少なく，恒星の出す光が主成分となる．X 線波長域では高温の電離ガスが大量に観測される場合もある．高温ガスは晩期型星の質量放出がおもな起源であると考えられるが，銀河団ガスの影響を受けるなど，図 1.11 のように，高温ガスの量は必ずしも恒星の量と比例しない場合もある（9.2 節参照）．

1.3 基本観測量

銀河の物理的な性質を理解するためには，銀河を特徴づけるさまざまな観測量を求め，その相互関係や，統計的な性質を詳しく調べる必要がある．紫外線，可視光，近赤外線での観測からは，主として銀河を構成する星，および銀河内の電離ガスについての情報を得ることができる．中間赤外線，遠赤外線の観測から

は，銀河内のダスト（塵）の成分について，そして電波観測では，中性水素原子ガス，分子ガス，超新星爆発に起因するシンクロトロン放射の成分，活動的中心核の成分などを測定することができる．X線の観測では銀河団や銀河群などの重力ポテンシャルに捕えられた高温ガスや，活動的な銀河中心核の性質を捉えることになる．ここでは，銀河を形成する星の成分を中心に，その基本的観測量についてまとめることにする[23]．

1.3.1 測光学的諸量

比較的近傍の宇宙にある銀河は，点源である星の像に比べると，大きな広がりを持っている．一般に，中心から離れるにつれ，銀河の像は次第に淡くなっていき，背景と区別がつかなくなる．そこで，まず，銀河の大きさ，全体の明るさ，輝度分布などを定量的に表現する方法について解説する．

銀河の表面輝度

さまざまな波長の光で銀河を撮像することができるが，観測される銀河画像のそれぞれの場所における明るさ，すなわち，単位立体角あたりの放射流束を銀河の表面輝度と呼ぶ．通常よく使われる単位は，1平方秒角あたりの光度であり，可視・近赤外線では，等級スケールに変換して用いられる場合も多い[24]．比較的近傍の宇宙では，見かけの表面輝度は距離によらないが，高赤方偏移においては宇宙膨張の効果により，赤方偏移 z が大きくなるにつれ，$(1+z)^4$ に反比例して，急速に暗くなることが知られている．

銀河の光度

撮像観測から銀河の見かけの光度を測定する基本的な方法には，開口内光度[25]，等輝度線内光度，全光度などを求めるものがある（図 1.12）．

まず，開口内光度は，ある決まった測光領域（立体角）内の光度を求めるものだが，この場合，大きさの違う銀河や，表面輝度の分布が異なる銀河について固

---

[23] 第 5 巻にも関連する項目の解説があるので参照されたい．

[24] 表面輝度は単に面輝度と呼ぶこともある．等級スケールでの単位は，等級/平方秒角（mag arcsec^{-2}）である．

[25] 天体の光度を測る測光領域のことを開口（アパーチャ）と呼ぶ．一般には円形の開口が用いられるが，銀河の場合楕円形の開口を用いることもある．

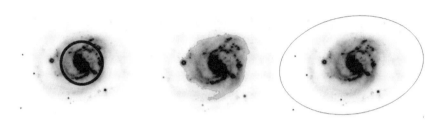

図 **1.12** 銀河の見かけの光度を測定する方法の例．左：開口内光度，中：等輝度線内光度，右：全等級に近い値を得る近似的全光度．

定された開口を用いると比較が困難になることがあるので注意が必要である．等輝度線内光度は，ある表面輝度一定の等輝度線内の光度を求めるものである．見かけの表面輝度は，上述のように高赤方偏移では赤方偏移によって大きく変化することから，等輝度線内光度を用いて距離の異なる天体の光度を比較する場合には困難が生じる．全光度を求めるには，個々の銀河について，十分大きな開口をとればよいが，十分大きいことを保証するためには，開口を広げていき，それ以上広げても光度が変化しないと見なされることを確認しなければならない．また，開口が銀河のサイズよりあまりにも大きすぎると，背景光や検出器の雑音の寄与が大きくなってしまう点にも留意する必要がある．

個々の天体について全光度を求めるには手間がかかり，また，周辺の他の銀河や星の影響を完全に取り除くことも難しいので，多数の銀河，とくに遠方宇宙の銀河の光度の測定には，近似的な全光度を用いることが多い．可視，赤外線波長ではクロン半径やペトロシアン半径にもとづく近似的全光度がよく使われる（34ページのコラム「クロン半径とペトロシアン半径」参照）．

銀河を静止系で見た場合の絶対光度 L_{em} と，観測される見かけの光度 f_{obs} との関係は，銀河の光度距離を D_{L} として，

$$L_{\mathrm{em}} d\nu_{\mathrm{em}} = 4\pi D_{\mathrm{L}}^2 f_{\mathrm{obs}} d\nu_{\mathrm{obs}} \tag{1.1}$$

である．ここで，$d\nu_{\mathrm{em}}$ と $d\nu_{\mathrm{obs}}$ はそれぞれ銀河の静止系と観測者の系での周波数微分要素を表す．可視光での観測では歴史的に光度を等級で表すことが多いが，銀河の場合も恒星と同様に，その絶対光度を絶対等級に換算して用いる．

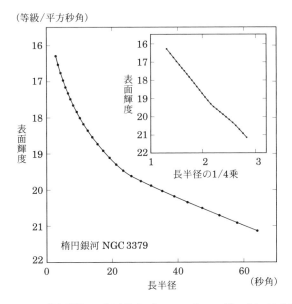

図 1.13 楕円銀河の表面輝度プロファイルの例.中にはめ込んである図は,横軸を長半径の 1/4 乗にとるとプロファイルがほぼ直線上になる(1/4 乗則)ことを示している(Kent 1984, *ApJS*, 56, 105 のデータから作成).

銀河の表面輝度分布

銀河がさまざまな形を持ち,それらが系統的に分類されることは前節で述べた.ここでは,より詳しい銀河の表面輝度分布について述べる[*26].まず,楕円銀河の表面輝度分布について述べる.ド・ヴォークルールは,1948 年の論文で,楕円銀河の多くの表面輝度が,半径の 1/4 乗に対して特徴的に変化することを見いだし(図 1.13),その変化が近似的に

$$I(r) = I_\mathrm{e} \exp\left\{-7.67\left[\left(\frac{r}{r_\mathrm{e}}\right)^{1/4} - 1\right]\right\} \tag{1.2}$$

で記述されることを指摘した.ここで,r は半径(銀河中心からの距離),$I(r)$ は半径 r の位置での表面輝度,r_e は銀河の全光度の半分を含む半径,I_e は $r =$

[*26] 表面輝度分布と質量分布の関係は 2 章で解説する.

r_e における表面輝度である[*27]．このように，銀河内の表面輝度分布を半径の関数として表したものを銀河の表面輝度プロファイルあるいは単にプロファイルと呼ぶ．式（1.2）で近似される表面輝度プロファイルは，ド・ヴォークルール則あるいは 1/4 乗則と呼ばれている．

一方，その後の観測から，円盤銀河の外側（バルジの影響の少ない円盤部）の表面輝度分布は

$$I(r) = I_0 \exp(-r/h) \tag{1.3}$$

でよく近似できることが分かってきた．ここで，h はスケール長と呼ばれる量で，表面輝度が中心の値 I_0 の 1/e になる半径であり，I_0 は円盤部のプロファイルを中心部までのばしたときの表面輝度である[*28]．このプロファイルは指数法則[*29]と呼ばれている．式（1.3）を h の代わりに r_e を用いて書くと

$$I(r) = I_\mathrm{e} \exp\left\{-1.68\left[\left(\frac{r}{r_\mathrm{e}}\right) - 1\right]\right\} \tag{1.4}$$

となる（図 1.14）．

多様な銀河の表面輝度プロファイルを表現するためにセルシック（J.L. Sérsic）は 1968 年に中心集中度を表現するパラメータ n を含む近似式

$$I(r) = I_\mathrm{e} \exp\left\{-b_n\left[\left(\frac{r}{r_\mathrm{e}}\right)^{1/n} - 1\right]\right\} \tag{1.5}$$

を提案した．これはセルシック則と呼ばれる．この式で $n = 4$ がド・ヴォークルール則に，$n = 1$ が指数法則に対応する．セルシックは，楕円銀河といえどもさまざまな明るさのものについて調べてみると，その表面輝度分布の中心集中度は同じではなく，非常に明るいものでは $n > 4$（最大 $n = 10$ 程度），暗いものでは $n = 1$ に近いことを見いだした．ド・ヴォークルール則は，比較的明るい楕円銀河についてのみ成り立つ関係だったのである．

[*27] 全光度の半分を含む半径は慣習的に有効半径（effective radius）と呼ばれるために添字 e がついている．

[*28] ただし，実際にはほとんどの円盤銀河の中心部にはド・ヴォークルール則的なプロファイルを持つバルジが存在するため，実際の銀河の中心表面輝度は I_0 よりは明るい．

[*29] 1/4 乗則や指数法則というと，何らかの物理的根拠を持った「法則」と思われるかも知れないが，これらは観測データを近似する関数に由来する呼び名であり，物理法則という意味合いで用いられているわけではないことに注意．

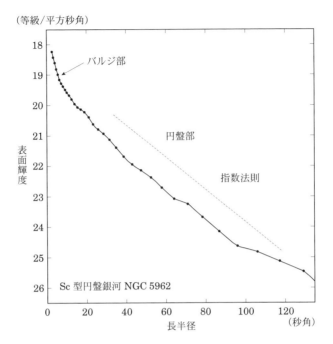

図 1.14　円盤銀河の表面輝度プロファイルの例．円盤成分が卓越するのは，長半径が約 40 秒角より外側で，そこでは破線で示すようにプロファイルはほぼ直線（指数法則）で表される（Kent 1984, *ApJS*, 56, 105 のデータから作成）．

このような依存性があるにせよ，楕円銀河の大半が同じようなド・ヴォークール則的なプロファイルを持ち，円盤銀河の円盤がどれも指数関数的なプロファイルをもつことの物理的根拠は，現在でも完全に理解されているわけではない．銀河形成の初期条件はさまざまであったと考えられるので，最終的に同じような構造に落ち着くためには，なんらかの緩和過程かあるいはフィードバックによる自己規律化のメカニズムが必要である．さらに，銀河の形成過程はダークマターによって支配されていることも事態を複雑にしている．ダークマターの分布と，プロファイルが表す星の分布は必ずしも同じではないからである．この分野は計算機シミュレーションにより，現在精力的に研究が進められている．

銀河の大きさ

銀河の大きさの定義にも注意が必要である．たとえば，可視光の観測で見える星の光の分布から銀河の大きさを求める場合には，外縁部ほど表面輝度が小さくなって背景光と区別がつかなくなって，いわゆるシャープな輪郭といったものを測ることはできない．近傍銀河の場合，表面輝度一定の等輝度線で囲まれる銀河の広がりを銀河の大きさとすることはできるが，遠方銀河の場合には，銀河の赤方偏移によって見かけの表面輝度が大きく変化するという問題が生じる．

距離が異なる銀河を相対的に比較するための大きさの定義には次のようなものがある．まず，同じ表面輝度分布を持つ天体同士であれば，その分布を特徴づけるパラメータで比較することができる．たとえば，円盤銀河のプロファイルにおけるスケール長 h や，楕円銀河のド・ヴォークルール則の有効半径 $r_{\rm e}$ によって，銀河同士のサイズを比較することができる．ただし，そのような方法を用いるには，式（1.3）や式（1.4）のようなプロファイルの近似関数を，観測されたデータに最小二乗法などを使って，もっともデータとよく合う h や $r_{\rm e}$ を導出する必要があるため，銀河内の表面輝度分布を精密に測定しなければならない．

銀河の大きさの尺度となる量を，プロファイルの近似関数を求めないで評価する方法もある．まず銀河の近似的な全光度は比較的容易に求まるので，これを全光度と見なしてその半分を含む半径を求める．これは意味的には $r_{\rm e}$ と同じであるが，プロファイルの近似関数を求めて $r_{\rm e}$ を評価するのとは異なった方法によるので，半光度半径（half-light radius）と呼んで区別することが多い．この他には，測光領域内の平均表面輝度の値で銀河の大きさを定義することもある．コラムに述べられているクロン半径やペトロシアン半径はこの範疇に入るものである．

銀河の色

銀河の色は，恒星と同じく，広帯域フィルターなどによって測定された，二つのバンド（波長帯）での等級の差（放射強度の比）で測り，$(B-V)$ や $(u-r)$ などのように色指数（単位は等級）で表現される．星の場合と比べて注意すべき点は，銀河は広がっており，また，銀河内の場所によって色が異なることである．そのため，銀河の色を求めて相互に比較する際には，各バンドで，同じ開口での光度を求めないといけない．

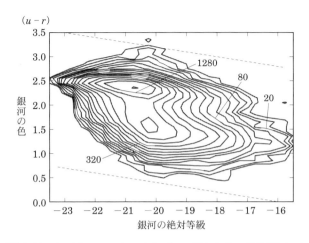

図 1.15　SDSS のデータにもとづいて得られた，近傍銀河の色指数（$u-r$）と絶対等級面上の分布．縦軸の値が大きいほど色は赤い．66846 個の銀河をこの図にプロットし，銀河の面密度（絶対等級で 0.5 等，色指数 0.1 等の網目の中に入る銀河の個数）の等しいところをつないだ等面密度線が示してある．数値は面密度（Baldly *et al.* 2004, *ApJ*, 600, 681）．

　銀河の色は主として銀河を構成する星の性質によっており，平均の年齢や金属量などによって変わる．とくに星生成が行われている場合には，光度の大きな大質量星の光が支配的になり，銀河は非常に青い色を持ったスペクトルを示す．銀河の中に大量のダスト（塵）が存在する場合には，短波長側でより強い吸収を受けることになり，本来の星の色に比べて赤くなる．これを銀河内の星間吸収による赤化と呼んでいる．

　銀河の形態，すなわちハッブル系列は，銀河の色と良い相関を示している．楕円銀河は赤く，円盤銀河は晩期型になるほど青い．これは銀河内の中性水素の面密度ともよく相関しており，古い星が主体でほとんどガスのない楕円銀河と，ガスを多く含み現在も星を形成しつづける円盤銀河という違いに対応している．最近では，スローンデジタルスカイサーベイ（SDSS）によって，多数の近傍銀河の色が明らかになっている（図 1.15）．観測される近傍銀河の色の分布は赤いものと青いものとの二つのピークを持ち，比較的明るい銀河には赤いものが多く，比較的暗い銀河は青いものが多い．これは，銀河の規模，光度，および質量が銀

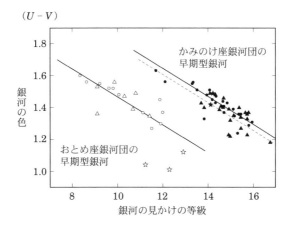

図 1.16 代表的な近傍銀河団であるかみのけ座銀河団およびおとめ座銀河団中の早期型銀河の色–等級関係．記号は銀河のハッブル型を表しており，丸印は楕円銀河，三角印は S0 銀河である．星印は，S0 銀河のうちより晩期型の円盤銀河に近いものを示している．実線はそれぞれの関係を直線で近似したもの，破線はおとめ座銀河団で得られたものと同一の色–等級関係が，かみのけ座銀河団と同じ距離でどのように見られるかを予測したもの．両者はほぼ一致している (Bower *et al.* 1992, *MNRAS*, 254, 601)．

河の星生成史と関係しており，比較的小さな銀河では最近でも星生成が行われている銀河の割合が大きいことを意味している．

　赤い銀河のうち，楕円銀河だけを取り出すと，光度の大きな楕円銀河ほど赤く，小さな楕円銀河は（赤い銀河のうちでも）比較的青い色を持っている．楕円銀河のこの明るさと色の関係は分散の小さな直線的な関係で，色–等級関係として知られている（図 1.16）．この関係は，明るい楕円銀河ほど重元素[*30] が多いという，楕円銀河の重元素量の違いを反映するものと考えられている．

　また，個々の銀河内部での色分布を見てみると，楕円銀河であるか円盤銀河であるかを問わずほとんどの銀河は，中心がもっとも赤く外側に向かって青くなる

[*30] 天文学では一般に水素とヘリウムより重い（原子番号が大きい）元素を重元素という．ただし，場合によって，ホウ素以上の重い元素あるいは炭素以上の重い元素を指す場合もある．また化学における定義とは異なるが，重元素を金属と呼ぶこともある．

28 第 1 章 銀河とは何か

という色勾配を持つことが知られている．色勾配の度合い（傾き）は銀河の形態
により異なる．最近の研究では，矮小銀河の中には，中心が青く外側が赤いとい
う逆の色勾配を持つものがあることが報告されている．色勾配は，銀河内の場所
ごとに，星の平均年齢と重元素量が異なることを表しているが，二つの要因がど
のように影響しているかは，銀河の形態によって異なっている．

1.3.2 力学量

銀河を特徴づけるもっとも基本的な物理量は，その全質量であろう．しかし，
銀河を構成する物質の大半がダークマターであるため，銀河の質量を観測的に
求めることは容易ではない．銀河の全質量のもっとも直接的な指標は力学質
量[31]である．力学質量は，銀河の構造と力学を理解し，内部運動の情報から推
定される銀河の質量のことである．

銀河は，力学的にほぼ平衡状態に達している自己重力系である．このような系
では，ビリアル平衡が成り立っており，運動エネルギーを T，重力ポテンシャル
エネルギーを U とすると

$$T = \frac{1}{2}U \tag{1.6}$$

が成り立っている．重力エネルギーとつりあう銀河の内部運動は銀河の種類に
よって異なる．円盤銀河と暗い楕円銀河では回転運動であるが，多くの明るい楕
円銀河では速度分散で特徴づけられるランダムな運動である．いずれの場合も，
銀河の大きさと，その内部運動速度を観測的に求めることによって，銀河の質量
を推定することができる．

銀河内のガスや星の視線速度から求まる回転速度を銀河半径の関数として表し
たものを銀河の回転曲線と呼ぶ．多くの円盤銀河では，回転曲線は，銀河の外側
でほぼ一定の値を保つことが知られており，銀河にダークマターハローが存在す
る証拠の一つとして考えられている．

回転成分の寄与が小さく，おもにランダムな速度分布により構造を支えている
明るい楕円銀河の場合には，吸収線の幅から，その速度分散を求める．銀河の吸
収線は，個々の星の吸収線スペクトルの重ね合わせであり，それらの星の銀河内

---

[31] 力学的質量，あるいは重力質量ということもある．

での運動によって（ドップラー効果により）波長方向に広がったものと考えられる．そこで，恒星の吸収線プロファイルを基準（テンプレート）として，これに速度による広がりを加えて実際の銀河の吸収線と比較することで，銀河内の星の速度分散を求めることができる[*32]．

1.3.3 重元素量（金属量）

銀河の中では，ガスから星が作られ，その星の内部で，また，星が超新星爆発を起こす際に新たな重元素が作られる．これらの重元素は，星風や超新星爆発によって，周囲の星間物質へと放出される．より多くの重元素を含む星間ガスから形成される次の世代の星は，したがってより多くの重元素を含んでいることになる．このため，銀河を構成するガスと星の重元素量は銀河における星生成史と密接な関連を持っている．銀河を構成する星の重元素量は，銀河の色や，金属吸収線の強さから推定することができ，また，電離ガスからの輝線の強度比からも銀河内のガスの重元素量を推定することができる．

1.3.4 光度関数

宇宙の中で多数の銀河が進化してきた様子や，領域ごとの銀河集団の性質などを議論する際，銀河の光度関数がよく用いられる．銀河の光度関数は，どのような光度（絶対光度）の銀河が，どのような頻度で存在するのかを表すもので，光度 $L-L+dL$ の範囲にある銀河の単位体積あたりの数密度 $n(L)dL$ で定義される．銀河の光度を絶対等級 M で表す場合には，$n(M)dM\ (-n(L)dL)$ となる．

光度関数を求めるためには，多数の銀河の絶対等級を求めなければならない．このためには見かけの光度と距離を測定する必要があるため，多大な努力が必要である一方，系統的な誤差も大きい．図 1.17 は，SDSS によって求められた，信頼度の高い近傍銀河の光度関数である．SDSS では赤方偏移 $z = 0$–0.1 程度の範囲で，いくつかの広帯域フィルターに対応するバンドで光度関数が求められている．

図 1.17 における銀河の光度関数の特徴は，比較的光度の大きな銀河について

[*32] 銀河は広がっているので，各場所での速度分散と平均速度を求めることにより，銀河の速度分散曲線と回転曲線とを求めることができる．

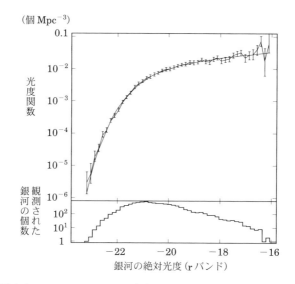

図 1.17 SDSS のデータにもとづいて得られた銀河の光度関数（上）．下の図は，光度関数を求めるために使った銀河の個数の絶対等級に関するヒストグラム（Blanton *et al.* 2001, *AJ*, 121, 2358）．

は，急速にその頻度が小さくなっていること，比較的光度の小さい銀河については，その変化はより緩やかではあるが，暗い銀河ほど頻度が大きくなっていることの二つである．シェヒター（P. Schechter）は，1976 年の論文で，このような銀河の光度関数を記述する非常に有用な近似関数を提案しており，それはシェヒター関数

$$n(x) = \phi^* x^\alpha e^{-x} \tag{1.7}$$

として今日まで広く用いられている．ここで，$x = L/L^*$ であり，L^* は光度関数の膝[*33]，または特徴的光度と呼ばれる．この L^* を境に明るい銀河の頻度は指数関数的に小さくなってゆくのに対して，これより暗い銀河はべき関数的に緩やかに増加してゆく．

シェヒター関数を絶対光度で表すと次のような式になる．

[*33] 光度関数の形が足を曲げた様子になぞらえ，ちょうど膝のところで折れ曲がっているように比喩した呼び名．

$$n(M)dM = 0.4\ln 10\,\phi^* 10^{0.4(\alpha+1)(M^*-M)}\exp\{-10^{0.4(M^*-M)}\}dM$$

$$(1.8)$$

なぜ，銀河の光度分布がこのような形を持っているかについての正確な理論的解釈はないが，すでに，シェヒターは 1974 年の プレス（W. Press）との論文の中で，銀河がガウス分布に従う密度ゆらぎから階層的に形成される場合，その質量分布関数がべき乗となり，大質量側では指数関数的に減少することを示した．これを，プレス–シェヒター型の質量分布関数と呼ぶ．仮に，銀河の質量–光度比が銀河の光度によらなければ，この質量分布関数はそのまま光度関数の形として理解することができる．実際には，銀河の形成過程や，星生成史は銀河の質量によって異なると考えられており，質量–光度比は一定ではない．しかし，最近の研究では，膨張宇宙における初期密度ゆらぎから銀河の階層的構造形成を追う計算機シミュレーションにおいて，このような質量分布関数とともに，観測されるものに近い銀河の光度関数を再現し得ることが示されている．

光度関数を光度について積分すると，単位体積あたりの銀河光度，すなわち銀河の光度密度を得ることができる．光度密度 ε は，

$$\varepsilon = \int_0^\infty n(x)L\,dx = \phi^* L^* \int_0^\infty x^{(\alpha+1)}e^{-x}dx = \phi^* L^* \Gamma(\alpha+2) \qquad (1.9)$$

のように書ける．ここで Γ はガンマ関数である．

1.4 銀河を構成する星の種族

我々の銀河系を構成する恒星の種類や特徴については，第 5 巻 4.1 節にまとめられているので，ここでは，一般の銀河を構成する星の種族とその性質について，簡単にまとめておく．

図 1.18 は，典型的な銀河の可視光スペクトルを示したものである．比較のため，図 1.19 には典型的な恒星のスペクトルも示した．

楕円銀河や S0 銀河のような早期型銀河では，多数の中性金属吸収線が観測され，波長 4000 Å の大きな吸収構造（4000 Å ブレイク）も見られる．これは比較的低温度の K 型星のスペクトルに似た特徴である．実際，楕円銀河内では，新しい星がほとんど作られておらず，年数を経て，赤色巨星となった星々の光が支

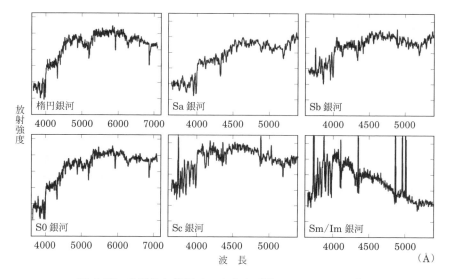

図 1.18 典型的な銀河スペクトル（Kennicutt 1992, *ApJ*, 388, 310）.

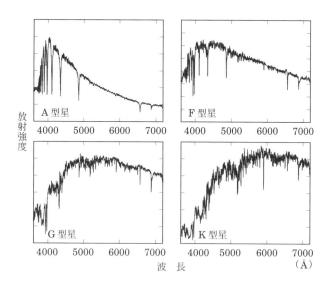

図 1.19 いろいろな恒星のスペクトル（Kennicutt 1992, *ApJ*, 388, 310）.

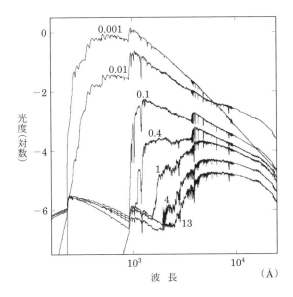

図 **1.20** 銀河進化モデルによる銀河のスペクトルの時間変化の計算例．バースト的な星生成（短時間の間に，さまざまな質量の星を，ある初期質量分布関数にもとづいて一挙に形成する）モデルの場合を示している．図中の数字はバースト的な星生成からの経過時間を 10 億年（Gyr）単位で表す（Bruzual and Charlot 2003, *ApJ*, 344, 1000）．

配的となっている．これに対して，Sb–Im 型の晩期型円盤銀河では，中性金属線は弱くなり，かわりに水素のバルマー吸収線（$H\alpha, H\beta, \cdots$）とバルマー吸収端（3646 Å）が顕著になってくる．これは，銀河のスペクトルにおいて B ないし A 型の星の光が支配的，すなわち比較的最近，あるいは現在でも活発な星生成を示していることを示す．このように，銀河のスペクトルは，それを構成する恒星のスペクトルの重ねあわせであり，銀河内で（光度として）支配的な星の種族のスペクトルに似たものとなる．

図 1.20 は，星が短時間の間に一斉に生まれた場合，時間とともに銀河のスペクトルがどのように変化してゆくのかを示した銀河進化モデルの一例である．時間とともに青かった銀河のスペクトルが次第に赤くなってゆくのは，寿命が短い大質量星から順に終末を迎え，残った星，とくに赤色巨星の光が支配的になって

ゆくことに対応している.

クロン半径とペトロシアン半径

　デジタル化されている画像上で銀河の大きさや明るさを測定する際，クロン半径とペトロシアン半径と呼ばれるものがよく用いられるので解説しておこう．これらの半径は，いろいろな距離（赤方偏移）にある，さまざまな形態を示す銀河を相互比較するのに有用である.

　クロン半径は，1980 年にクロン（R.G. Kron）によって遠方の銀河の光度の測定に用いられたものであるが，次のように，銀河の中心からの距離に，表面輝度の重みをかけて積分した値である.

$$r_{\mathrm{kron}} = \frac{\displaystyle\int_0^\infty rI(r)dr}{\displaystyle\int_0^\infty I(r)dr} \tag{1.10}$$

ここで $I(r)$ は半径 r における表面輝度である．この定義から分かるように，クロン半径は銀河の表面輝度分布の典型的な広がりを表す指標である．しかし，銀河全体の大きさを表しているわけではないので，銀河の擬似的な全光度を測るときには，これを適当に，定数倍した領域を用いる．銀河のサイズや形に合わせ，コンパクトな銀河はコンパクトな測光領域，淡く広がった銀河は大きな測光領域をとる．クロン半径の 2 倍をとると，典型的には 95% 程度の光度を含むことが知られている．遠方銀河の観測の画像解析で，銀河の検出・測光によく用いられるセクストラクター（SExtaector）と呼ばれるプログラムでこれを応用したものが採用されており，よく用いられるようになった.

　一方，非常に大規模かつ系統的なサーベイ観測（掃天探査）である，スローンデジタルスカイサーベイと呼ばれるプロジェクトなどで用いられたのが，ペトロシアン（A.R. Petrosian）によって提唱されたペトロシアン半径である．銀河の表面輝度分布を考えたとき，ある半径 r_{p} のところで，適当な領域，たとえば，$r_{\mathrm{in}} = r_{\mathrm{p}} - \varDelta r$ から $r_{\mathrm{out}} = r_{\mathrm{p}} + \varDelta r$ などの範囲を決めて，この半径のところでの平均の表面輝度を求める．次に，その半径より内側（$r < r_{\mathrm{p}}$）での平均の表面輝度を求めて，これらの比（ペトロシアン比）をとる．ペトロシアン比は，次のように書ける.

$$R_{\mathrm{p}}(r_{\mathrm{p}}) = \frac{\displaystyle\int_{r_{\mathrm{in}}}^{r_{\mathrm{out}}} I(r)2\pi r dr/[\pi(r_{\mathrm{out}}^2 - r_{\mathrm{in}}^2)]}{\displaystyle\int_0^{r_{\mathrm{p}}} I(r)2\pi r dr/[\pi r_{\mathrm{p}}^2]} \tag{1.11}$$

$$= \frac{\text{ある半径での局所的な平均表面輝度}}{\text{その半径以内の平均表面輝度}} \tag{1.12}$$

内側から外側に r_{p} を動かしていくとペトロシアン比は変化してゆくが，これが適切に選んだある値となるのが，ペトロシアン半径である．たとえば，スローンデジタルスカイサーベイで銀河の光度関数が求められた際には，ペトロシアン比 0.2 を採用している．クロン半径同様に，銀河全体の光度を測定する場合には，これを適当な定数倍（2倍を採用）した領域を用いる．

第**2**章

銀河の動力学的性質

銀河の動力学構造を知ることは，観測されるいろいろな現象を理解するために重要である．ここでは楕円銀河と円盤銀河について，星とガスの分布や運動状態を説明しながら，それらの動力学的構造を解説し，さらに銀河のダークマターを紹介する．つぎにスケーリング則と呼ばれる，質量や光度など，銀河の観測量の間の相関関係について考察し，その背景となる物理を探る．

2.1 銀河の運動

ここでは代表的な銀河である円盤銀河[*1]と楕円銀河の内部運動と構造について解説する．円盤銀河は整然と回転している天体であることを紹介し，楕円銀河はランダムな速度分散が卓越した天体であることを説明する．

2.1.1 円盤銀河の回転

円盤銀河が回転していることが明らかになったのは，20世紀初頭のことである．スライファー（V. Slipher）はローウェル天文台で円盤銀河の分光観測を行い，ソンブレロ銀河 M 104（NGC 4594）が回転していることを 1914 年に初め

[*1] 渦巻銀河と S0 銀河を総称して円盤銀河と呼ぶ．

て報告した[*2]．銀河回転の研究の初期には，他に M 31 などのいくつかの明るい円盤銀河の分光観測がなされ，いずれも回転していることが示された．

　その後 1970 年代になると，大望遠鏡を用いた多数の銀河の分光観測によって，銀河内の回転速度分布の様子が詳細に得られ，円盤の力学的性質が議論されるようになった．その際，中心的な役割をはたしてきたのが，回転速度を銀河中心距離の関数として表した回転曲線である．図 2.1 は，ルービン（V. Rubin）達が行った銀河回転の観測の様子を表している．左の図が銀河の写真であり，長軸方向にスリット（上の三つの図で銀河中心を通る細い黒い線）をあてて分光すると，中央の図のような電離ガスの輝線スペクトルが得られる．中央の図では，横方向がスリット上の位置に対応し，縦方向が波長（下側が長波長）に対応する．輝線の波長が銀河中心の両側で逆方向にずれていて，銀河が銀河中心の周りを回転していることが分かる．

　このずれを銀河中心に対して折り返して平均し，視線速度に換算して得られた回転曲線が図 2.1 の右図である．図から分かるように，銀河円盤が光っている領域では銀河の回転速度はほぼ一定になっている．このような回転は，銀河中心からの距離に応じて一周する時間が異なるので「差動回転」と呼ばれる．レコード盤や CD のようにどの場所でも一周する時間が同じような回転は「剛体回転」と呼ばれるが，銀河の場合はこれと異なっていることに注意してほしい．一方，1章で見たように，銀河円盤の測光観測からは，銀河円盤の表面輝度は中心距離とともに指数関数的に減少することが知られている．後で詳しく説明するように，銀河円盤中で質量–光度比（2.2 節参照）が一定だとすると，平坦な回転曲線は説明することができない．このため，光学分光観測による回転曲線の研究から，円盤銀河内のダークマターの存在が議論されるようになった．

　一方，1970 年代後半から 80 年代になると WSRT（Westerbork Synthesis Radio Telescope）や VLA（Very Large Array）などの高い分解能を持った電波干渉計が登場し，中性水素ガス（H I）による円盤銀河の回転計測が行われるようになった．中性水素ガスは光で見える銀河円盤よりも広がって分布しているので，光学観測に比べより外側で回転曲線を計測することができる．図 2.2 はVLA で得られた NGC 2403 の H I ガスの分布と速度場の例である．図 2.2 の左

[*2] スライファーの銀河の分光観測は，ハッブルによる宇宙膨張の発見にもつながった．

2.1 銀河の運動 | 39

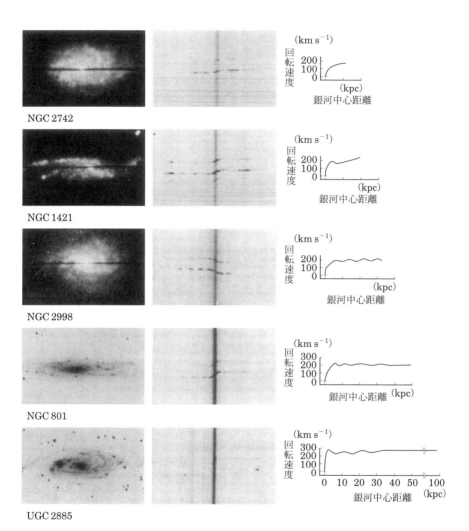

図 2.1 光学分光観測で得られた銀河の回転曲線．左が銀河の写真，中央が電離ガスの輝線スペクトル，右が回転曲線．右図の回転曲線の縦軸は回転速度 ($km\,s^{-1}$)，横軸は銀河中心からの距離 (kpc)（Rubin 1983, *Science*, 220, 1339）．

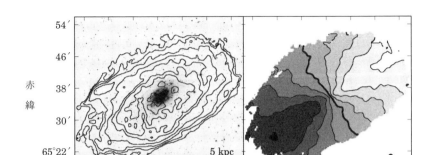

図 2.2 （左）VLA で得られた NGC 2403 の HI ガス分布（等高線）と光で見た銀河（写真）．光で見える銀河よりずいぶん外側まで HI ガスが広がっていることに注目．（右）HI ガスの視線速度から得られた NGC 2403 の速度場．見かけの視線速度が同じ点をつないだ等速度線を示してある．銀河中心を通り短軸方向に伸びる太い等速度線が，銀河全体の視線速度に対応し，それに対し 30 km s^{-1} ごとに等速度線が書いてある．銀河回転のドップラー効果により，銀河の南東（左下）が赤方偏移，北西（右上）が青方偏移している．右下の黒丸は電波干渉計の分解能（Fraternali et al. 2002, AJ, 123, 3124）．

の図から，光学的に見える銀河円盤よりも HI ガスが大きく広がっている様子が見てとれる．一方，右の図は HI ガスの視線速度から得られた円盤内の速度場である．HI 観測で得られる速度場と銀河の回転曲線 $V(r)$ は，以下のような簡単な関係式で結ばれている．

$$V_{\text{obs}}(r,\phi) = V_{\text{sys}} + V(r)\cos\phi\sin i. \tag{2.1}$$

ここで，i は銀河円盤の傾斜角，すなわち視線と銀河円盤の法線がなす角である．この場合，銀河円盤を真上から見ると $i = 0°$（フェイスオン），真横から見ると $i = 90°$（エッジオン）となる．r および ϕ は観測点の銀河円盤上での位置（極座標表示）であり，ϕ は銀河の見かけの長軸方向を $0°$ とする．また，V_{sys} は銀河固有の運動による視線方向の速度と，宇宙膨張による視線速度[*3]の和である．HI ガスの速度場から銀河回転を得る際には，式 (2.1) の関係式を用いて，速度場をもっともよく表すように回転曲線 $V(r)$ を求める．その際，円運動成分から

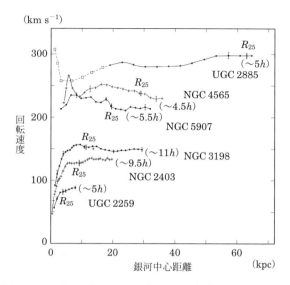

図 **2.3** H I ガスの観測により得られた系外銀河の回転曲線. R_{25} は B バンドでの銀河円盤の半径を表す. カッコ内は銀河円盤のスケール長 h (式 (1.3) 参照) の何倍のところまで回転曲線が延びているかを示している (Sancisi & van Albada 1987, IAU Symp., 117, 67).

ずれた成分 (非対称運動など) についても等速度線の細かな形状から求めることができる.

図 2.3 に, このようにして得られた回転曲線の例を示す. 図中で h は銀河円盤のスケール長 (式 (1.3) および (2.13) 参照), R_{25} は B バンドでの表面輝度が 25 等級/平方秒角になる半径を表し, ほぼ光で観測できる銀河円盤の大きさに相当する. これらの回転曲線はいずれも R_{25} よりもはるかに外側まで測定されている. それにも関わらず回転速度はほぼ一定値にとどまっており, 大量のダークマターの存在を示唆している.

一方, 銀河中心の回転曲線については, 高分解能の観測が要求されるため, 回

[*3] (40 ページ) 後退速度ともいう. ただし, 銀河のスペクトル中の輝線や吸収線が波長の長い (赤い) 側にずれている (赤方偏移している) のは, 宇宙膨張に起因する現象で, 空間の中での物体の相対運動 (視線速度) によって生じる運動学的な現象とは別のものである. 比較的近傍の銀河に対しては便宜上, 波長のずれを視線速度と「見なした」説明が広く行われているが, 正確には赤方偏移あるいはより厳密には宇宙論的赤方偏移と呼んで区別する (5.1 節参照).

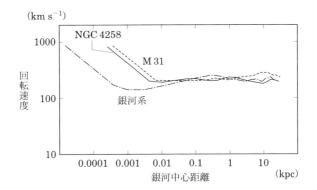

図 2.4 銀河中心部まで伸ばした回転曲線．対数スケールで銀河中心部を拡大してある．もっとも内側の領域ではブラックホールに向かって回転速度が増大する（Sofue & Rubin 2002, *ARA&A*, 39, 137）．

転曲線の詳しい様子を調べられるようになってきたのは最近のことである[*4]．1990年代に入ると電波や近赤外線などによる高分解能観測により，銀河中心部の高速度回転成分が多くの銀河で発見され，大質量コア（芯）と呼ばれる成分（質量 $\sim 10^9 M_\odot$）や，巨大ブラックホール（質量 10^6–$10^9 M_\odot$）の存在が明らかになった．このため回転曲線も銀河円盤からバルジを経て，さらに内側の銀河中心ブラックホールまで連続していると考えるのが自然である．図2.4は実際に銀河中心部で高分解能観測がなされたいくつかの銀河について，銀河円盤から銀河中心までの回転曲線を接続し，中心部を見やすいように対数スケールで表示したものである．回転速度は円盤から比較的滑らかにバルジおよび銀河中心領域に接続し，最終的にはブラックホールの重力場によるケプラー回転につながっている．

2.1.2 楕円銀河の形状と速度分散

これまで円盤銀河の構造について説明した．次に楕円銀河の構造について説明する．3次元の楕円体は，

[*4] たとえば H I 観測などの場合，干渉計観測でも分解能が足りず，銀河中心部の回転曲線を求めることは難しい．また光学輝線観測は明るいバルジの影響を強く受けるため精度が上がらない．最近では中心部の CO 輝線を干渉計で高分解観測し，精度の良い回転曲線が得られるようになった．

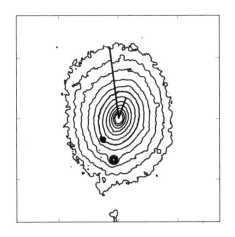

図 2.5 楕円銀河 NGC 6851 の等輝度線．中心から外側に向かって，等輝度線の長軸方向が変化している（等輝度線よじれ）(Saraiva *et al.* 1999, *A&A*, 350, 399).

$$r^2 = \frac{x^2}{A^2} + \frac{y^2}{B^2} + \frac{z^2}{C^2} \tag{2.2}$$

と表すことができる．$A = B$ であれば z 軸に対して軸対称な形状となり，$A \neq B \neq C$ であれば 3 軸不等な形状となる．楕円銀河の 3 次元的形状は一般に 3 軸不等であると考えられている．そのもっとも重要な根拠は，等輝度線の長軸の向きが，中心から外側に向かって変化しているという事実である．図 2.5 に NGC 6851 の等輝度線の例を示した．長軸の向きはたしかに外側に向かって変化している．この長軸の向きの変化を等輝度線よじれと呼ぶ．もし軸対称な形状 ($A = B$) をしていれば，楕円銀河をどの方向から観測したとしても，等輝度線よじれは見られないはずである．

円盤銀河の円盤は，回転運動が銀河の自己重力とつりあうことで形状が保たれている．しかし 3 軸不等な楕円体の形状を回転運動で支えることは難しい．実際，楕円銀河の形状は星の非等方なランダム運動（速度分散）によって支えられている．図 2.6 に，楕円銀河 NGC 680 の回転速度と速度分散の半径方向の変化を示した．速度分散が $150\,\mathrm{km\,s^{-1}}$ 以上にも及んでおり，円盤銀河の円盤部での典型的な速度分散（約 $30\,\mathrm{km\,s^{-1}}$）に比べてとても大きい．

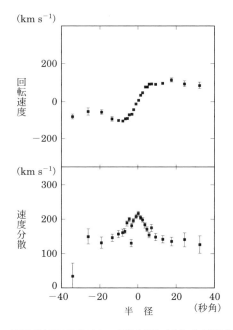

図 2.6　楕円銀河 NGC 680 の回転速度（上）と速度分散（下）の半径方向の変化．星の吸収線のドップラー偏移を観測することにより得られたもの（Simien & Prugniel 2000, A&AS, 145, 263）．

　図 2.6 にも見られるように，楕円銀河にも多少の回転運動を示すものがある．図 2.7 には楕円銀河の回転速度（V）と速度分散（σ）の比と，扁平度（ε）の関係をしめす．扁平度が大きい楕円銀河ほど，速度分散に対して回転速度も大きくなることが分かる．実線は，速度分散が等方的な力学的平衡モデルを示す．明るい楕円銀河のほとんどが実線よりも下に存在しているが，これは速度分散が非等方的であることを意味する．つまり楕円銀河の形状は，少なくとも一部は非等方な速度分散で支えられていることが分かる．

　楕円銀河の等輝度線は数学的な楕円形で近似できるが，楕円形からのズレもある．図 2.8 は典型的なズレの模式図である．数学的な楕円形からのズレが左図のような銀河は円盤形と呼ばれ，右図のようなものは箱形と呼ばれる．箱形か円盤形かの区別は，しばしば次のように定量化される．図 2.8 のように ϕ を長軸から測った角度，δ を楕円形からのズレの大きさと定義し，フーリエ級数をつかって，

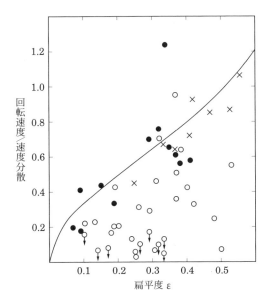

図 2.7 楕円銀河の V/σ-ε 図. 絶対等級が $M_\mathrm{B} = -20.5$ 等よりも明るい楕円銀河（○）と暗い楕円銀河（●）の他に，楕円銀河と性質のよく似た円盤銀河のバルジ（×）も含まれている. ε の値が大きいほど扁平. 矢印は値が上限値であることを示す（Davies *et al.* 1983, *ApJ*, 266, 41）.

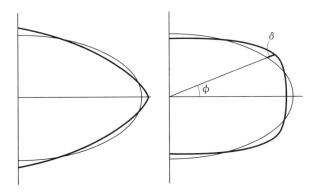

図 2.8 円盤形楕円銀河（左）と箱形楕円銀河（右）の等輝度線の模式図. 数学的な楕円形も同時に示してある（細い実線）.

$$\delta(\phi) = \bar{\delta} + \sum_{n=1}^{\infty} a_n \cos n\phi + \sum_{n=1}^{\infty} b_n \sin n\phi \qquad (2.3)$$

と展開する．$a_4 > 0$ ならば円盤形，$a_4 < 0$ ならば箱形である．a_4 を楕円形の長軸の長さ a で規格化したパラメータ a_4/a は円盤度と呼ばれ，これがプラス方向に大きいほど円盤形が顕著になり，マイナス方向に大きいほど箱形が顕著になる．

円盤度 a_4/a は電波連続波の強度や，X 線強度と相関があることが知られている．箱形は電波と X 線の強度が総じて大きいが，円盤形では小さい．また円盤形はほぼ例外なく回転速度が速いが箱形は遅い．これらのことから，箱形は 2 個以上の銀河の合体でできたのではないかとする考え方もある．合体のプロセスでは，重力相互作用により速度分散が大きくなり，またガスが銀河中心部に落ち込みやすくなって活動銀河中心核の活動を誘起しやすい．このように考えると，電波連続波や X 線強度の増加も自然に説明されることになる．

その他に注目すべき微細構造として，シェル構造（あるいはリップル構造）と呼ばれる構造がある．図 2.9 は楕円銀河 NGC 3923 に見られるシェル構造の例である．外側に何層にもわたる円形の構造がみられる．シェル構造は，楕円銀河に小さな銀河が合体した痕跡であると考えることが多い．シェル構造をもつ楕円銀河は孤立した（まわりに大きな銀河の存在しない）環境にある場合が多く，孤立した楕円銀河のうち約 20% にシェル構造が見られるという報告もある．周囲に大きな銀河があると，銀河の重力ポテンシャルによる潮汐作用で，シェル構造を壊してしまうためではないかと考えられている．

ここまで，楕円銀河は銀河同士の合体や相互作用で形成されたことを示唆する観測結果を多く紹介した．銀河の形態の形成は，宇宙モデルとも関係する興味深い分野である．楕円銀河の合体形成説は，宇宙の大規模構造をよく説明する「冷たいダークマターモデル」の予言とよく合致するため，好まれることが多い．銀河の重力相互作用は銀河内部での星生成を活発にすると考えられており，合体のたびに銀河内部の若い星（高温で青色）の数が増える．合体形成は宇宙誕生後の比較的遅い時期に起きるため，楕円銀河を構成する星の種族や銀河の色に影響を与えることが予想される．

一方，銀河によっては，そのほとんどの星が宇宙初期の銀河形成期に短期間で形成されその後の星形成活動はほとんどない，という例も観測されており，時間

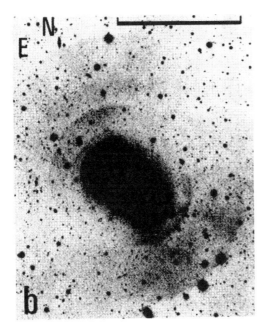

図 2.9　楕円銀河 NGC 3923 にみられるシェル構造の例（Malin & Carter 1983, *ApJ*, 274, 534）.

をかけた合体形成では説明できない．このようなケースも含めて楕円銀河の形成を説明するためには，単純な合体だけではなく，合体時に励起される銀河中心ブラックホールの活動性による星形成へのフィードバックの影響など，さまざまな効果を考える必要性が指摘されており，楕円銀河の形成メカニズムをめぐる議論が現在も続いている．

2.2　銀河のダークマター

この節では銀河の力学質量を求める代表的な方法として，円盤銀河の回転曲線を使う方法を紹介する．さらに質量–光度比という概念を説明する．光度分布から予測される星の質量分布と観測された回転曲線の比較から，ダークマターの存在を紹介する．最後に，伴銀河や X 線ハローの表面輝度分布から銀河の力学質量を求める方法を簡単に紹介する．

2.2.1 回転速度と質量分布

2.1.1 節では，円盤銀河の回転曲線について説明した．銀河回転の遠心力が銀河の自己重力とつりあっているとすれば，回転曲線から質量分布を得ることができる．まず，もっとも簡単な場合として球対称な質量分布を考えよう．ある半径 r 以内の質量を $M(r) \equiv M_r$ とすると，密度分布を $\rho(r)$ として

$$M_r = \int 4\pi r^2 \rho(r) dr, \tag{2.4}$$

という関係が成り立つ．半径 r の位置で質点が円運動しているとすると，遠心力と重力のつりあいから回転速度 V は，

$$V = \sqrt{\frac{GM_r}{r}}, \tag{2.5}$$

となる．これを M_r について解くと，

$$M_r = \frac{rV^2}{G}, \tag{2.6}$$

を得る．式 (2.6) と式 (2.4) を用いると，回転曲線から銀河の質量分布 $\rho(r)$ を得ることができる．これが，銀河回転から質量分布を求める基本式である．銀河を扱うときの単位系として，長さは kpc，速度は km s^{-1}，質量は太陽質量 $M_\odot$ を使うことが多い．この単位系で式 (2.6) を書き直した以下の式は，銀河の質量を議論する際に便利である．

$$M_r = 2.32 \times 10^5 \left(\frac{r}{\text{kpc}}\right) \left(\frac{V}{\text{km s}^{-1}}\right)^2 M_\odot. \tag{2.7}$$

次に球対称でない場合を考えよう．一般に，ある密度分布をもった天体の任意の点 $\boldsymbol{x}$ において，周りの質量分布から受ける引力（単位質量あたり）は，各微小体積からの寄与の総和として以下のように書ける．

$$\boldsymbol{F}(\boldsymbol{x}) = G \int \frac{\boldsymbol{x}' - \boldsymbol{x}}{|\boldsymbol{x}' - \boldsymbol{x}|^3} \rho(\boldsymbol{x}') d^3 \boldsymbol{x}'. \tag{2.8}$$

あるいは，力 F の代わりにポテンシャル Φ を用いて，以下のように書くこともできる．

$$F(x) = -\nabla\Phi. \tag{2.9}$$

ここで，ポテンシャル Φ は，以下で定義されている．

$$\Phi(x) = G \int \frac{\rho(x')}{|x' - x|} d^3 x'. \tag{2.10}$$

これらの式は，任意の密度分布，任意のポテンシャルに対して有効である．

球対称でない場合でも，円運動が成立するためには密度分布に回転対称性が必要なので，円柱座標 (r, ϕ, z) を導入すると，密度は ϕ に依存しないことになる．このとき銀河面 $(z = 0)$ での円運動速度 V は，式 (2.9) で得られる引力と遠心力のつりあいから，以下のように求まる．

$$V^2 = r\frac{\partial\Phi}{\partial r}. \tag{2.11}$$

これらの式を用いれば，解析的に記述できる密度やポテンシャル（たとえば宮本–永井ポテンシャルなど）や，数値的に表された密度やポテンシャルから回転速度を求めることができる（第5巻8章参照）．また，逆に回転曲線から密度分布を求める際に，これらの関係式が利用されることもある．ただし，このような逆問題を解くことは通常容易ではないので，銀河の質量分布を議論する際は，後で述べるようにモデルを介して行われることが多い．

2.2.2　質量 – 光度比

天体の質量と光度との比を質量 – 光度比といい，通常太陽の値で規格化した値として M/L で表す．すなわち，銀河の質量を M_{gal}，光度を L_{gal} とすると

$$M/L = \frac{M_{\mathrm{gal}}/M_\odot}{L_{\mathrm{gal}}/L_\odot} \tag{2.12}$$

である．主系列星の場合，太陽より重くて明るい早期型星では M/L は1より小さくなり，軽くて暗い晩期型星では1より大きくなる．晩期型でも赤色巨星の M/L は1より小さい．以下では簡略化のため質量 – 光度比を M/L と略記し，その値をイタリック体で M/L と表記する．

銀河の場合は，たくさんの星やガスの集まりとして銀河円盤が形成されているので M/L は個々の構成成分の M/L の平均として決められる．一般的には，銀河内のガスの全質量は，星の総和に比べて小さいことが多く，銀河円盤の M/L

は円盤内の平均的な星の質量と光度によって決まっている．また，ダークマター
のように光を一切出さない物質の場合は $M/L = \infty$ となる．実際の銀河全体の
M/L は，円盤とハローの総和から求まるので，銀河について M/L を求めるこ
とで，銀河を形成している物質として何が支配的か（星かダークマターか）を推
測することができる．銀河全体についての M/L は，観測された銀河回転速度か
ら銀河の質量 M を求め，光学観測から決めた L と合わせて得られる．その際，
銀河の距離が必要になるが，それはハッブル定数と銀河の視線速度とから求める
か，タリー–フィッシャー関係などの経験則（2.3 節参照）を用いて決定する．

　例として，球対称分布を仮定した式（2.7）を図 2.3 の回転曲線に適応し，
NGC 2403 の M/L を求めてみよう．まず，距離は $D = 3.25\,\mathrm{Mpc}$ とし，光度と
して吸収を補正した V バンドの見かけの等級 $m_\mathrm{V} = 8.0$ を採用する．これを太
陽の絶対等級 $M_\mathrm{V} = 4.83$ と比較すると，$L_\mathrm{V} = 0.57 \times 10^{10} L_\odot$ となる．一方，
図 2.3 中で NGC 2403 のもっとも外側での回転速度が $V = 130\,\mathrm{km\,s^{-1}}$（$R = 20\,\mathrm{kpc}$）であるから，式（2.7）を用いると $M = 7.8 \times 10^{10} M_\odot$ となる．両者
の比を取ると，NGC 2403 の V バンドでは $M/L = 14$ と求まり，太陽の M/L
よりも一桁以上大きくなっている．他の多くの銀河についても，同様な方法で
M/L を推定すると $M/L \sim 10\text{--}20$ になることが知られている．

2.2.3　円盤銀河の質量分布モデル

　前節で，観測された回転曲線から銀河の質量分布を導出する方法について述べ
た．密度分布が球対称であれば，たとえば式（2.6）を使って質量分布を決める
ことができる．しかし，一般に銀河円盤は薄い円盤なので球対称の仮定は成り立
たず，さらに円盤を取り巻くようにハロー成分が存在しているなど，状況は単純
でない．そこで，より現実的かつ簡便な方法として，銀河円盤やハローのモデル
を導入する方法がしばしば用いられる．これらの方法では，銀河の円盤やハロー
成分の質量分布をモデルとして与え，観測された回転曲線を再現するようにモデ
ルパラメータを決定する．以下では，そのようなモデルの例として，銀河円盤と
ハローの 2 成分からなるモデルを考える．

銀河円盤のモデル

　すでに 1 章で述べたが，銀河円盤の表面輝度は銀河中心距離 r とともに指数
関数的に減少するような分布を持つ．ここでの議論をはじめる前に（1.3）式を

再掲しておく.

$$I(r) = I_0 \exp(-r/h). \tag{2.13}$$

ここで I_0 は銀河円盤の中心での表面輝度, h は表面輝度が中心の $1/e$ になる銀河中心距離でスケール長と呼ばれる（銀河系の場合, $h \sim 3.5\,\mathrm{kpc}$ である）. 銀河円盤内で場所によらず M/L が一定だとすれば, 銀河円盤の面密度分布 Σ も同じ形の指数関数で表される. すなわち,

$$\Sigma(r) = \Sigma_0 \exp(-r/h), \tag{2.14}$$

と表せる. このような円盤の全質量 M_{tot} は

$$M_{\mathrm{tot}} = 2\pi\Sigma_0 h^2, \tag{2.15}$$

で与えられる. 同様に全光度 L_{tot} は $L_{\mathrm{tot}} = 2\pi I_0 h^2$ となり, 銀河円盤の M/L は,

$$M/L = \frac{\Sigma_0/M_\odot}{I_0/L_\odot}, \tag{2.16}$$

となる.

ここで式 (2.14) のような面密度分布を持った銀河円盤内を, 重力とつりあって円運動する質点を考えよう. フリーマン（K. Freeman）による詳しい計算によれば, その回転速度 V は以下のように書けることが知られている.

$$V^2 = 4\pi G\Sigma_0 h y^2 \left[I_0(y)K_0(y) - I_1(y)K_1(y) \right]. \tag{2.17}$$

ただし, $y = r/2h$ である. また, I_n, K_n はそれぞれ第 1 種, 第 2 種の修正ベッセル関数である. 式 (2.14) の面密度分布と, 式 (2.17) で得られる回転速度 V を図 2.10 に示す. 左下図にあるように, 式 (2.17) の回転速度は $r \sim 2.2h$ で極大値を持ち, その値は以下の式で与えられる.

$$V_{\max} = 0.88\sqrt{\pi G\Sigma_0 h}. \tag{2.18}$$

最大値に達した後, 回転曲線は $r \sim 2.2h$ より外側で急速に落ち込む. r が $3h$ よりも外側では, 質量 $M = 2\pi\Sigma_0 h^2$（円盤の全質量）の質点を銀河中心においた場合のケプラー回転の速度（$V \propto r^{-1/2}$）に漸近的に近づく. このような円盤の回転曲線は, 観測された平坦な回転曲線（図 2.3）と大きく異なっている. これは,

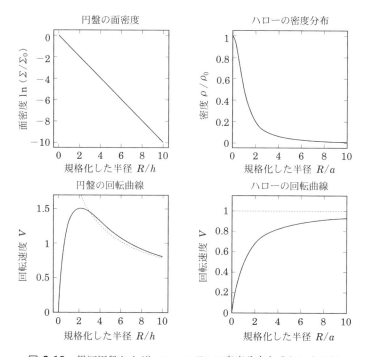

図 2.10 銀河円盤およびハローモデルの密度分布とそれによる回転曲線．(左上) 指数関数型の銀河円盤の面密度分布（縦軸は対数表示）．(左下) 銀河円盤による回転曲線．破線は同じ質量の質点を中心においた場合の速度場．(右上) ハロー成分の密度分布．(右下) ハロー成分による回転曲線．破線は，このモデルが漸近的に近づく平坦な回転曲線を表す．いずれも単位は規格化してある．

M/L を一定とした場合に，指数関数的な質量分布の円盤では，質量が中心に集中しすぎていることを示している．観測された回転曲線を再現するためには，M/L を外側に向かって増加させてやるか，円盤とは別な成分を加える必要がある．

上記の議論は銀河円盤を無限に薄い平面として取り扱っている．しかし，実際は薄いながらも有限の厚みを持つので，銀河面に対して鉛直方向（z 方向）にも密度分布を持つモデルについても簡単に紹介しておく．星の銀河面に垂直な方向の速度分散 σ^2 が，銀河面からの距離 z によらず一定とすると，自己重力とつりあった円盤は以下ような密度分布を持つことが知られる．

$$\rho(z) = \rho_0 \operatorname{sech}^2(z/z_0), \quad z_0 = \frac{\sigma}{\sqrt{2\pi G \rho_0}} \tag{2.19}$$

ここで，ρ_0 は銀河面上（$z = 0$）での密度を表す．エッジオン銀河（真横向きの銀河）の表面輝度の観測から，式（2.19）の分布は z 方向の表面輝度分布をある程度よく再現することが知られている．しかし，z が大きいところでは式（2.19）よりも表面輝度がゆるやかに落ちる成分があることが知られている．これを厚い円盤と呼び，これに対して式（2.19）のような円盤を薄い円盤と呼ぶ．若い星はすべてが薄い円盤に存在しており，厚い円盤は古い星によって構成されている．式（2.19）を半径方向の面密度分布の式（2.14）とあわせて，銀河円盤の 3 次元質量モデルは

$$\rho(r, z) = \rho_0 \exp(-r/h) \operatorname{sech}^2(z/z_0) \tag{2.20}$$

で与えられる．あるいは式（2.20）の代わりに，z 方向にも動径方向と同じく指数関数的な分布を採用した，

$$\rho(r, z) = \rho_0 \exp(-r/h) \exp(-z/h_z), \tag{2.21}$$

というモデルもよく使用される[*5]．いずれのモデルを採用するにしても，z 方向の厚み z_0 または h_z は動径方向のスケール長 h に比べて小さく，結果として回転曲線は厚みのない平板の場合（式（2.17））とほとんど同じになる．

ハローのモデル

観測された回転曲線を再現するために，上記の銀河円盤に加えてハロー成分を考える．観測される回転曲線が平坦であることから，ハローの質量分布としては銀河の外側で $\rho \propto r^{-2}$ のようにふるまう成分が必要である．たとえば，簡単な例として

$$\rho(r) = \frac{\rho_0}{1 + (r/a)^2}, \tag{2.22}$$

という密度分布を考える（a は分布のスケールを与えるパラメータ）．このような密度分布および対応する回転曲線は図 2.10 の右側に示してある．図にあるように，a よりも外側では回転速度 V は漸近的に一定値 V_0 に近づき，その値は，

[*5] z が大きいところでは 2 個のモデルの振る舞いは基本的に同じであり，本質的な違いは $z = 0$ 近傍の振る舞いのみである．

$$V_0 = \sqrt{4\pi G \rho_0 a^2}, \tag{2.23}$$

で与えられる.

　上記のハローモデルは平坦な回転曲線を説明するために経験的に導入されたものだが，一方，理論的考察にもとづいた密度分布モデルも提案されている．解析的な取り扱いが可能な力学平衡解であるプランマーモデルやハーンキストモデル，等温力学平衡解であるキングモデルなどがよく知られている．また N 体力学計算（多体粒子系の数値重力計算）から求められた，

$$\rho(r) = \frac{\rho_{\mathrm{s}}}{(r/r_{\mathrm{s}})(1 + r/r_{\mathrm{s}})^2} \tag{2.24}$$

という密度分布モデルは最近よく使われている．ここで，ρ_{s} と r_{s} は典型的な密度と半径である．これは発見者達の名前を取って NFW モデル（ナヴァロ–フレンク–ホワイトモデル）と呼ばれている（8.2 節および第 5 巻 8.6.3 節参照）．ナヴァロ（J.F. Navarro）らは，さまざまな宇宙初期の密度ゆらぎからダークマターの力学的進化を N 体計算し，ダークマターハローはどんな初期条件から計算を始めてもこの密度分布に落ち着くことを指摘した．NFW プロファイルは，銀河の外側で観測されている平坦な回転曲線を再現することができる．一方，このプロファイルは銀河中心部では $\rho \propto r^{-1}$ の形で中心に向かって密度が増大するカスプ（cusp）の存在を意味する．これに対しダークマターが支配的である矮小円盤銀河の回転曲線の観測からは，銀河中心部の密度分布はカスプ状よりも $\rho \sim$ 一定，となる密度一定のコア（core）に近いという結果が得られている．このような銀河中心部での密度分布の理論と観測の不一致はカスプ–コア問題と呼ばれ，大きな論点となってきた．これまでの研究から，NFW プロファイルのようなカスプ構造はダークマターのみの粒子シミュレーションで得られる一方で，バリオンによる星形成の効果も考慮した計算では，ダークマターとバリオン間でエネルギー輸送が起こり，カスプがコアへと変化する，とする説が提唱されている．

円盤銀河の質量分布モデルの例

　銀河円盤とハローの 2 成分からなる銀河の回転曲線は，以下のようにそれぞれの成分の寄与の二乗和として計算される．

$$V^2 = V_{\mathrm{disk}}^2 + V_{\mathrm{halo}}^2. \tag{2.25}$$

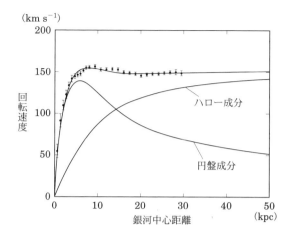

図 2.11 H I ガスの観測により得られた NGC 3198 の回転曲線（誤差棒付きの点）とそのモデルフィット（実線）の例．銀河円盤としては最大円盤（本文参照）を採用しており，円盤の質量–光度比は $M/L = 4.4$ である．ハロー成分を加えない限り，外側の回転曲線を再現することはできない（van Albada *et al.* 1985, *ApJ*, 295, 305）．

その一例として NGC 3198 の回転曲線を再現したものを図 2.11 に示す．銀河円盤の M/L は厳密には分からないので Σ_0 などのパラメータを一意に決定することはできず，観測を再現できるような銀河円盤およびハローの組み合わせは無数に存在する．ただし，銀河円盤の M/L がある一定以上の値になると，観測された回転曲線よりも大きな回転速度が $r \sim 2.2h$ で発生してしまう．したがって，回転曲線とモデルとの比較から，銀河円盤の M/L の最大値について制限を与えることができる．このような M/L の最大値を持つ円盤は，観測と矛盾しない範囲でもっとも重い円盤であり，最大円盤（maximum disk）と呼ばれる．図 2.11 も最大円盤の例であり，このモデルから円盤の M/L の最大値として $M/L = 4.4$（V バンド）が求まる．このような円盤にハロー成分を加えることで，図 2.11 のように平坦な回転曲線を再現できることが分かる．

多数の銀河についての同様な研究から，回転曲線のモデル化をしたときに得られる銀河円盤の M/L は最大円盤の場合で $M/L \sim 1$–5 となることが知られている．したがって，銀河円盤そのものは太陽程度の星か，やや太陽よりも軽くて暗

い主系列星を中心に，通常の星から成っていても問題ないことになる．一方，ハローも含めた銀河全体でのM/Lを考えると，回転曲線が計測された最大のrの位置で$M/L \sim 10\text{--}20$となり，銀河全体としてはダークマターの質量が支配的になっている．H Iガスの分布よりもさらに外側では銀河の回転速度の情報がないが，もし平坦な回転曲線がさらに続いている場合には，銀河全体のM/Lはさらに増大することになる．

2.2.4 連銀河や伴銀河を用いた銀河質量の決定

H Iの回転曲線が観測される領域では，回転曲線は概ね平らであり（すなわち，回転速度がほぼ一定），ハローの質量分布が連続的に外側に向かって続いていると考えられる．しかし，H Iガスが分布している領域よりも外側では回転曲線は観測できないため，ハローおよび銀河の全質量を決定することは難しい．また，楕円銀河の場合にはそもそもH Iガスが観測されないことが多いので，回転曲線の決定は難しい．このような場合，銀河の質量を制限づけるためには，2個の銀河が対になった連銀河や，銀河の周囲にある球状星団や矮小銀河（伴銀河）の運動を用いる．いずれの場合も，銀河どうしが重力的に束縛されていれば，観測される銀河の運動速度や銀河間距離を用いて，銀河の最小質量についての制限を得ることができる．

観測される連銀河間の距離をR_p，視線速度の差をV_pとする．添え字pは天球面上に投影された量であることを意味する．投影された距離や速度は真の距離や速度よりも常に小さいので，連銀河や伴銀河が重力的に束縛されているとすると，系の質量Mについて以下の条件式が導かれる．

$$M \geqq \alpha \frac{R_\mathrm{p} V_\mathrm{p}^2}{G}. \tag{2.26}$$

ここで，αは1程度の係数であり，連銀河や伴銀河の軌道運動のパラメータ（円運動か動径方向の運動か）などによって若干変化する．実際には重力的に束縛されていない銀河が投影の効果によって見かけ上，対になっているように観測されることもあるので，このような研究では工夫してサンプルを選ぶことが重要である．しかし，見かけ上の対を完全に取り除くことは困難なので，実際の研究では，見かけ上の対の発生確率を考慮した統計的な処理が行われることが多い．ま

図 2.12 連銀河 NGC 7537 および NGC 7541 の光学写真．見かけの位置が近いだけでなく，視線速度も近い値を持つことが確認されている．連銀河の観測からハローの広がりを決定するには銀河間の距離が大きく，かつ重力的には束縛されている（見かけ上でない）対を選ぶことが重要である（Sandage & Bedke 1994, *The Carnegie Atlas of Galaxies*）．

た，銀河の質量は $10^9 M_\odot$ から $10^{12} M_\odot$ まで広範囲の値を持つので，式 (2.26) から統計的に銀河質量の平均値を求めてもそれ自身にはあまり意味はなく，質量に代わって平均的な M/L を求めるという手法が広く用いられる．このような手法で求められた銀河の平均的な M/L は $M/L \sim 15$–100 になることが報告されている．研究によるばらつきも大きいが，いずれにせよ太陽の M/L と比較して一桁以上大きく，銀河の全質量としてはダークマターが支配的であることを示している．

2.2.5 X線ハローから決める銀河質量

ダークマターの質量は，銀河ハローに存在する高温プラズマ（10^6–10^8 K）の分布からも推定することができる．図 2.13 は楕円銀河 NGC 4555 のハローにある高温プラズマの X 線画像の例である．高温プラズマを閉じ込めておくために必要な質量（重力ポテンシャル）は，球対称を仮定してプラズマが静水圧平衡に

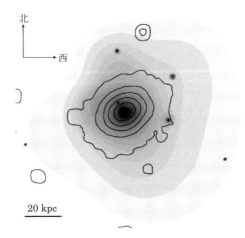

図 2.13 楕円銀河 NGC 4555. チャンドラ衛星による X 線分布（グレイスケール）と光の分布（等輝度線）を重ねたもの. X 線分布は元の画像よりも滑らかにしてある（O'Sullivan & Ponman 2004,*MNRAS*, 354, 935）.

あるとすると,

$$M(r) = -\frac{kT(r)r}{\mu m_\mathrm{p} G}\left(\frac{d\ln n_\mathrm{e}(r)}{d\ln r} + \frac{d\ln T(r)}{d\ln r}\right) \quad (2.27)$$

で与えられる．ここで T はプラズマの温度，n_e は電子密度，G は万有引力定数，k はボルツマン定数，m_p は陽子質量，μ は m_p を単位としたときの平均粒子質量である．この式から求めた質量と比べると，銀河内の星の質量の総和は 1/10 程度しかなく，観測可能な光を放出しないダークマターの存在が示唆される.

これまで見たように，さまざまな観測結果から，ダークマターは銀河外縁部の主要な成分であることが明らかになっているが，その正体は現代天文学の最大の謎の一つとして依然未解決のまま残されている．その正体としては，素粒子物理から予言されている，相互作用をほとんどしない粒子（WIMPs; Weakly-Interacting Massive Particles）が有力視されている．

2.3 スケーリング則

円盤銀河の表面輝度分布は指数法則に従い，楕円銀河の表面輝度分布は 1/4 乗則に従うなど，特定の形態型の銀河の内部構造は共通の性質を示すことが多い．では複数の銀河を比べた場合，半径や光度などの物理量は相関関係を示すのだろうか．ここでは銀河の代表的な物理量の相関関係，特にスケーリング則を紹介し，その物理的意味を説明する．なお，スケーリング則とはパラメータ x, y の間の $y \propto x^n$（n は定数）という相関関係のことを意味する．

2.3.1 円盤銀河の関係

円盤銀河の質量 M は，その銀河の代表的な半径 R と回転速度 V を使って

$$M = k\frac{RV^2}{G} \quad (k \text{ は定数}) \tag{2.28}$$

と表すことができる．M/L がほぼ一定であると仮定すると，式（2.28）から L, V, および R の三つのパラメータの間に何らかの相関関係があると推測することができる．

実際，これら基本物理量の間にはさまざまな相関関係が存在することが知られている．図 2.14 はその例である．L, V, および R はさまざまな定義が可能だが，ここでは I バンドでの絶対等級 M_{tot}（mag），中性水素ガス 21 cm 輝線の速度幅 W（km s^{-1}），I バンドの表面輝度が $23.5\,\mathrm{mag\,arcsec}^{-2}$ になる半径 $R_{23.5}$（kpc）を使っている．速度幅 W はおおむね回転速度 V の 2 倍に対応する．

図 2.14（左）は，絶対等級と回転速度の相関関係である．回転速度が速い円盤銀河ほど明るいことが分かる．座標軸が対数で描かれていることを考えると，この直線的な関係はスケーリング則となっており，

$$L \propto V^\alpha \quad (\alpha = 3\text{–}4) \tag{2.29}$$

という関係式で表すことができる．この関係はタリー（B. Tully）とフィッシャー（J.R. Fisher）によって発見され，タリー–フィッシャー関係と呼ばれる有名な相関関係である．距離指標関係としてもよく知られている（6.2 節参照）．

図 2.14（右）は R と V の関係で，$R \propto V^\beta (\beta = 1\text{–}2)$ という関係式が得られる．この式を式（2.28）に代入すると，銀河質量と回転速度の間に $M \propto V^\gamma (\gamma =$

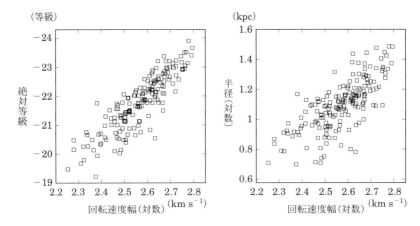

図 **2.14** 円盤銀河のスケーリング則．（左）絶対等級と回転速度の関係（タリー–フィッシャー関係）．（右）半径と回転速度の関係（Han 1992, *ApJS*, 81, 35 のデータより作成）．

3–4）という関係が成り立つので，M/L が銀河によらずほぼ一定であることが示唆される．式（2.28）から求められる質量 M は星だけでなく，ダークマターの質量も含んでいることを考慮すると，ダークマターと星の質量比は銀河によらずにほぼ一定ということができる．

図 2.14 に使った銀河サンプルは，比較的明るく回転速度の速い銀河だけを含んでいる．暗くて回転速度の遅い矮小銀河も含めると，タリー–フィッシャー関係の相関は悪くなることが知られている．ただし，星の光度の代わりに，星とガスの質量を加えた全バリオン質量を図の縦軸にとると，よりよい相関関係が得られる．この関係はバリオンのタリー–フィッシャー関係と呼ばれている．

図 2.14 では L として，I バンドの測光データを使った．タリー–フィッシャー関係の性質は，使う測光バンドに依存することが分かっており，長い波長バンド（赤い色）を使うほど相関がよくなり，α が大きくなることが分かっている．B バンドなど青い色での測光データはごく最近生まれた若く明るい星の影響を受けやすいが，長い波長バンドほど若い星の影響が少なく，星の全質量をよりよく反映するためである．

これら相関関係には観測誤差だけでは説明できない大きな分散が存在する．たとえば酒井彰子（S. Sakai）によると，タリー–フィッシャー関係の分散は 0.4

等級程度であるが，この値は典型的な観測誤差 0.1 等級より有意に大きい．観測される分散が個々の銀河の個性を表すのか，あるいは別の物理的要因に起因するのかは，銀河の形成や進化を考える上でとても重要な問題である．これについては 2.3.3 節で説明する．

2.3.2　楕円銀河の相関関係

円盤銀河では回転運動が自己重力ポテンシャルとつりあうことで支えられているのに対し，楕円銀河では速度分散が自己重力とつりあって平衡状態にある．回転速度 V の代わりに速度分散 σ を使うと，楕円銀河もタリー–フィッシャー関係とよく似た相関関係を示す．図 2.15（右上）は楕円銀河の絶対等級（または光度）と速度分散の関係である．相関関係の分散は比較的大きいが，速度分散が大きい銀河ほど光度も大きくなる傾向は明瞭である．この関係はフェイバー（S. Faber）とジャクソン（R.E. Jackson）によって発見され，フェイバー–ジャクソン関係と呼ばれている．観測データから得られる関係式は $L \propto \sigma^4$ である．フェイバー–ジャクソン関係にも観測誤差で説明できない大きな分散が存在する．

第 1 章で，楕円銀河の表面輝度分布 $I(r)$ は

$$I(r) = I_e \exp\left\{ -7.67 \left[\left(\frac{r}{r_e} \right)^{1/4} - 1 \right] \right\} \tag{2.30}$$

と近似されることを見た（式 (1.2)）．ここで r_e は有効半径で，I_e は $r = r_e$ での表面輝度である．この表面輝度分布を半径方向に積分すると，以下のように銀河の全光度 L が得られる．

$$L = \int_0^\infty I(r) 2\pi r dr \tag{2.31}$$

$$= 7.215 \pi r_e^2 I_e \tag{2.32}$$

有効半径内部での平均表面輝度 $\langle I \rangle_e$ は，$\langle I \rangle_e = 3.61 I_e$ となる．これらの物理量の相関関係を見たのが，図 2.15（左）の二つの関係である．速度分散 σ と有効半径 r_e の間に相関がないことから，円盤銀河と異なり，2 個のパラメータが独立であると考えることができる．

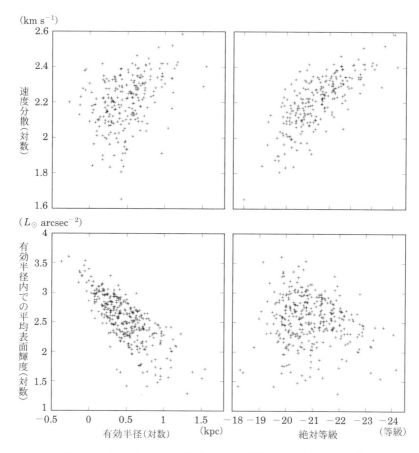

図 2.15 楕円銀河の基本物理量の相関関係．(左上) 速度分散と有効半径の関係．(右上) 速度分散と絶対等級 (光度) の関係 (フェイバー – ジャクソン関係)．(左下) 有効半径内の平均表面輝度と有効半径の関係．(右下) 有効半径内の平均表面輝度と絶対等級の関係 (Jörgensen et al. 1995, MNRAS, 276, 1341 のデータより作成)．

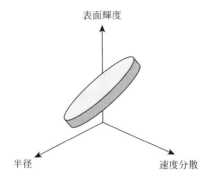

図 2.16 楕円銀河の基本平面とスケーリング則の概念図．半径，表面輝度，および速度分散の 3 次元パラメータ対数空間の中で，楕円銀河は平面的な分布をしており，半径 – 表面輝度，表面輝度 – 速度分散，速度分散 – 半径の相関関係は，その分布を 2 次元平面に投影したものである．

2.3.3 楕円銀河の基本平面

図 2.16 のように，三つの物理量を使った 3 次元空間での銀河分布を考えると，これまで見てきた 2 個の物理量の相関関係は，3 次元分布の 2 次元平面への射影であると考えることができる．ジョルゴフスキー（S. Djorgovski）とデービス（M. Davis）は，速度分散 σ と平均表面輝度 $\langle I_e \rangle$ に，有効半径 r_e あるいは光度 L を加えた 3 次元の対数空間を考えた場合，楕円銀河は平面的に分布することを発見した．ジョルゴフスキーらによると，この関係は

$$L \propto \sigma^{3.45} I_e^{-0.86} \tag{2.33}$$

$$r_e \propto \sigma^{1.39} I_e^{-0.90} \tag{2.34}$$

と与えられる．両式は対数を取ると平面の式になる．ジョルゴフスキーらはこの相関関係を「楕円銀河の基本平面」と名付けた．式（2.34）から，$\log r_e$ に対して $(\log \sigma - 0.65 \log \langle I_e \rangle)$ をプロットすれば，平面を真横に射影した相関関係が見られるはずである．図 2.17 はこのプロットである．この分散は図 2.15 の相関図に比べて非常に小さく，楕円銀河は平面に乗っていることがわかる．

基本平面が"基本"である理由の一つは，平面からの分散が観測誤差程度にまで小さくなることである．フェイバー – ジャクソン関係には観測誤差よりも大き

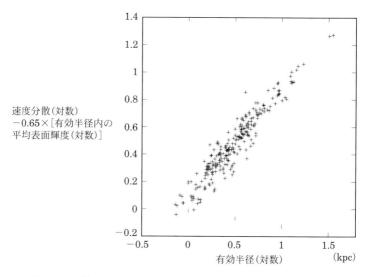

図 2.17 楕円銀河の基本平面. 平面を真横から見た図. 図 2.15 と同じ楕円銀河のサンプル (Jörgensen et al. 1995, *MNRAS*, 276, 1341 のデータより作成).

な分散があることを前節で紹介した. この分散は個々の銀河の個性の可能性も考えられた. しかし基本平面の存在は, 2 次元の相関関係からの分散でさえも別の物理量と相関を持つことを意味し, 楕円銀河の基本的性質が銀河によらずに均一であることを示している. もう一つの理由は σ と r_e にほとんど相関がないことである (図 2.15). 基本平面を表す 2 個のパラメータはほぼ独立であると言える.

基本平面の発見とほぼ同じ頃, ドレスラー (A. Dressler) らは平均表面輝度が I_n になる楕円銀河の直径 D_n を

$$I_n = \frac{1}{\pi (D_n/2)^2} \int_0^{D_n/2} 2\pi r I(r) dr \tag{2.35}$$

と定義し, これが速度分散 σ と良い相関を持つことを示した[*6]. これは D_n-σ 関係と呼ばれており, 観測から

$$D_n \propto \sigma^{1.3} \tag{2.36}$$

[*6] ここで n は直径を測る等輝度線の表面輝度を示すパラメータである.

で表されることが知られている．直径を測る表面輝度 n として，ドレスラーらは B バンドの表面輝度 $20.75\,\mathrm{mag\,arcsec}^{-2}$ という値を使った（$D_{20.75}$ と表されるはずだが D_n という呼び名が定着した）．光度関数の式 (2.30) を式 (2.35) に代入すると，$I_n \propto I_e f(D_n/2r_e)$ の形に整理できる．積分を含む関数 $f(D_n/2r_e)$ は近似的に $f \propto (D_n/2r_e)^{1.3}$ とフィットでき，これから $D_n \propto r_e I_e^{0.8}$ が得られる．これを式 (2.36) に代入すると，式 (2.34) とほぼ同じ関係となる．D_n–σ 関係は基本平面を別の形式で表現したものと解釈できる．

円盤銀河はバルジと円盤の 2 成分で構成されている．バルジ成分は光度分布の 1/4 乗則など，楕円銀河と共通の性質を多く持っている．実際，楕円銀河の基本平面と同じ平面上に分布することが知られている．また円盤銀河はバルジと円盤を含めた全体として，絶対光度，半径，および回転速度の 3 次元対数空間で平面的な分布を示すことが知られている．ただし円盤銀河の半径と速度が独立なパラメータではないため，基本平面とは呼ばずスケーリング平面と呼ぶことが多い．

2.3.4　スケーリング則の物理的な意味

ジョルゴフスキーらは，スケーリング則の物理的な意味を，次のように説明した．自己重力系の場合，質量 M, 半径 R, および速度 V の間に次のエネルギーの式が成り立つ（ビリアル定理）．

$$\frac{GM}{\langle R \rangle} = k_E \frac{\langle V^2 \rangle}{2} \tag{2.37}$$

ここで $\langle \cdots \rangle$ は統計的平均値を表し，k_E は定数（自己重力系の場合 $k_E > 1$）である．観測された半径 R や速度 V と，それらの平均値の間に

$$R = k_R \langle R \rangle \tag{2.38}$$

$$V^2 = k_V \langle V^2 \rangle \tag{2.39}$$

という関係式が成り立つとする．密度分布が銀河によらずに変わらなければ k_R は定数になり，k_V も銀河の力学状態によって決まる定数である．銀河の光度 L, 質量 M は，表面輝度 I と質量–光度比 (M/L) を使って，

$$L = k_L I R^2 \tag{2.40}$$

$$M = L \left(\frac{M}{L} \right) \tag{2.41}$$

と表すことができる．k_L は光度分布によって決まる定数である．これらの式から，半径と光度はそれぞれ

$$R = \left(\frac{k_E}{2Gk_Rk_Vk_L}\right)\left(\frac{M}{L}\right)^{-1}V^2I^{-1} \tag{2.42}$$

$$L = \left(\frac{k_E^2}{4G^2k_R^2k_V^2k_L}\right)\left(\frac{M}{L}\right)^{-2}V^4I^{-1} \tag{2.43}$$

と表される．

　まず，$k_E, k_R, k_V, k_L,$ および (M/L) が銀河によらない定数であると考えてみよう．この場合，$R \propto V^2I^{-1}$ と $L \propto V^4I^{-1}$ を得る．これらの式は，楕円銀河の基本平面の式（2.34）と似ている．さらに I が一定であれば $L \propto V^4$ となり，タリー–フィッシャー関係やフェイバー–ジャクソン関係とほぼ等価になる．ビリアル定理（式（2.37））がスケーリング則を作るもっとも重要な物理的背景と考えることができる．

　さらに詳しく比較すると，式（2.42），（2.43）と式（2.34）の変数の指数はおおむね一致しているものの，違いがある．これは (M/L) などの他の変数が速度や表面輝度に対して，V^AI^B（A, B は定数）の依存性を持つことを示唆している．銀河は指数法則や 1/4 乗則など共通な光度分布を示すことから，k の値は一定であると考えるのが自然である．そのため (M/L) が $\propto V^AI^B$ の関係を示すと考えることが多い．

　ベンダーら（R. Bender）は図 2.16 の座標軸を，

$$\begin{pmatrix}\kappa_1\\\kappa_2\\\kappa_3\end{pmatrix} = \begin{pmatrix}1/\sqrt{2} & 0 & 1/\sqrt{2}\\1/\sqrt{6} & 2/\sqrt{6} & -1/\sqrt{6}\\1/\sqrt{3} & -1/\sqrt{3} & -1/\sqrt{3}\end{pmatrix}\begin{pmatrix}\log\sigma^2\\\log I_e\\\log r_e\end{pmatrix} \tag{2.44}$$

のように回転して新しい κ–空間を定義した（σ 軸は σ^2 軸に置き換えられた）．$\kappa_1 \propto \log M$, $\kappa_3 \propto \log(M/L)$ となる．図 2.18 が κ–空間での楕円銀河の分布であり，κ_1 と κ_3，つまり M と M/L には緩やかな相関関係がたしかに存在する．この関係と式（2.37）と式（2.42）を組み合わせて考えると，$(M/L) \propto V^AI^B$ の関係を示していることが分かる．

　κ–空間は正規直交系として定義されているため，もともとの (I_e, r_e, σ^2) の

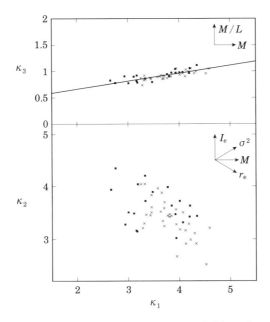

図 2.18 楕円銀河の基本平面の κ–空間への投影.四角はおとめ座銀河団,× はかみのけ座銀河団の楕円銀河.κ–空間は $I_{\rm e}$, $r_{\rm e}$,および σ^2 の張る座標系を直交回転することによって定義される.$\kappa_1 \propto \log M$,$\kappa_3 \propto \log(M/L)$ となる (Bender *et al.* 1992, *ApJ*, 399, 462).

軸も κ–空間の中で直交している.そのため M/L と M の軸が見やすくなるとともに,物理量 $I_{\rm e}$, $r_{\rm e}$, σ の変化も議論しやすい.そのため基本平面をもとに銀河形成進化の議論をする際,κ–空間の関係を使うことが多い.

第 **3** 章

星間物質と星生成

　星間物質は，現在の宇宙における多くの銀河において，質量としては高々10%程度を占める存在に過ぎない．しかし，それは多種多様な状態・形態を示し，幅広い波長領域での放射によって，銀河の観測的性質を左右する重要かつ興味深い存在である．星間物質は，自己重力，銀河磁場，渦状腕，銀河相互作用など，銀河内外のさまざまな物理的要因に操られながら，新たな星のゆりかごとなる．そこで誕生した星の中では，重元素が合成され，やがて迎える星の死とともに，再び星間空間へと還元される．銀河の誕生以来，脈々と行われてきたこのような物質循環の様子を，いろいろな銀河における星間物質および星生成の観測成果にもとづいて概観する．

3.1　星間物質の諸相と分布

3.1.1　星間物質の種類

　星間空間には希薄な星間ガスや微小な星間塵（固体微粒子，ダスト）が存在し，星間塵は星間ガスとよく混ざり合っている．星間ガスは多種多様であるが，おおむね以下のように分けられる（図 3.1，第 5 巻 2.1.3 節も参照）．

　（a）コロナルガスは，絶対温度が 100 万 K[*1]にも達する非常に希薄な高温ガ

　[*1] 本章での温度はすべて絶対温度である．

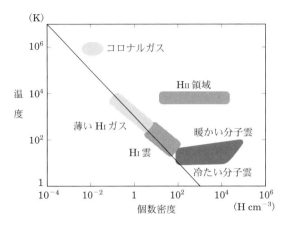

図 3.1 星間物質の密度と温度 (Myers 1978, *ApJ*, 255, 380 の図より改変). 斜めの線は, 個数密度と温度の積 (圧力) が一定の場合.

スであり, 大質量星による星風や超新星爆発によって加熱されている. 我々の銀河系 (天の川銀河) では星間空間の体積のおよそ半分を占めていると考えられているが, 密度が非常に低いため, 質量的にはごくわずかである. 非常な高温のため軟 X 線で観測される.

(b) 電離ガス (H II) 領域は, 大質量星からの紫外線によって 1 万 K 前後に加熱されて電離したガスである. 電離ガス領域は可視光域にある水素のバルマー系列の輝線 (Hα や Hβ 等) などで観測される. 大質量星の寿命は短いために生まれた場所と現在存在する場所に大きな違いはなく, また電離ガス領域からの放射量は星からの紫外線の量を表していると考えられるので, 電離ガス領域は銀河における大質量星生成の指標とされている. ただし, このガスも質量的には多くはない.

(c) 中性水素原子 (H I) ガスは, 温度が 100 K から 200 K 程度と低温なので中性状態であるが, 密度が低いので ($\sim 1\,\mathrm{cm}^{-3}$) 原子状態のままである. 比較的密度の高いガスはかたまって存在するので H I 雲と呼ばれる. 水素原子の陽子と電子が持つスピンの向きが同じときがエネルギーが高く, 反対のときが低いので, スピンが反転して二つの準位間で遷移が生じると波長が 21 cm, 周波数が 1420 MHz の電波を出す (図 3.2).

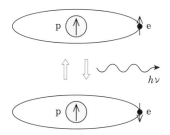

図 **3.2** 水素原子のスピンの反転と 21 cm 波の放射.

星間空間では，量子力学的効果でスピンが自然に反転する時間よりも水素原子同士が衝突する時間の方が短いので，この反転は原子同士の衝突で起こる．計算によると（第 6 巻 2.2 節を参照），波長 21 cm 線の光学的厚みが小さい場合は，観測されたスペクトル線強度から，それを放射した水素原子の視線方向の柱密度[*2]$N(\mathrm{H})\,[\mathrm{cm}^{-2}]$ は，

$$N(\mathrm{H}) = 1.8224 \times 10^{18} \int_{V_1}^{V_2} T_\mathrm{B} dV \quad [\mathrm{cm}^{-2}] \tag{3.1}$$

で与えられる．ここで T_B は波長 21 cm 線の輝度温度，V_1 と V_2 は水素原子のスペクトル線の速度の最小値と最大値である．輝度温度と速度の単位はそれぞれ K と $\mathrm{km\,s}^{-1}$ である．ただし，21 cm 波の光学的厚みが大きい場合は，式 (3.1) は下限値を与える．

(d) 分子ガスは，密度が $\sim 10^2\,\mathrm{cm}^{-3}$ 以上と比較的高密度で分子状態となっているガスである．このようなガスは雲のようなかたまりになっているので分子雲と呼ばれ，そこから星が生まれる．ガスの温度は 10 K–数 10 K と低い．

最も組成比が高いのは水素分子 H_2 であるが，同じ原子 2 個からなる分子なので電気双極子モーメントを持たず，その回転による電磁波は放射されない．電気四重極子モーメントによる回転エネルギー準位間の遷移によるスペクトル線は中間–遠赤外線領域で放射されるが，一般に弱く，また比較的高温の分子ガスからの放射となる．振動励起状態の遷移による近赤外線放射も存在するが，このよう

[*2] 空間密度を視線方向に積分したもの．観測される強度からは，奥行き方向に足し合わせた値が得られる．ここでは単位面積あたりの水素原子の個数を表す．

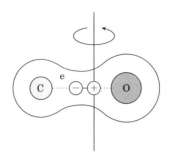

図 3.3 CO 分子の構造.

な低温のガス中ではきわめて微弱であり,検出が困難である.代わって 2 番目に多い一酸化炭素 CO の出す電波を観測し,その放射強度から水素分子の量を推定するのが一般的である.異なる原子からなる CO 分子は図 3.3 のように正の電荷を持つ原子核の重心と負の電荷を持つ電子雲の重心の位置が異なるために電気双極子モーメントを持ち,回転によって電磁波を放射する.系外銀河では,CO の回転エネルギー準位 J が 1 から 0 に遷移するときに放射される周波数 115.271 GHz の電波のスペクトルがよく観測され,その積分強度 $I_{\rm CO} \equiv \int_{V_1}^{V_2} T_{\rm B}({\rm CO})\, dV\,[{\rm K\,km\,s^{-1}}]$ から,次の水素分子の柱密度 $N({\rm H_2})$ が与えられる.

$$N({\rm H_2}) = X I_{\rm CO} \quad [{\rm cm}^{-2}] \qquad (3.2)$$

あるいは質量密度で表して

$$\sum({\rm H_2}) = \alpha I_{\rm CO} \quad [M_\odot\,{\rm pc}^{-2}] \qquad (3.3)$$

ここで,X と α は変換係数と呼ばれるもので経験的に $X \approx (1\text{–}3) \times 10^{20}\,{\rm cm}^{-2}\,[{\rm K\,km\,s^{-1}}]^{-1}$ および $\alpha \approx (2\text{–}6)[M_\odot\,{\rm pc}^{-2}({\rm K\,km^{-1}})^{-1}]$(ヘリウムを含む)という値が得られているが,銀河によって,また銀河の場所によって異なる可能性があり,現在も論争中である.

(e) 星間塵(ダスト)は,炭素,ケイ素,氷などを含んだ固体で大きさが 0.01–1 μm 程度と推定されている.ガスに混じって存在しており,質量はガスの質量の 100 分の 1 から 200 分の 1 程度と見積もられている.星からの光によって ~ 20 K 程度に温められているので,赤外線領域で放射している.水素分子

表 3.1 星間ガスの物理状態（通常の渦巻銀河円盤部の平均的な値．銀河の中心や周辺部など，環境によって大きく異なる）．

相	温度（K）	数密度（cm^{-3}）	体積占有率
コロナルガス	$\sim 10^6$	$\sim 10^{-2}$–10^{-3}	~ 0.5
H II 領域	$\sim 10^4$	~ 10–10^4	~ 0.05
H I ガス	$\sim 10^2$–10^3	$\sim 10^{-1}$–10	~ 0.5
分子ガス	~ 10–10^2	$\sim 10^2$–10^4	~ 0.01

表 3.2 渦巻銀河 M 51 における星やガスなどの物質の質量．ガスにはヘリウムを含む．距離は 9.6 Mpc としている．

	質量（$M_\odot$）	比率（%）	出典
星	5.2×10^{10}	80.2	(1)
H II（$T \sim 60000$ K）	$\leqq 9.5 \times 10^8$	$\leqq 1.5$	(2)
H II（$T \sim 5000$ K）	9.2×10^8	1.4	(3)
H I	3.9×10^9	6.1	(4)
H_2	7.1×10^9	10.9	(5)
星間塵（ダスト）	1.1×10^8	0.2	(6)
合計	6.5×10^{10}		

(1) Bell *et al.* 2003, *ApJS*, 522, 165, (2) Read *et al.* 2001, *MNRAS*, 328, 127, (3) van der Hulst *et al.* 1988, *A&A*, 195, 38, (4) Walter *et al.* 2008, *AJ*, 136, 2563, (5) Miyamoto *et al.* 2014, *PASJ*, 66, 36, (6) Mentuch Cooper *et al.* 2012, *APJ*, 755, 165

（H_2）は星間塵の表面で水素原子が結合することによって生成されるとともに，星間塵は水素分子を解離する紫外線を遮へいする効果があるので，宇宙空間において星間塵は重要な役割を担っている．

表 3.1 に星間ガスの物理状態をまとめる．また表 3.2 には渦巻銀河 M 51 における星やガスなどの物質の質量をまとめる．

3.1.2 銀河の形態とガスの量

渦巻銀河における星間ガスの質量の大部分は水素原子（H I）ガスと水素分子（H_2）ガスが担っており，ガス全体（H I+H_2）の量は著しい早期型（Sa）や晩期型（Sd, Irr）を除いて，ハッブル系列の形態による大きな差はない．しかし銀河全体の星質量に対するガスの質量の割合は晩期型になるほど大きくなる（図 3.4（上））．一方，楕円銀河や S0 銀河には原子ガスや分子ガスなどの低温の星間ガ

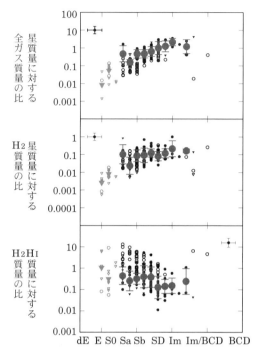

図 3.4 銀河の形態（横軸）とガスの量（縦軸）(Boselli et al. 2014, A&A, 564, A66 より改変). 上から, 銀河の星質量に対する全ガス質量（H I+H$_2$）の比, 星質量に対する H$_2$ 質量の比, および H I 質量に対する H$_2$ 質量の比を示す.

スは非常に少ない. ただし H I ガスに対する H$_2$ ガスの割合は早期型の方が大きい（図 3.4（下））.

3.1.3 銀河内のガス分布

図 3.5 は典型的な渦巻銀河 M 51 の CO（$J = 1$–0）の積分強度の分布を示す. 光学写真と比較すると渦状腕に沿って見られる暗く細い帯状に伸びているところに図 3.5 の CO で見える分子ガスが濃く分布していることがわかる. このガスに混じって星間塵（ダスト）が大量にあり, それが星の光を隠して光学写真では暗く見えているのである. この分子ガスの渦状腕と平行に, 銀河回転の方向に少しずれた場所に Hα や紫外線で見える電離ガ

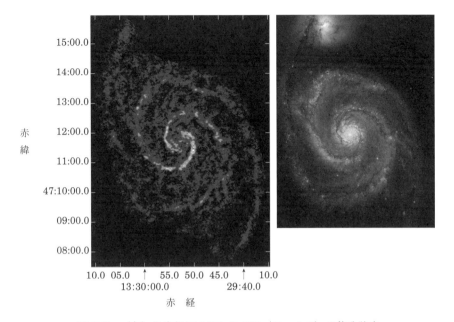

図 3.5 （左）渦巻銀河 M 51 の CO（$J = 1$–0）の積分強度の分布（Koda *et al.* 2011, *APJSS*, 193, 19）．CARMA 干渉計と野辺山 45 m 電波望遠鏡のデータを合成して作成．（右）ハッブル望遠鏡の可視光画像（NASA/ESA）．

ス（H II）領域が分布している．電離ガスの分布は大質量星の分布に対応しており，一方，ガスは銀河内を回転するのに伴って渦状腕を横切るように進行する．そのため，分子ガス密度の高いところで分子雲の収縮が起こり，ある時間だけ経過したところで星として輝き始めることが示唆される．この時間を求めることで星生成に必要な時間が推定される．H I ガスも渦状腕に沿って分布しているが，光学写真で見える銀河円盤部ではガスの多くは分子状態であり，H I ガスは少ない．むしろ光学円盤より外側の方で H I ガスの渦状腕がよく見える．このような傾向は M 51 に限らず，多くの銀河で見られる．

図 3.6 は，棒渦巻銀河 NGC 3627 の分子ガスの分布と近赤外線の写真（星の分布）である．渦状腕のほかに，その内側に近赤外線で見える棒状構造に沿って分子ガスが強く分布しているのが分かる．これは多くの棒渦巻銀河に見られる現象である．しかしここでは星生成の指標である Hα や赤外線の強度が渦状腕に比

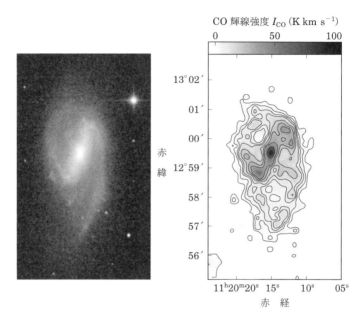

図 3.6 （左）棒渦巻銀河 NGC 3627 の近赤外線写真（星の分布）と（右）CO 強度分布（Kuno et al. 2007, *PASJ*, 59, 117）．

べて弱く，分子ガスが多量にあるにもかかわらず星生成が抑制されていることが知られている．

　銀河の中心部のガスや星間塵の分布は大口径の光学望遠鏡や赤外線望遠鏡並びに電波干渉計で観測される．例として，図 3.7 に ALMA（アカタマ大型ミリ波サブミリ波アレイ）で観測された近傍棒渦巻銀河 MGC 613 の中心部の約 $640\,\mathrm{pc}\times670\,\mathrm{pc}$ の領域における CO （$J = 3\text{--}2$），HCN（$J = 1\text{--}0$）および近赤外線での水素再結合線（ブラケット γ）の強度分布を示す．この銀河の中心核は 2 型セイファートであり，小さな双対型電波ジェットも持つ．分子ガスのリング構造のところには電離ガスがあって星生成が活発であるが，中心核のところでは分子ガスとくに HCN で示される高密度ガスが大量にあるように見える（赤外線観測から水素分子 H_2 そのものが大量にあることもわかっている）にもかかわらず，星生成は非常に不活発であることがわかる．今後さらに多くの銀河で観測されることが期待される．

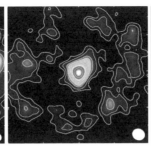
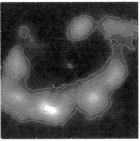

図 3.7 棒渦巻銀河 NGC613 の中心部の $640\,\mathrm{pc} \times 670\,\mathrm{pc}$ の領域における CO ($J=3\text{--}2$)（左図），HCN ($J=1\text{--}0$)（中央図）および水素再結合線ブラケット γ（右図）の強度分布 (Miyamoto *et al.* 2017, *PASJ*, 69, 83)．N が中心核である．

3.1.4 ガスの動径分布

図 3.8 に 4 個の銀河における分子ガスと HI ガスの面密度を銀河の中心からの距離の関数として示した．分子ガスは銀河の内側に，HI ガスは外側に分布しているのが分かる．これは主として，ガスの密度が高くなると星間塵（ダスト）も増えるので水素分子の生成が促進されるとともに，紫外線による解離も抑制されるためである．CO 積分強度から水素分子の柱密度への変換係数 X にもよるが，多くの銀河ではガス (HI+H_2) の面密度が $\sim 10\,M_\odot\,\mathrm{pc}^{-2}$ を超えると水素分子の方が多くなる傾向にある．

図 3.9（79 ページ）は，渦巻銀河 NGC 4212 と棒渦巻銀河 NGC 253 の分子ガスの面密度の分布と回転曲線である．

NGC 4212 で銀河の回転速度がほぼ一定になっている領域（差動回転の領域）では分子ガスの面密度は内側に行くほど指数関数的に増加しているのが分かる．しかし，さらに内側の角速度が一定で剛体回転している領域ではガス面密度は減少している．棒渦巻銀河である NGC 253 も棒状構造より外側の領域では同じ傾向が見られる．これは多くの銀河に共通する性質である．

差動回転している領域では内側のガスは速く回転（角速度が大きい）し，外側のガスほどゆっくり回転している（角速度が小さい）ので，ガスが粘性を持って

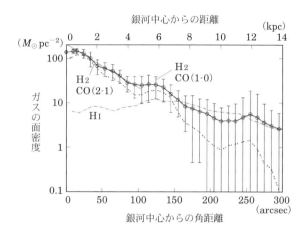

図 3.8 銀河 M 51 における分子ガス（H_2）と H_I ガスの面密度（ヘリウムを含む）の動径分布（Miyamoto et al. 2014, PASJ, 66, 36 の図より改変）．分子ガスの面密度は Miyamoto et al. (2014, PASJ, 66, 36) の CO（$J=1$–0）の積分強度および Schuster et al. (2007, A&A, 461, 143) の CO（$J=2$–1）の積分強度に同じ変換係数 $\alpha = 2.16\,[M_\odot\,\mathrm{pc}^{-2}(\mathrm{K\,km\,s}^{-1})^{-1}]$ をかけた値であり，H_I の面密度は Walter et al. (2008, AJ, 136, 2563) のデータを採用した．

いれば角運動量が外側のガスに輸送され，内側のガスは角運動量を失うことによってガスが内側に移流するためであると考えられる．角速度が一定の剛体回転をしている領域ではこのような角運動量の輸送は起きないのでガスの移流は発生しない．したがって，剛体回転から差動回転に移る半径（NGC4212 では 2–3 kpc）のところでガスの面密度が最大になることが期待される．棒状領域ではこのメカニズムとは別に，非軸対称の棒状ポテンシャルによるトルクによってガスは中心方向に落ち込み，そこでガスの面密度が高くなる[*3]．

図 3.10（80 ページ）に，多数の銀河の分子ガス（H_2）と H_I ガスの面密度の動径分布を示した．銀河団に属さない銀河では H_I ガスの指数関数分布の傾きが

[*3] 棒渦巻銀河では，棒状構造を見る方向によって見かけの銀河回転曲線は異なるので注意が必要である．NGC 253 のように棒状構造と視線がほぼ同方向の場合は，図 3.9（右下）のように中心で急激に立ち上がってその後平坦となる回転曲線となって見えるが，棒状構造と視線がだいたい垂直な場合は棒状構造の端のところで回転曲線は剛体回転から差動回転に移る．

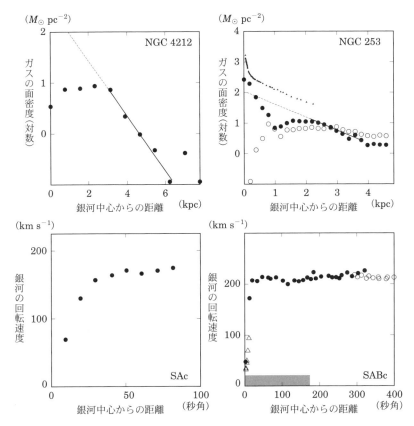

図 **3.9** 渦巻銀河 NGC 4212（Masuda 2007, 修士論文）と棒渦巻銀河 NGC 253（Sorai *et al.* 2000, *PASJ*, 52, 785 の図より改変）の分子ガス（黒丸）の面密度の分布と銀河の回転曲線. 白丸は H I ガスのデータ. 右下の図の灰色の部分は棒状構造の長さ.

分子ガスに比べて小さい．これは，H I ガスは分子ガスに比べて通常は薄く広がっているためにガスの粘性が異なるためであろうと推測される．一方，かみのけ座銀河団に属する銀河では H I ガスは分子ガスと同じ傾きを示す．これは銀河が銀河団中を運動するのにともなって，銀河団中のガスによる動圧（ラム圧と呼ばれる）により銀河中の低密度の H I ガスが剥ぎ取られ，比較的高密度の H I ガス雲だけが残るために分子雲と同様な粘性を持つためと考えられる．

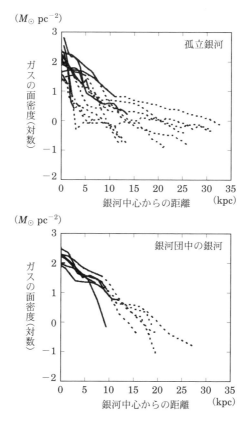

図 3.10　銀河団に属さない孤立銀河（上）とかみのけ座銀河団中の銀河（下）の分子ガス（実線）と H I ガス（点線）の動径分布（Nishiyama *et al.* 2001, *PASJ*, 53, 757）．

3.2　星生成

　銀河における星生成は，銀河の種類や進化段階に応じ，きわめて幅広い多様性を示す興味深い研究対象である．同時に，銀河のスペクトルを決定づける要因の一つであり，また，銀河における化学進化や力学進化をも左右するほか，銀河中心に潜む巨大ブラックホールの形成・成長と爆発的星生成との緊密な関連が示唆されるなど，銀河の形成およびその進化を理解する上で欠くことのできない重要な現象である．以下では，その星生成の多様性を司る重大な要因としての星と星

間物質に着目し，基本的な観測量と物理量，およびそれらの関係性について述べる．この分野は近年稼働を開始した ALMA により新たな展開がみられており，最新の観測的知見についても触れる．

3.2.1 星生成率と星質量

星生成を定量的に記述する重要な物理量の一つに，星生成率（SFR, star formation rate）がある．これは，単位時間あたりに形成される星の質量（単位 $M_\odot\,\mathrm{y}^{-1}$）を表す．星生成率は，銀河の種類や領域によって，非常に幅広い値を示す．まず，現在の宇宙において，ほとんどの楕円銀河では，顕著な星生成が起こっていない．一方，多くの渦巻銀河，たとえば，天の川銀河の全域を見渡すと，$4 \pm 2 M_\odot\,\mathrm{y}^{-1}$ 程度の星生成が観測される．渦巻銀河でも，中には，NGC 253 や M 82 のように，銀河中心のごく狭い領域（〜 数 100 pc 領域）だけで天の川銀河全体に相当する規模の星生成を起こしている天体がある．さらに，Arp 220 のような激しく重力相互作用をしている銀河や合体中の銀河では，星生成率が数 10–100 $M_\odot\,\mathrm{y}^{-1}$ に相当する強い赤外線放射が観測される[*4]．赤方偏移 1–2 あるいはそれ以上の初期宇宙をみると，可視光では暗いものの，サブミリ波帯（静止波長では遠赤外線域）できわめて明るく，星生成率が数 100 $M_\odot\,\mathrm{y}^{-1}$ あるいはそれ以上に達している銀河（サブミリ波銀河と呼ばれる）も存在する．

こうした星生成活動は，銀河のさまざまな性質や物理量との関係（スケーリング関係）を示すことが知られている．その一つが，銀河が持つ星質量との関係である．図 3.11 は，スローンデジタルスカイサーベイ（SDSS; 3 巻 1.2.2 節参照）で観測された銀河のうち，青い色を示す銀河，すなわち星生成活動を示す銀河について，その星質量と，星生成率（ここではダスト減光の補正を行った Hα 輝線から求めた星生成率）とを比較したものである．星生成活動を示す銀河は，星質量と星生成率が，ある一定の関係を示していることがわかる．これを星生成銀河の主系列と呼ぶ．天の川銀河はこの主系列に含まれており，ごく普通の星生成銀河（主系列銀河）である．主系列を示す直線は，星生成率と星質量との比が一定の線を表している．この星生成率と星質量の比（単位星質量あたりの星生成率）を比星生成率（specific star formation efficiency, sSFE $\equiv$ SFR/M_{star}）と

[*4] 赤外線光度が $10^{12}\,L_\odot$ を超えるものは，超高光度赤外線銀河と呼ばれる．4.1 節参照．

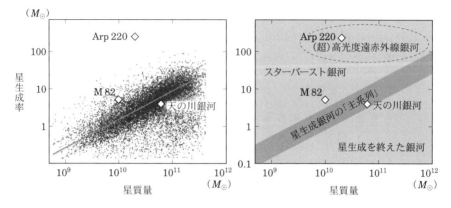

図 3.11 現在の宇宙（赤方偏移が 0.015–0.1）に存在する"青い"銀河（すなわち星生成を行っている銀河）の星質量と星生成率の比較（左：Elbaz et al. 2007, A&A, 463, 33 から改変）およびその模式図（右）．星生成を行っている銀河（星生成銀河）の多くは，星質量と星生成率がある一定の関係を示しており，これを星生成銀河の主系列と呼ぶ．

呼ぶ．単位は時間の逆数である．言い換えれば，比星生成率の逆数は，星質量が増加する時間尺度の指標を与えることになる．たとえば天の川銀河では星生成率が約 $4 \pm 2 M_\odot\,\mathrm{yr}^{-1}$，星質量は $(6.1 \pm 0.5) \times 10^{10} M_\odot$ である．したがって，比星生成率は $0.066\,\mathrm{Gyr}^{-1}$，星質量が増加する時間尺度は約 14 Gyr ということになる．ある星質量の銀河に着目したとき，この主系列銀河よりも有意に高い星生成率を示す銀河をスターバースト銀河と呼び[*5]，M 82 や Arp 220 など赤外線で非常に明るい銀河もスターバースト銀河の代表例である．こうしたスターバースト銀河は，天の川銀河と比較して，極めて短い時間スケールでその星質量を急速に増加させるような，激しい星生成を行っていることがわかる（表 3.3）．一方，楕円銀河など質量が重く星生成を終えている銀河は，この系列から下へ大きく移動していった天体ということになる．

この星生成銀河の主系列は，より過去の（高赤方偏移の）宇宙においては，より上方に移動していくことが知られている．たとえば，Arp 220 は，現在の宇宙においては，主系列から約 200 倍も高く外れており，極めて例外的なスターバー

[*5] スターバーストにはいくつかの定義が存在する．たとえば 4.1 節参照．

表 3.3 代表的な星生成銀河における比星生成率，星生成時間尺度，および主系列からの位置の比較．

銀河	比星生成率 (Gyr^{-1})	星生成時間尺度 (Gyr)	主系列からの位置
天の川銀河	0.066	14	主系列
M 82	0.5	2	主系列の約 3 倍
Arp 220	10	0.1	主系列の約 200 倍

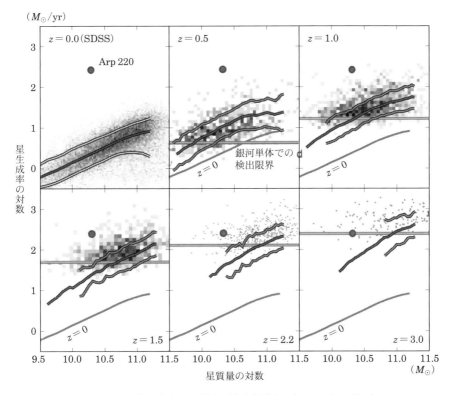

図 3.12 現在の宇宙から過去（赤方偏移が 3）の宇宙に至る各時代での星生成銀河の主系列 (Schreiber et al. 2015, A&A, 575, A74 から改変).

スト銀河である．ところが，赤方偏移が 2 から 3 という時代，すなわち，宇宙の歴史の中で，銀河の星生成活動がもっとも活発であった時代（5 章参照）におい

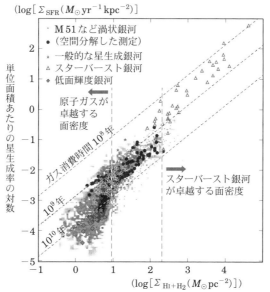

図 **3.13** いろいろな銀河で測定された，星間ガス（原子ガスおよび分子ガス）の面密度（単位面積あたりのガス質量）および星生成率の面密度（単位面積あたりの星生成率）との関係 (Kennicutt & Evans 2012, *ARA&A*, 50, 531).

ては，星生成銀河の主系列は現在の宇宙でのそれと比較して1桁以上上昇しており，Arp 220 も，もしそれが赤方偏移が2から3の時期にあるなら，むしろ一般的な星生成銀河に近づいている（図 3.12（83 ページ））．

3.2.2 星生成率とガス質量

このような星生成率の多様性を決める要因は何であろうか．一つの鍵は，星生成の材料である星間物質，特に星生成の母体となる分子ガスの量である．一般に，銀河においては，星生成も星間物質も，その分布は円盤状であるため，銀河円盤面上での面密度に換算して扱うことが多い．すなわち，単位面積あたりに存在するガス量（ガスの面密度 $\Sigma_{\rm gas}$，単位 $M_\odot\,{\rm pc}^{-2}$）および単位面積あたりの星生成率（星生成の面密度 $\Sigma_{\rm SFR}$，単位 $M_\odot\,{\rm y}^{-1}\,{\rm pc}^{-2}$ または $M_\odot\,{\rm y}^{-1}\,{\rm kpc}^{-2}$）をしばしば用いる．

これら二つの量の関係を，いろいろな銀河の観測結果にもとづき図示すると，図 3.13 のようになる．ガスの面密度と星生成の面密度は，よい相関関係を持つことが分かる．これはシュミット–ケニカット則と呼ばれ，銀河スケールでの星生成を観測的に記述する基本的な関係（スケーリング関係）の一つである（第 5 巻 4.4 節参照）．

ケニカット（R. Kennicutt）は，これまでの分子ガス・原子ガスおよび $H\alpha$ 輝線の観測データを集め，$\Sigma_{\mathrm{SFR}} = (2.5 \pm 0.7) \times 10^{-4} \times \Sigma_{\mathrm{gas}}^{1.4 \pm 0.15}$ $(M_\odot \; \mathrm{y}^{-1} \; \mathrm{kpc}^{-2})$ なるべき乗則があることを示した．この係数は，おもに渦巻銀河の観測から得られたものであるが，より光度の低い不規則銀河においても，ほぼ同様の係数が得られている．

シュミット則で傾きが 1 より大きいべき乗則になっているのは，何を意味しているのだろうか．べきの値が 1 に近い数値の場合，星生成率はガス雲の質量密度に比例することになるので，ガス雲の自己重力の効果（重力不安定; 6 巻 9.5.1 節参照）による星生成が支配的になっている可能性が高い．一方，べきの値が 2 に近い数値の場合は，星生成率はガス雲の個数密度の 2 乗に比例すると読み替えることができ，その場合はガス雲同士の衝突が星生成を引き起こしている可能性が高い．このように考えると，観測されるべきが 1 と 2 の間になっているのは，上記二つの星生成機構が混在していると理解することができる．

このシュミット–ケニカット則は，銀河の大局的な観測，あるいは約 100 パーセク程度の物理的スケールで観測した場合にはよく成り立つが，小野寺幸子らは，それよりも小さい物理的スケールで観測をした場合には，その散らばりが大きくなり，スケーリング則が見えなくなっていくことを，野辺山 45 m 鏡を使った近傍の円盤銀河 M 33 の全面に対する CO 分子輝線観測から明らかにした[6]．100 パーセク以下のスケールでは，個々の分子雲を識別した観測になり，大質量星生成がしばしば分子雲の端で起きていることや，星生成の進行により星生成の母体であった分子雲が散逸したりするなどの過程がみえてくるためであると解釈される．

---

[6] Onodera *et al.* 2010, *ApJL*, 722, L127.

3.2.3 星生成効率と「星形成モード」

図 3.13 において，図の左下から右上に走る対角線は，星生成率とガス量が一定の比を示す線を示している．この星生成率とガス量との比（単位ガス量あたりの星生成率）を星生成効率（star formation efficiency, SFE $\equiv$ SFR/$M_{\rm gas}$）と呼ぶ．比星生成効率（単位星質量あたりの星生成率）の場合と同様に，単位は時間の逆数である．たとえば，ある銀河や領域を観測して，そこでのガス質量が $M_{\rm gas}\,[M_\odot]$，星生成率が SFR $[M_\odot\,{\rm y}^{-1}]$ だったとすると，そこでの星生成効率は SFR/$M_{\rm gas}\,[{\rm y}^{-1}]$ と表される[*7]．星生成効率の逆数は，ガスが星生成により消費される時間尺度（gas consumption time scale あるいは gas depletion time scale）を与える．

図 3.13 には，このガス消費時間一定の線を 3 本示してある．ガス面密度が高い側では，ガス消費時間の短い銀河，すなわちスターバースト銀河が多いことがわかる．一方，ガス面密度が低い側（1 平方パーセクあたり $10M_\odot$ を下回る領域）では，星生成効率が顕著に低下していることがわかる．これは，このガス面密度では，水素ガスの主要な存在形態が，星生成の直接的な母体である分子ガスではなく，より希薄で直接的な星生成の母体とはならない原子ガスとして存在するガスのほうが多くなるためではないかと考えられている．

図 3.13 では，ガス量の多い銀河はすべてスターバースト銀河であったが，「ガス量は多いものの星生成率はスターバースト銀河ほど高くない銀河」，換言すれば「ガス量が多く，しかも星生成によるガス消費時間尺度は長い銀河」は存在しないのであろうか．実は，近年の高赤方偏移銀河の観測の進展により，そうした銀河が特に赤方偏移が 1–3 という時代には豊富に存在していることがわかってきた．こうした近年の結果をまとめたものを図 3.14 に示す[*8]．

赤方偏移が 1–3 の時代に一般的に見られる星生成銀河（BzKs[*10]）は，現在の宇宙における超高光度赤外線銀河（ULIRGs）と同程度の高い赤外線光度（星生成率）を示すが，分子ガス量は現在の宇宙における ULIRGs と比較して 1 桁以上

[*7] 星生成効率の定義は，扱う対象によって異なることがある．たとえば，分子雲あるいは分子雲コアのスケールでは，分子雲の質量を $M_{\rm gas}$，その分子雲で誕生した星の質量を $M_{\rm star}$ とするとき，星生成効率を $M_{\rm star}/(M_{\rm star}+M_{\rm gas})$ と定義することが多い．この定義の場合，星生成効率は無次元量である．

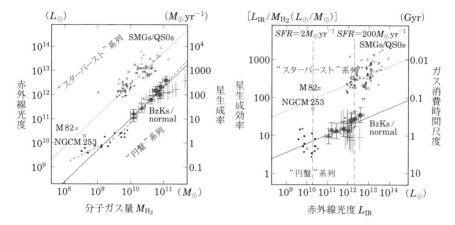

図 3.14 いろいろな銀河で測定された，分子ガス質量と赤外線光度（= 星生成率）との関係（左）および赤外線光度と赤外線光度/分子ガス量比（= 星生成効率）の関係（右）．右図の左側の軸は，星生成によりガスを消費する時間尺度を示す．星生成銀河は，ガスを短い時間（0.1–0.01 Gyr あるいはさらに短い時間）で消費し尽くすようなスターバーストの系列と，現在の宇宙における円盤銀河での星生成のように，長い時間（1 Gyr 程度）をかけてゆっくりと星生成を行う系列（円盤系列）とに大別される（Daddi et al. 2010, ApJL, 714, L118）．

[*8] （86 ページ）星生成率は，Hα 輝線（大質量星がその周囲に形成する電離領域から観測される水素原子の再結合線であり，直接的な星生成率の指標を与えるが，星間塵による減光の影響を受けやすいことに注意）や，遠赤外線連続波光度（星生成領域の場合，大質量星により温められたダストからの熱放射であり，星生成率に換算できる），あるいは電波連続波光度（大質量星が超新星爆発を起こして形成される超新星残骸からのシンクロトロン放射や H II 領域における自由–自由遷移放射[*10]であり，いずれも大質量星の形成率と関係づけられる）により測定される．このため，たとえば赤外線光度を星生成率に換算せず，そのまま観測量として星生成効率を記述する場合もある．この図 3.14（右）では，星生成効率を赤外線光度/分子ガス量比として示している．ただし，一部の超高光度赤外線銀河では，その赤外線光度の一部は星生成ではなく活動銀河核からの放射に起因している可能性もあり，その起源はなお未解決の重要課題である．詳しくは 4 章参照．

[*9] （86 ページ）可視光の B バンドおよび z バンド，さらに近赤外線の Ks バンドの撮像データから 2 色図を作成し，赤方偏移が 1.5–2 付近の星生成銀河を選択的に選び出す手法で検出された銀河．この赤方偏移における典型的な星生成銀河，すなわち主系列銀河をおもに選び出すことができると考えられている．

[*10] H II 領域など電離したガス中の自由電子（負の荷電粒子）が陽子やイオン（プラスの電荷粒子）と相互作用して出す放射．自由–自由放射，熱放射，熱制動放射ともいう．

豊富であり，その結果，はるかに長いガス消費時間尺度を示している．こうした結果から，星生成銀河は，ガスを短い時間（0.1–0.01 Gyr あるいはさらに短い時間）で消費し尽くすようなスターバーストの系列と，現在の宇宙における円盤銀河での星生成のように，長い時間（1 Gyr 程度）をかけてゆっくりと星生成を行う系列（円盤系列）とに大別できることがわかる．これを星生成のモードと呼ぶ．

図 3.11 で示した星生成銀河の主系列およびスターバーストの違い，すなわち主系列からのずれの度合い（あるいは比星形成効率 sSFR の違い）は，まさにこの星生成モードの違いと結びつけて考えることができる．銀河の多くは，持続的な星生成を行っている（円盤モード）が，何らかの理由で星生成率が上昇し，短時間でガスを消費し尽くしてしまうような爆発的星生成状態（爆発モード，バーストモード）になる．こうしたモードの変化を繰り返しつつ，銀河は星質量を増やしていき，ガスの供給がなくなり星生成を終えると，主系列から下へと移動して，可視光では赤い色を示す，星生成を終えた銀河へと進化していくものと考えられる．

こうした銀河の進化や星生成モードの違いを記述する上で，銀河の全質量に占めるガス質量の割合 $f_{\rm gas} = M_{\rm gas}/(M_{\rm gas} + M_{\rm star})$ あるいはガス質量–星質量比 $M_{\rm gas}/M_{\rm star}$ も重要である．たとえば，ガスの消費時間を $t_{\rm depl} \equiv M_{\rm gas}/{\rm SFR}$ とすると，ガス質量–星質量比は $M_{\rm gas}/M_{\rm star} = t_{\rm depl} \cdot ({\rm SFR}/M_{\rm star}) = t_{\rm depl} \cdot {\rm sSFR}$ のように関係づけられることがわかる．赤方偏移が 1–3 の時代における主系列銀河は，現在の宇宙に存在する典型的な星生成銀河と比較して，ガス質量の割合やガス質量/星質量比が顕著に高いことが近年の観測から明らかになりつつあるが[*11]，これは赤方偏移が 1–3 の時代における星生成銀河の主系列の位置が現在と比較して上方にシフトしている（図 3.12）こととまさに関係していると考えられる．

こうした星生成モードの違いは，ガスを供給し集中させて星生成に至らしめる物理過程の違いであることが推測される．たとえば，バーストモードの星生成は，銀河相互作用や銀河の衝突合体による急激で一時的なガスの供給と集中が引き金になっていると考えられている．一方，円盤モードの星生成は，長時間にわたり持続的であることから，特に赤方偏移の高い主系列銀河では，何か持続的な

[*11] たとえば Tacconi *et al.* 2013, *ApJ*, 768, 74.

ガス供給が行われているのではないかとする説（冷たいガス降着[*12]シナリオ）が有力ではないかと考えられているが，まだ直接的に観測された例はなく，今後のさらなる研究・検証が必要である．

3.2.4 高密度分子ガス

以上のように，星生成率の多様性は，単に材料となるガスの量の多寡だけではなく，たとえ同じ量であっても，そこから星を作る効率にも起因することが分かる．では，このような，数桁にも及ぶ星生成効率の違いは，何が支配しているのであろうか．

ここで着目したいのは，星生成の直接的母体となる密度の高い分子ガスである．天の川銀河における星生成領域の観測から，星は，分子雲の希薄な外縁部ではなく，密度の高い分子雲コアと呼ばれる領域において形成されることが分かっている．したがって，銀河スケールの星生成則を理解する際にも，このような密度の高い分子ガスの観測的理解は不可欠である．

いろいろな銀河における高密度分子ガスの観測例を見ていく前に，まず，高密度分子ガスを検出する手段について整理しておこう．ある分子の回転遷移が，衝突により充分に励起されるために必要な水素分子ガスの個数密度を，臨界ガス密度と呼ぶ．この臨界ガス密度は，その遷移のアインシュタイン A 係数（上のエネルギー準位から下のエネルギー準位へと自発的に遷移する頻度）と，衝突相手（分子ガス中では一般に水素分子）との衝突頻度，とがつりあうようなガスの密度として決まる．この A 係数は，$A \propto \mu^2 \nu^3$ （ただし μ は双極子モーメント，ν は輝線の周波数）という依存性を持つため，双極子モーメントの大きい分子ほど，また，同じ分子であれば回転量子数の大きい（周波数の高い）遷移であるほど，より密度の高いガスを選択的に捉えることになる[*13]．

[*12] 冷たいといっても大規模な衝撃波加熱により 10^{5-6} K まで加熱されるガスとの比較であり，高温の物質の流入であることに注意．Dekel *et al.* 2009, *Nature*, **457**, 451.

[*13] たとえば，シアン化水素分子（HCN 分子）の双極子モーメントは 3.0 Debye （1 Debye $= 3.3 \times 10^{-30}$ C·m）であり，CO 分子のそれ（0.11 Debye）と比較して約 30 倍大きい．このため，HCN 分子の回転量子数 J が 1 から 0 のエネルギー準位へ遷移する輝線（以後，単に HCN (1–0) 輝線と表記）の衝突励起に要する臨界密度は，CO (1–0) 輝線と比較してほぼ 3 桁高くなり，結果として，HCN (1–0) 輝線は，水素分子の個数密度が 10^4–10^5 個 cm^{-3} を超えるような高密度分子ガスを選択的に観測することが期待される．このような輝線を，高密度ガストレーサーと呼ぶ．

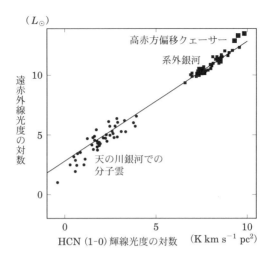

図 3.15 天の川銀河から高赤方偏移クェーサーまで，いろいろな銀河における HCN（1–0）輝線強度と遠赤外線光度（〜星生成率）との相関（Wu *et al.* 2005, *ApJ*, 635, L173）.

さて，高い臨界ガス密度を持ち，高密度ガスの分布を反映すると考えられる HCN（1–0）輝線を，実際にいろいろな銀河で観測し，図 3.13 と同様に星生成率（あるいは遠赤外線光度）と比較すると，CO（1–0）輝線と星生成の間にみられる非線形な相関（シュミット則）とは異なり，超高光度赤外線銀河も含めた幅広い赤外線光度範囲で，線形な相関（比例関係）を示すことが分かる（図 3.15）．また，HCN（1–0）輝線の分布を観測して，CO（1–0）輝線や Hα 輝線の分布と比較すると，HCN 輝線で示される密度の高いガスの分布のほうが，Hα 輝線で示される星生成領域の分布とよりよい空間的対応を示していることも明らかになっている．

以上をもとに，星生成効率の多様性の原因を考察すると，全分子ガスに対して，星生成の直接的母体である密度の高いガスの占める割合が銀河によって異なり，この割合が高い銀河ほど効率よく星が生成される（星生成効率が高い）という仮説が導き出される．実際，いろいろな銀河において，HCN（1–0）輝線から求めた高密度分子ガス質量で規格化した星生成率（高密度分子ガスの星生成効率）は，高密度分子ガス質量（すなわち遠赤外線光度）によらず，ほぼ一定である（図 3.16）．こうした関係が，高赤方偏移のバーストモードの銀河においても

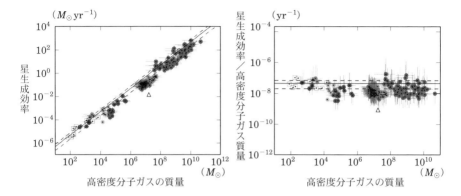

図 **3.16** おもに HCN 輝線を使って測定された密度の高い分子ガスの質量と星生成率との相関（左）およびその比（すなわち高密度分子ガス質量で測定した星生成効率）と高密度分子ガス質量との比較（右）．□は天の川銀河内の星生成領域，また，△は天の川銀河の中心領域での値を示す．その他はほとんど系外銀河での測定結果である．高密度分子ガス質量で測定した星生成効率は，高密度分子ガス質量（左図の良い相関から，星生成率と読み替えてもよい）によらずほぼ一定となっている（Shimajiri *et al.* 2017, *ApJ*, 853, 179）．CO 輝線を使い（希薄なガスも含めた）全分子ガス質量を測定して，これをもとに星生成効率を求めた際の分散の大きさ（図 3.14）と対照的である．

成り立っているかどうかを調べていくことは，ALMA の高い感度をもってしても時間をかけた深い分光観測が必要であり，今後の課題である．

3.2.5 ガスから星へ

密度の低いガスから，密度の高いガス，そして星の生成へと到る過程は，どのような物理的要因により進むのだろうか．本節では，銀河スケールで重要となるいくつかの要因を取り上げ，どのような観測事実が得られているか概観する．

渦状腕

渦状腕の周辺では，ガスが上流から下流へと流れる様子が直接分かるため，ガスや星生成領域の位置を物理現象の時の経過を計る"時計"として翻訳することができる．すなわち，現象の時間変化を追うことのできる貴重な実験室である．

密度波理論（第5巻9章参照）によれば，銀河の持つ渦状のポテンシャルに対し，星間物質は異なる角速度で回転し，ポテンシャルの谷に入り込む際にガスは加速され，衝撃波が形成される（銀河衝撃波）．それにより，ガスが圧縮され，密度の高いガスが形成され，ひいては星生成に至ると考えられている．渦巻銀河M51では，渦状腕に見える暗い筋状の線（ダストレーン）に沿った分子ガスの腕が観測されているが（3.1.3節），星生成領域は，分子ガスで見える腕に対して下流側に位置することが明らかになっている．このような空間的オフセット（ずれ）は，いろいろな渦巻銀河で観測されており，これを利用して，渦状ポテンシャルの回転角速度（パターン速度）などを観測から直接決定することができる（第5巻9.1.9節）．

棒状構造

天の川銀河を含め，多くの銀河は，棒状構造と呼ばれる非軸対称なポテンシャル構造を持っている．棒状構造は，一般にガスとは異なる回転角速度（パターン速度）を持つため，渦状腕の場合と同様に，ガスは棒状構造に突入することで衝撃波が形成されるが，渦状腕よりもポテンシャルの非軸対称性が強いことから，ガスは急激に角運動量を失い[*14]，短い時間（棒状構造が1回転する程度の時間スケール）で中心領域へと輸送されることが予想される．

実際，野辺山ミリ波干渉計や45m電波望遠鏡などによる観測から，棒状構造を持たない銀河と比較し，強い棒状構造を持つ銀河ほど，ガスがより中心に集まっていることが示されている（3.1.4節）．そのような銀河の中心領域を高分解能観測で分解してみると，棒状構造のリーディング側（回転方向の前方側：第5巻9.1.5節）に，星がつくる棒構造の軸からずれた位置で平行に走る直線状のガスの腕（棒構造）が見られる．さらに銀河の中心部のガスの腕のつけ根に，ガスの二つ目玉構造あるいは小さいリング構造が存在していることが多い．こうした観測結果は，棒状構造の中に，2種類のガス軌道およびリンドブラッド共鳴（第5巻9.1節参照）が存在することで説明することができる．

[*14] 角運動量を棒状構造，すなわち星に渡すことになる．

フィードバック

誕生した若い星はその周囲の星間物質にも強い影響を与える．特に，大質量星は単独ではなく多数の星の集合（星団）の中で形成されるため，しばしば巨大電離領域（GHR; giant H II region）を形成する．GHR は，系外銀河でも，マゼラン銀河の有名な 30 Dor（第 5 巻 7.3 節）や M 33 に存在する NGC 604 などが知られている．これらは局所銀河群の中でも特に明るく，天の川銀河に存在するどの電離領域よりも光度が大きい．このような領域では，強力な紫外線放射のほか，星風，あるいは超新星爆発などにより，星が生まれた母体となる巨大分子雲をさらに圧縮し，そこで次の世代の星生成を引き起こすと予想される．実際，近年のさまざまな波長にわたる星生成領域の高分解能観測により，そのような連鎖的星生成の現場で起きているガスの圧縮およびそこでの連鎖的星生成の様子が明らかになりつつある．一方で，超新星爆発などに伴い，周囲の星間物質が散逸し，星生成が阻害される効果も期待される．特に質量の小さい銀河においては，星生成（超新星）による負のフィードバックが星質量関数の低質量側を決める上で重要であると考えられている．

一方，活動銀河中心核（4.3 節）からの影響も重要である．特に，近年，大質量ブラックホールと，その母銀河の質量（バルジの質量）とに良い相関が存在することが明らかになってきており，空間的には 10 桁以上異なるこれらの天体が，影響を与えながらともに進化してきたことが示唆されている（共進化）．こうした共進化を実現する一つの重要な仮説が活動銀河核からの負のフィードバックである．すなわち，ブラックホールが質量降着により成長すると，活動銀河核からの強い放射やジェットにより，母銀河の星間物質に影響を与えて星生成を阻害するという考え方である．前者（放射によるフィードバック）をクェーサー・モードのフィードバック，また後者（ジェットによる力学的フィードバック）を電波モードのフィードバックと呼ぶ．近年，いろいろな活動銀河核の周辺において，母銀河における星生成の材料である分子ガスが大きな質量放出率で流出する現場（分子ガス・アウトフロー）が相次いで検出されており，こうしたフィードバック仮説の大きな裏付けとなっている．こうした活動銀河核のフィードバックは，特に星質量関数の大質量側にみられるカットオフを理論的に再現する上で重要であると考えられている．一方で，こうした活動銀河核からのフィードバックは，

むしろ周囲のガスを圧縮するなどして星生成を促進する働きもあるのではないかと指摘されており（正のフィードバック），理論・観測両面から研究が続けられている．

銀河の大局的構造と分子雲への影響

こうした渦状腕や非軸対称構造，また巨大電離領域からのフィードバックなど，銀河の大局的な構造の存在は，それよりはるかに小さい空間スケールの分子雲の性質に，いろいろな影響を与えていることが，野辺山や IRAM，そして ALMA を使った観測により，次第に明らかになりつつある．

たとえば渦状銀河 M 51 では，CO（1–0）輝線の観測から分子雲を同定し，その質量関数（第 6 巻 3.2.3 節参照）を領域ごとに区切って比較すると，棒状構造内部に存在する分子雲の質量関数は，渦状腕での質量関数と比較して，大質量側が顕著に急激になくなっている（カットオフが存在する）ことが指摘されている[15]．また，渦状腕上で爆発的な星生成が起きている NGC 1068 の中心領域では，光学的に薄い ^{13}CO（1–0）輝線を使って分子雲の質量関数を求めたところ，質量関数の傾きが M 51 や天の川銀河の円盤部などと比較してなだらかであり，かつ，大質量側のカットオフがより質量の大きい側へシフトしていることがわかった[16]．こうした，分子雲の質量関数における大質量側の振る舞い（質量の大きい分子雲の多寡）は，棒状領域で星生成活動が抑圧され星生成効率が低いという観測事実や，NGC 1068 の渦状腕領域での爆発的星生成の存在と，それぞれ関係しているのではないかと考えられている．

物理的にはよく似た性質を示す分子雲も，分子化学的にはしばしば劇的な多様性を示し得ることも，ALMA を含めた近年の観測性能の向上により急速に明らかになりつつある．スターバーストを起こしている NGC 253 の中心領域では，5 パーセクの解像度で，サブミリ波帯（350GHz）で詳しく観測した結果，大きさや質量，大質量星の数など物理的には非常によく似た性質を示す 8 個の分子雲の小さいかたまり（クランプ）が発見された．ところが，これらは化学的には劇的に異なることがわかった．あるクランプでは，少なくとも 19 種類からの分子

---

[15] Colombo *et al.* 2014, *ApJ*, 784, 3.

[16] Tosaki *et al.* 2017, *PASJ*, 69, 18.

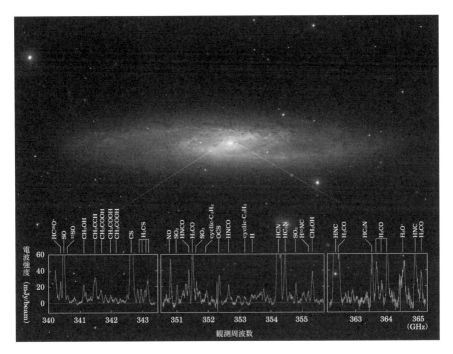

図 **3.17** NGC 253 の中心領域で発見された，スペクトル線の「密林」．系外銀河としては初めての検出である．(Ando *et al.* 2017, *ApJ*, 849, 81 の図から改変 https://alma-telescope.jp/news/press/ngc253-201711).

から 36 本ものスペクトル線が観測周波数範囲を埋め尽くすようにびっしりと検出された（図 3.17）．その一方で，ここで検出されているメタノールやそのほかの大型分子が，すぐ近くのクランプではまったく検出されなかった．メタノールは低温環境（10 K 以下）にあるダスト表面上で CO 分子への水素の連鎖的付加反応で生成され，そこに何らかの衝撃波や加熱などが起きることによって気相中に放出され，観測される．一方，ダスト温度が上昇してしまうと，ダスト表面上での生成効率が顕著に悪化し，観測されにくくなる．スターバースト銀河の中心領域で，星生成のわずかな進化段階の違いが，こうした分子からのスペクトルに劇的に現れているのかもしれない．こうした研究は，いままさに ALMA の稼働とともに大きく発展しはじめている．

96 第 3 章 星間物質と星生成

銀河相互作用・合体

バーストモードを引き起こす有力な原因の一つは，豊富にガスを持つ複数の銀河が重力的に相互作用を行い，衝突・合体を引き起こす過程である（7.4 節参照）.

相互作用が起きると，はじめは銀河外縁部で激しい衝撃波が起きる．たとえば，アンテナと呼ばれる相互作用銀河（NGC 4038 および NGC 4039 という二つのガスを豊富に持つ渦巻銀河同士の衝突：図 7.12 およびカバー表 4 参照）では，それぞれの銀河の中心領域だけでなく，両者が衝突している領域（「ブリッジ」と呼ばれる）にも多量の分子ガスが存在し，そこで激しい星生成が始まっている.

このような相互作用銀河がさらに進化すると，ガスが衝突系である（粘性を持つ）ことで，銀河に含まれるガスは急速に角運動量を失う．そして，二つの銀河の核が近づくにつれて，ガスもその周囲の狭い領域に落ち込んでいく．超高光度赤外線銀河（4.1 節参照）は，ほぼすべてが合体銀河であり，そのような相互作用の進んだ段階にあると考えられている．これらの銀河では，もともと存在した分子ガスのほとんどが中心のわずか数 100 pc 以内に集中し，回転するガス円盤を形成している．そのガスの面密度は，しばしば数 $1000 M_\odot$ pc^{-2} にも及び，天の川銀河の円盤部やスターバースト銀河の数 10 倍から数 100 倍の値を示す．そこからは，強い HCN 輝線が検出され，HCN（1–0）/CO（1–0）輝線強度比からは，高密度ガスの割合が非常に高いことが示唆される．単にガスの総量が多いだけでなく，それがきわめて狭い領域まで輸送され，高密度ガスが多量に形成されていることが，超高光度赤外線銀河の星生成を理解する重要な鍵であろう.

たとえば Arp 220 の中心部においては，近年の ALMA の観測により，単位面積あたりの分子ガス質量が 1 平方パーセクあたり 10^6 $M_\odot$[17]に及ぶことが明らかになった．視線方向の厚みを 30 パーセクと仮定すると，この領域の平均的なガス密度は 10^6 cm^{-3} を超えており，極めて濃密な星間ガスが中心核を覆い尽くしているのである[18].

---

[17] 水素分子の柱密度で表せば $N_{\mathrm{H}_2} = 2.2 \times 10^{26}$ $_{\mathrm{H}_2}$ cm^{-2}，可視光 V バンドでの減光量に換算すると 10 万等以上である．また，より我々に身近な単位で表すなら，約 900 g cm^{-2} であり，カリフォルニア工科大学のスコヴィル教授は，これを「30 cm ほどの厚さの金の壁のようだ」と表現している．Scoville *et al.* 2017, *ApJ*, 836, 66.

[18] そこには深く埋もれた大質量ブラックホールが存在しているのではないかと考えられているが，硬 X 線を含め，直接観測することができず，そのエネルギー源について，今なお論争が続いている.

重力不安定性

いろいろなメカニズムでガスが掃き集められ，ガス円盤の面密度が大きくなってくると，ガス自身の自己重力が星生成の直接的な引き金として重要になる．実際，いろいろな銀河のガスの面密度を調べ，そこでの星生成率と比較すると，ガスの面密度には，星生成を起こすためのしきい値（臨界ガス面密度）があることが分かる（そのしきい値を越えるとシュミット則に従う）．

このような臨界ガス面密度の存在は，ガス円盤の自己重力不安定性により理解することができる．回転するガス円盤（等温，厚さ無限小）を想定し，そこにある摂動を与えることを考えよう．その摂動が自己重力不安定によって成長するための臨界ガス密度は，$\Sigma_{\mathrm{crit}} \equiv \dfrac{\sigma_v \kappa}{\pi G}$ （ただし，σ_v はガスの速度分散，κ は周転円振動数，G は重力定数．詳しくは第 5 巻 9.1 節参照）のように表される．ガス円盤の現在の面密度を Σ_{gas} とするとき，臨界ガス面密度との比，すなわち $\Sigma_{\mathrm{crit}}/\Sigma_{\mathrm{gas}}$ をトゥームレ（A. Toomre）の Q 値と呼ぶ．ガスの面密度が Σ_{crit} を超えている状態，すなわち $Q < 1$ になるような領域では，回転ガス円盤の中で自己重力不安定性が成長し，密度の低いガス雲から高密度な分子雲への進化，およびそこでの星生成が促進されることが予想される．

こうした Q 値を用いた解析は，近傍銀河から高赤方偏移銀河まで広く用いられているが，その解釈については，注意が必要であるとの理論的指摘もある．

3.3 星間物質の循環と重元素汚染

銀河系の場合，見える質量のうちのわずか 10％程度が星間物質の形で存在し，残りは星の形で存在している．ここで，星間物質から星を経て星間物質に戻るという物質の循環がほぼ平衡状態にあると仮定すると，この質量比はそれぞれの相への滞在時間の比を反映していると考えることができる．この物質循環は同時に星の内部で合成された重元素を星間空間に還元するというプロセスでもあり，銀河の化学進化とも深く関係している（5.3 節参照）．

3.3.1 円盤部とハローの物質交換

渦巻銀河は円盤・バルジ・ハローなどからなる系であるが，現在主たる星生成が起きている円盤部とハローとの間では物質の交換が行われており，これに関す

る研究は主としてエッジオン（真横向き）銀河を対象として進められている.

これまでの研究で，ハロー部分にもさまざまな相の星間物質が見出されている. 我々の銀河系にはレイノルズ層と呼ばれる暖かい星間ガス成分の厚い層が見出されている.

この成分は銀河系からの $H\alpha$ 放射の 25–50%程度を占め，星間物質の重要な構成要素である. ハローを含めた銀河系全体の空間の 20%以上を占め，太陽近傍の銀河面中心部での密度は $0.1\,\mathrm{cm}^{-3}$，スケール長[19]は典型的に 1–2 kpc である. このような成分は他の銀河にも見られ，その量は銀河の単位面積あたりの星生成率と相関がある. この厚い電離ガスの層を維持する機構としては，恒星風，放射圧，超新星爆発，O, B 型星[20]からの放射によるエネルギー注入など諸説があるが，ガスが放射により冷却するのを保温するためのエネルギー量を考慮すると，O, B 型星からの紫外線による加熱（電離）が主たる維持機構ではないかと考えられている.

また，星間ガスを銀河面から離れた広大な領域に持ち上げるメカニズムとしては，集中的な超新星爆発によって煙突状の物質密度の薄い領域が作られ，そこを経由してガスや電離紫外線・宇宙線などを銀河面外に輸送するという機構が考えられている. フェースオン銀河（銀河の回転軸がわれわれに向いた銀河）において見出される $H\,\textsc{i}$ ホール（$H\,\textsc{i}$ ディスクに開いた穴）もこのような現象の傍証だと考えられており，銀河系においてもスーパーバブルやスーパーシェルと呼ばれる $H\,\textsc{i}$ ガスの巨大な泡あるいは球殻状の構造が見出されている.

銀河面内における星生成活動はダストの鉛直分布にも影響を与える. ダストが垂直に吹き上がる形態から，「沸騰するディスク」と呼ばれる構造が見出されている. 面外に放出する機構としては放射圧が考えられる. より高密度の星間ガスである分子ガスについても，エッジオン銀河のミリ波高分解能観測により何例かの報告はあるが，さらなる検証が必要である.

円盤面からのガス放出が，スーパーバブルとして銀河内に留まるか，それとも銀河風として銀河間空間の重元素汚染に至るかについては，重力ポテンシャルと

---

[19] 銀河面からの高さ（scale height）に相当する.

[20] スペクトル型が O 型および B 型である星の総称. 太陽質量の 10 倍以上をもつ高温度星である.

星生成活動の力関係で決まっている．実際，矮小銀河では星生成活動に伴う質量放出が検出されているが，重力ポテンシャルのより深い渦巻銀河の円盤部では通常の星生成活動による質量放出は顕著ではない．

ハローの暖かなガス成分の運動については数例の銀河について調べられ，円盤面内のガスに比べて面外に外れるほどゆっくりと回転しており，10 kpc ほど外れると，回転速度はほぼ 0 になることが知られている．このような運動を説明するモデルはまだ存在していない．

円盤面からのガス放出の一方で，ハローから円盤面へのガスの降着も起きていると考えられる．高速度ガス雲と呼ばれる銀河面に対して高速で運動している H I ガスがその証拠であるという説もある．高速ガス雲には Mg などの金属が太陽の化学組成比の 0.1 倍程度含まれていることが見出されており，銀河系円盤から供給された成分が含まれると考えられるからである．しかし一般的には，高速度ガスは銀河系形成時の名残をとどめた始原的なガスであるという見方が強く，決着はついていない．

3.3.2　重元素量や同位体比の勾配

星間空間に放出された重元素の量は星内部での元素合成の履歴を反映している．核融合燃料としての水素が枯渇してくると，星は 3 個の He から ^{12}C を合成する核反応を起こすことで，星を支えるエネルギーを生み出す．大質量星は CNO サイクル（第 7 巻参照）によって H を He に転換するが，完結しなかったサイクルでは ^{12}C が ^{13}C に転換される．すなわち，同位体比 ^{12}C/^{13}C は時間とともに単調減少する．このため炭素同位体比は銀河の化学進化を刻むよい時計だと考えられる．また，星生成率が高いと星間空間の ^{13}C の量が増加するため，^{12}C/^{13}C 比が減少し，銀河中心から離れるにつれて ^{12}C/^{13}C 比が増加することが期待される．実際，銀河系の ^{12}C/^{13}C を探査してこの予想を検証する試みがなされている．C^{18}O 輝線のミリ波輝線観測により，銀河中心のいて座 B2 で ^{12}C/^{13}C $= 24$ なのに対して，銀河系外縁方向の星生成領域 W3（OH）では 75 と著しく増加している．このことは CN など他の分子のミリ波輝線観測でも検証されているように見える．しかし，赤外吸収線の高分散分光観測による最近の ^{13}CO/^{12}CO 比の測定とは有意な差異が見られ，これらを統一的に理解すること

はまだできていない．

さらに，地球の岩石や惑星大気の観測から得られた太陽系形成時（46 億年前）の値（^{12}C/^{13}C = 89）と現在の太陽系近傍での値（^{12}C/^{13}C = 57）の違いも，46 億年の間の星生成活動による進化として定量的な説明が試みられ，銀河系の進化の基本的な描像を構築するのに用いられている．

元素組成比も同様に化学進化の指標としての実績があるが，同位体はほぼ同一の物理的・化学的性質を持つため，その観測比が減損率，イオン化ポテンシャル，化学反応性などに影響されることはなく，同位体比のほうが信頼性が高い．

3.4 銀河磁場

渦巻銀河には大規模な磁力線が走っている．形状は渦状腕にそった渦巻き状で，例外的にリング状の磁場もある．磁場の圧力（エネルギー密度）は星間ガスとつりあってエネルギー等分配の状態にあり，星間雲の運動や星生成に大きく関わっている．銀河磁場の構造は，宇宙線電子が放つシンクロトロン放射の電波を観測することによって調べることができる[*21]．

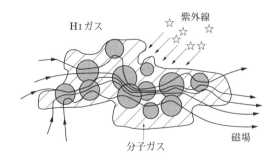

図 **3.18** 磁場は星間空間を満たし，ガスや宇宙線と圧力（エネルギー密度）でバランスしている．これをエネルギー密度の等分配という．

[*21] 太陽近傍の星間雲や星生成領域の局所的な星間磁場は，星の光の偏光，星間塵の赤外線偏光，あるいは中性水素 21 cm 線のゼーマン効果を使って調べる．これについては第 6 巻で記述する．

3.4.1 銀河磁場とシンクロトロン放射

シンクロトロン放射（synchrotron emission）は，磁力線に巻き付いて運動する宇宙線電子によって放射される（放射メカニズムについては第 5 巻 3 章参照）．シンクロトロン放射の電波強度を測定することによって，磁場の強度を推定することができる（図 3.18）．強度 B の磁場と，エネルギー E, 個数密度 $N(E)$ をもつ宇宙線の間にエネルギー等分配がなりたっているとすると，次のような関係がなりたつ.

$$\frac{B^2}{8\pi} = \int_{E_1}^{E_2} E\, N(E) dE \sim N_E E. \tag{3.4}$$

観測される電波の周波数 ν における放射強度 I_ν は，宇宙線電子の密度，エネルギー，磁場強度で

$$I_\nu \propto B^2 E^2 N_E \tag{3.5}$$

と書かれる．天体の単位体積あたりの放射率 ε を，サイズ L と強度で

$$\varepsilon = \frac{\int I_\nu d\nu}{L} \sim \frac{\nu I_\nu}{L} \quad [\text{erg s}^{-1}\,\text{cm}^{-3}\,\text{str}^{-1}] \tag{3.6}$$

のように表しておくことにする．すると周波数は磁場強度と電子エネルギーで $\nu \propto BE^2$ と書けることを利用して，磁場強度を次のように求めることができる.

$$B \sim 3 \times 10^2 \nu^{-1/7} \varepsilon^{2/7} \quad [\text{G}]. \tag{3.7}$$

ここで周波数 ν は GHz を単位として測る.

私たちの銀河系の場合，電波強度 I_ν を銀極方向で測定し，ディスクの厚さを $L \sim 200\,\text{pc}$ とすると，太陽近傍の磁場強度をおよそ $3\,\mu\text{G}$ と求めることができる．また，銀河中心ではより強く，周辺やハローでは弱い．通常の渦巻銀河の円盤部でも，磁場強度は数 μG であるが，ガスが豊富な銀河ほど磁場は強い.

3.4.2 直線偏波

磁場の方向は直線偏波（linear polarization）の電波観測によって求める（図 3.19（左））．宇宙線電子は磁力線に垂直方向に加速度を受けるので，放射される電波は磁力線に垂直方向に直線偏波している．磁場が完全にそろっている場合，多

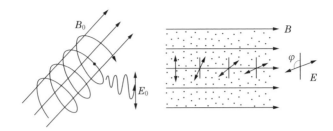

図 3.19 （左）シンクロトロン放射と直線偏波．（右）伝播の途上，磁力線と熱電子によるファラデー回転によって偏波面が回転する．

数の電子の集合体である天体からの放射のうち，偏波成分の全強度に対する割合（偏波率）は，電子のエネルギースペクトルを $N(E)dE \propto E^{-\beta}dE$ としたとき，

$$p_{\max} = \frac{\beta+1}{\beta+7/3} = \frac{-\alpha+1}{-\alpha+5/3}, \tag{3.8}$$

と表すことができる．ここで $\beta \sim 2.4$ は観測で得られたエネルギースペクトル指数で，電波強度のスペクトル指数と $\alpha = -(\beta-1)/2 \sim -0.7$ の関係で結ばれている．ここで $I_\nu \propto \nu^\alpha$ という関係を用いた．

したがって完全にそろった磁場からのシンクロトロン放射の偏波率はおよそ 70% ということになる．しかし実際の磁場は星間ガスとの相互作用や銀河回転によって一様ではなく，曲がりくねっているため，偏波率はもっと低く，通常数パーセントである．逆に偏波率から，そろった磁場と，全磁場強度の比，すなわち磁力線のそろい具合を調べることができる．

3.4.3　ファラデー回転

シンクロトロン放射による電波は，磁場に垂直に偏光して放射される．したがって電波の偏波面の方向は磁力線の方向に垂直である．ところが天体と観測者の間に磁場が走っていると，伝播の途中で偏波面が回転するという現象が生じる．これをファラデー回転と呼ぶ（図 3.19（右））．この現象は，方向性を持つ媒体を通過する光の偏光面が回転する現象で，ファラデーによって発見された．天体の場合，星間ガスが磁力線を帯びていると，ガスに方向性が生じ，通過してくる電波の偏波面が回転する．偏波面の向き（天球上での位置角）ϕ は，

$$\phi = \phi_0 + RM\lambda^2, \tag{3.9}$$

のように観測される．ここで $\phi_0 = \phi_{\mathrm{mag}} + 90°$ は放射源での偏波の向きで，磁場の向き ϕ_{mag} に直角である．

上式の右辺第 2 項はファラデー回転の角度で λ は波長，RM はファラデー回転測度（rotation measure）と呼ばれ，

$$RM = 0.81 \int_0^x n_{\mathrm{e}} B_{//} dx \sim 0.81 n_{\mathrm{e}} B_{//} L \quad [\mathrm{rad\ m}^{-2}]. \tag{3.10}$$

と表される．$B_{//}$ は磁場の視線方向の成分の強さ，n_{e} は星間ガスに含まれる熱電子の密度，x は視線上の距離，L は奥行きである．ただし磁場は μG，電子密度は cm^{-3}，距離は pc，角度はラジアン，波長は m で測る．なお RM は磁場が観測者から遠ざかるように走っている場合に正，逆の場合に負と定義する．

ファラデー回転量を観測で求めるには，二つ以上の異なった波長で偏波角 ϕ を測定して λ^2 を横軸にとってプロットし，その勾配を最小二乗法で決定する方法がとられる．この方法で固有偏波角 ϕ_0 も同時に求められる．

3.4.4　渦巻銀河の磁場構造

シンクロトロン放射の直線偏波観測から，次のようにして磁力線の 3 次元構造を推定することができる．ただしファラデー回転を起こす媒体のサイズ（奥行き）L，熱電子の密度 n_{e} は別途求めるか，仮定する必要がある．

（a）　電波強度 I_ν から，磁場の全強度 $B = (B_\perp^2 + B_{//}^2)^{1/2}$ を求める．

（b）　偏波面の向きから，視線に垂直な磁場の方向が定まる：

$$\phi_{\mathrm{mag}} = \phi_0 - 90°.$$

（c）　ファラデー回転測度 RM から，磁場の視線成分の強さ $B_{//}$ が求められ，同時にその正負で向きが決まる．最後に（a）（b）と合わせて磁場の 3 次元構造が分かる．

こうして求められた渦巻銀河の大局的な磁力線構造はいたってシンプルで，渦巻きとリングに大別される．大多数の銀河においては，磁力線は渦状腕にそって走る渦巻き形である．図 3.20 は銀河 M 51 の電波強度に重ねて，天球上での磁

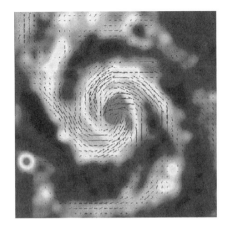
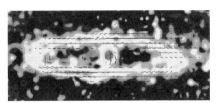

図 3.20　（左）渦巻銀河 M 51 の渦巻き磁場．電波強度の上に磁力線の向きを短い線で示してある．（右）アンドロメダ銀河 M 31 のリング磁場と，中心部の垂直磁場（http://www.mpifr-bonn.mpg.de/div/konti/mag-fields.html）．

場の向きを短い線で示してある．腕にそって見事な渦巻き状の磁力線が走っていることが分かる．一方，M 31 は渦巻きではなく，リング磁場をもつ数少ない銀河の一つである．

　さらに銀河各部でファラデー回転量を調べて，磁力線の視線方向の変化を調べてみると，磁力線は銀河の外から入り込んで腕に沿って巻き込み，反対側の腕から外へ出ていくような構造をしていることが分かる．このような磁力線構造を双極渦状磁場と呼んでいる．

3.4.5　銀河磁場の起源

　銀河磁場の起源として次の二つの考え方が有力である．

　（a）原始磁場説：銀河形成時に，より大きなスケールの磁力線を巻き込み，銀河回転で渦巻状になり，増幅された磁場はハローへ逃げて，定常状態が保たれている．

　（b）ダイナモ説：銀河内にあった弱い磁場の種が，銀河回転による発電効果で増幅された．この場合，磁力線構造はリング状になる．

　おおかたの銀河で観測される双極渦巻き磁場は，原始磁場説を支持するように

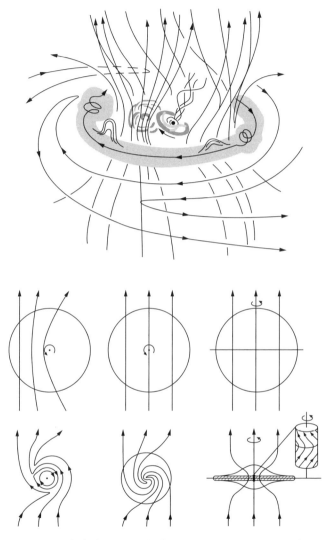

図 3.21 （上）銀河磁場の模式図．スケールは中心ほど拡大して描いてある．（下）大局的な磁場構造の起源は，形成時に周辺の磁力線を巻き込んだためと考えられる．磁場に大きな偏りがあると偏芯して，磁力線の結び変えが起き，リング磁場ができる．垂直の磁場成分は，ガスとともに中心に掃きよせられ，中心部に強力な垂直磁場となって残り，宇宙ジェットの原因になる．

みえる．しかしリング状の磁場は，ダイナモ説でも説明が可能である．実際には両者が混在していると考えられている．

3.4.6　垂直磁場

銀河円盤の渦状磁場の他に，ハローへ吹き上がる垂直な磁場構造も観測されている．これらは円盤における星生成や超新星の爆発によるエネルギーがガス円盤を沸騰状態にしているためである．

また，原始磁場説に立てば，原始磁場のうち円盤に垂直な成分は，ディスクから外へ逃げることができず，逆にガス円盤の収縮にともなって，中心部へと掃きよせられる．中心に掃き寄せられた垂直磁場は，逃げ場を失い，ほぼ永久に銀河中心のまわりをただよう（図3.21（下）参照（105ページ））．実際，天の川銀河系やアンドロメダ銀河の中心部では，垂直磁力線が観測されている．

3.4.7　宇宙ジェットと中心活動，銀河進化への影響

銀河中心ではこのように垂直磁場が卓越している．磁力線の上下はハローや銀河間空間にのびているため回転は遅い．ところが円盤部の垂直磁力線は銀河回転にひきずられて，捻られる．このため円環状の磁場成分が増幅され，円盤から上向きの磁場の圧力勾配が発生する．この圧力によって円盤のガスは持ち上げられて加速され，高速の円筒形のジェットが発生する．さらに中心部に強力な重力源があると，ガスの落下と磁力線の捻りによる角運動量の輸送が相乗的に起きて，強力な磁場の捻れと，それにともなう高速の宇宙ジェットが発生する．

磁場の存在は，銀河円盤の角運動量をハローに持ち出す効果をもち，円盤の収縮を促進する．ジェットによって吹き上げられたガスの一部は銀河間空間に噴き出されて，銀河をとりまく環境に影響を与える．そして一部は銀河の別の場所に落下する．こうして磁場を介して銀河規模の物質の循環が行われ，化学組成の変質を引き起こすなど，銀河進化に大きな影響をおよぼしている．

第4章

銀河の活動現象

　銀河中心核は銀河の中で特別な場所である．近傍の銀河の観測からほとんどの銀河の中心核には巨大ブラックホールがあることが分かっている．私たちの銀河系（天の川銀河）もその例に漏れない．巨大ブラックホールは，その強大な重力場で周りのプラズマなどの物質を支配し，銀河本体を凌駕する電磁波を放射している．それが，活動銀河中心核と呼ばれるものである．一方，銀河中心核の周りでは，時として激しい星生成現象が起こることがある．短期間に，多数の大質量星が生まれる現象であり，スターバーストと呼ばれている．

　このように，星の大集団として穏やかな姿を見せている銀河にも，きわめて活動的な現象が観測されている．本章では，スターバーストと活動銀河中心核について概観していくことにする．

4.1　スターバースト

4.1.1　スターバースト現象の認識

　大質量星[*1]が短期間に大規模に生成される現象をスターバースト（starburst）と呼ぶ．もともとは爆発的な星生成現象として言及されていたが，1981 年にウ

[*1] 3 章の脚注 20 参照．O, B 型星と呼ぶこともある．

イードマン（D.W. Weedman）たちにより，スターバーストという簡略化された名称が提唱され，定着したものである．近傍の宇宙では数%の銀河がスターバースト現象を起こしており，それらはスターバースト銀河と呼ばれる．

　歴史的には 1960 年代後半に，比較的近傍の宇宙に激しい星生成を起こしている矮小銀河が発見されたことに端を発する．それらは銀河系外巨大電離ガス領域（extragalactic giant H II region）と呼ばれ[2]，現在ではブルーコンパクト矮小銀河（BCD; blue compact dwarf galaxy）と分類されている．これらは，形態的には不規則銀河に属し，サイズも数 kpc 程度の矮小銀河である．

　1970 年代に入ると，近傍の円盤銀河の中心領域にも活発な星生成領域が存在することが分かり，着目されるようになった．その中でも，巨大電離ガス領域が複数個，銀河中心領域（半径数 100 pc から 1 kpc 以内）に存在するものは，ホットスポット銀河中心核（hot spot nuclei）と呼ばれ，やはり活発な星生成現象が関係していることが分かった[3]．円盤の渦巻腕にある巨大電離ガス領域に比べて，BCD やホットスポット銀河中心核では総じて星生成率が高い．そのため，何か特別な星生成現象であると認識された．

　スターバースト銀河の研究に拍車をかけたのは，1960 年代後半から行われた活動銀河中心核（主としてクェーサー，4.3 節）の探査によるところが大きい．マルカリアン（B.E. Markarian）による探査がもっとも有名であるが，日本でも高瀬文志郎らによる木曽紫外超過銀河探査でこの分野の発展に大きな貢献をした[4]．これらの探査でおもに発見されたのは，クェーサーなどの活動銀河中心核ではなく，意外にもほとんどがスターバースト銀河だったのである[5]．このような経緯で，スターバースト現象は銀河における顕著な活動性の一つとして認識されるようになった．

　ここで，スターバースト現象を定量的に定義しておくと，

---

[2] この名前の由来は，渦巻銀河の渦巻腕にある巨大 H II 領域（たとえば，M 33 にある NGC 604）が，まさに単体で宇宙に存在しているような様相を呈していたためである．

[3] 現在では，circum–nuclear starburst という用語で言及されることが多い．

[4] 東京大学木曽観測所の口径 105 cm のシュミット望遠鏡が使用された．カタログ名は Kiso Ultraviolet-excess Galaxies で KUG と略称されている．

[5] マルカリアンのサーベイで検出された約 1500 天体のうち，活動銀河中心核の割合は 10%程度であった．

(1) 生成される大質量星の個数：$N_* \sim 10^4$ – 数億個

(2) 継続期間：$T_\mathrm{burst} \sim 10^7$ – 10^8 [y]

の二つにまとめられる．スターバースト現象での星生成率（star formation rate; SFR と略される）は $SFR \sim 10$–$100\,M_\odot\,\mathrm{y}^{-1}$ 程度である．銀河中心領域にあり，スターバーストに参加する分子ガス雲の質量は $M_\mathrm{gas} \sim 10^9\,M_\odot$ 程度である．したがって，スターバースト現象の典型的なタイムスケールは

$$T_\mathrm{burst} \sim M_\mathrm{gas}/SFR \sim 10^7\text{–}10^8 \quad [\mathrm{y}] \tag{4.1}$$

と見積もることができる．ただし，ここではガスがすべて星になったことが仮定されている．この継続期間は，大質量星が連鎖的に超新星爆発を起こし，スーパーウィンドと呼ばれる銀河風が吹くと，周辺の分子ガス雲を加熱（あるいは破壊）するため，新たな星生成が起こらなくなるタイムスケールだと考えてもよい（4.2 節参照）．

4.1.2　スターバースト銀河の種類

前節でも少しふれたが，ここでスターバースト銀河の種類をまとめておく．まず，大きく分けると，(1) スターバースト銀河中心核と (2) ブルーコンパクト矮小銀河（BCD）の 2 種類になる．前者は円盤銀河の中心核近傍や合体銀河の中心領域でスターバーストが発生している場合であり，後者は矮小銀河の全域，あるいは一部の領域でスターバーストが発生している場合である．

ここで，スターバースト銀河中心核に着目して，スターバーストの進行に伴う進化系列をまとめておく．

(1) スターバースト銀河：主系列の O, B 型の大質量星が支配的で，巨大な H II 領域の様相を呈している[*6]．

(2) ウォルフ・ライエ銀河：大質量星がウォルフ・ライエ型星[*7]に進化して，支配的になっている．これらの星は通常の O, B 型星に比べて，星の表面温度が高い（約 10 万 K – 20 万 K）．そのため，活動銀河中心核における電離ガス

[*6] オリオン星雲は銀河系内の典型的な電離ガス領域である．スターバーストはオリオン星雲を 1 万倍以上スケールアップしたものだと理解すればよい．

[*7] 大質量星の進化の最終段階で，強い恒星風により水素を多く含む外層を吹き飛ばして高温の中心核が露出し，その周辺を噴き出されたガスが取り巻いている状態の星のこと．

領域のように，高階電離のイオンからの放射が顕著になる．

（3）　スーパーウィンド銀河：大質量星の超新星爆発が頻繁に起こり，銀河風（スーパーウィンド，4.2節参照）が吹いている銀河である．O, B 型星による電離もあるが，銀河風による衝撃波加熱による電離も進み，通常の O, B 型星による電離ガスとは異なる性質を示す．そのため，活動銀河中心核の一種であるライナー銀河中心核（4.3節）の電離ガスの性質と類似することがある．

（4）　ポスト・スターバースト銀河：星生成が終了し，寿命の短い O, B 型星が超新星爆発を起こして死に絶えると，O, B 型星に比べて寿命の長い（$\sim 10^8$ y）A 型星がスターバースト領域を支配する．

この中で，ウォルフ・ライエ型星の寿命は 10 万年程度しかないので，本来ならばウォルフ・ライエ銀河となっている確率は小さいはずである．それにも拘わらず，近傍の宇宙で数 10 個もの存在が知られている．このことは，スターバーストにおける星生成は，ある時点で突然完了するため，ウォルフ・ライエ星が卓越する時期が顕著に現れることを示唆している．なお，スーパーウィンド銀河については 4.2 節で詳しく紹介する．

ブルーコンパクト矮小銀河（BCD）は，不規則銀河の中で，星生成率が高いものと理解することもできる．しかし，星生成のタイムスケールは数億年程度でしかなく，重元素存在量も普通の不規則銀河に比べて有為に低い．そのため，銀河間ガス雲が，最近になって何らかのメカニズムでスターバーストを起こしたと考えた方がよい．BCD の中には，太陽の重元素量の 1/100 程度しか重元素が存在していないものがある．重元素は星生成の歴史とともに増加してくるので（5.2 節および 5.3 節参照），BCD は銀河進化の若い段階に相当する性質を持っていることになる．そのため，BCD の研究は宇宙初期の銀河形成期における星生成の性質を探る手段として着目されている．

4.1.3　スターバースト銀河の光度分類

スターバースト銀河の光度にはかなりの幅があり，光度の観点からも分類されている．スターバースト領域だけの光度を見積もるのは難しいので，スターバーストを起こしている銀河全体の光度を指標として使うのが普通である．スターバーストで生成された O, B 型星は主として紫外線から可視光帯までの電磁波を

放射する．しかし，星生成領域は一般にガスに富み，そのためダストの存在量も多い．したがって，O, B 型星の放射はダストに吸収され，数 10 K に温められたダストの再放射に変換されている割合が高い．この場合，ダストは中間赤外線から遠赤外線までの電磁波を放射する．そこで，スターバーストの放射光度の指標としては赤外線の放射光度（L_{IR}）が用いられることが多い．このような事情は，赤外線天文衛星 IRAS（Infrared Astronomical Satellite）によって赤外線全天サーベイが行われ，系外銀河の赤外線データベースが作られたことも，大きな要因になっている．また，IRAS 衛星により，赤外線光度が $10^{12} L_\odot$ を超える，超高光度赤外線銀河（あるいはウルトラ赤外線銀河）が発見されたことも，スターバースト銀河の光度分類の重要性を認識させるに至ったという背景もある．

赤外線光度によるスターバースト銀河の分類は，波長 $8\,\mu\mathrm{m}$ から $1000\,\mu\mathrm{m}$ 帯での放射光度 L_{IR} にしたがって以下のようになっている．

(1) $L_{IR} < 10^{11} L_\odot$: 普通のスターバースト

(2) $10^{11} L_\odot \leqq L_{IR} < 10^{12} L_\odot$: 明るい赤外線銀河（luminous infrared galaxies）

(3) $10^{12} L_\odot \leqq L_{IR} < 10^{13} L_\odot$: 超高光度赤外線銀河（ultraluminous infrared galaxies, ULIRG）

(4) $L_{IR} > 10^{13} L_\odot$: ハイパー赤外線銀河[*8]（hyperluminous infrared galaxies）

このようなスターバースト銀河の光度分類は，単にスターバーストの規模を表しているだけではない．なぜなら，光度が大きくなるにつれて，合体銀河（7.4節）の割合が高くなっているからである．これはスターバーストの規模とその生成機構に何らかの相関があることを示唆している．詳細は不明だが，スターバーストの発生機構に関する重要な知見を与えている可能性がある．

4.1.4　スターバースト銀河の星生成率

スターバーストの光度は星生成率の良い指標を与える．赤外線光度は吸収の影響を受けないため，特に良い指標となる．SFR と L_{IR} の間には以下の関係が

[*8] 明確な日本語名称はないので，ここではハイパー赤外線銀河とした．

ある.

$$SFR = 4.5 \times 10^{-44} L_{\mathrm{IR}} \quad [M_\odot \, \mathrm{y}^{-1}] \tag{4.2}$$

ここでは，L_{IR} の単位は W ではなく $\mathrm{erg\,s^{-1}}$ である．この関係を導出する際，星生成に関してはサルピーター（E.E. Salpeter）の初期質量関数[*9]を用い，生成される星の質量の範囲としては $0.1\,M_\odot$ から $100\,M_\odot$ が仮定されている．

SFR はこのほかに，$\mathrm{H}\alpha$，[O II][*10]，および紫外連続光の光度を用いて，以下のように表される．これらの関係の導出においても，上記と同様な仮定がされている．

(1) $\mathrm{H}\alpha$ 光度の場合：

$$SFR = 7.9 \times 10^{-42} L_{\mathrm{H}\alpha} \quad [M_\odot \, \mathrm{y}^{-1}] \tag{4.3}$$

(2) [O II] 光度の場合：

$$SFR = 1.4 \times 10^{-41} L_{\mathrm{[OII]}} \quad [M_\odot \, \mathrm{y}^{-1}] \tag{4.4}$$

(3) 紫外連続光の場合：

$$SFR = 1.4 \times 10^{-28} L_\nu \quad [M_\odot \, \mathrm{y}^{-1}] \tag{4.5}$$

となる．ここで，$L_{\mathrm{H}\alpha}$ と $L_{\mathrm{[OII]}}$ の単位は $\mathrm{erg\,s^{-1}}$ であるが，L_ν については $\mathrm{erg\,s^{-1}\,Hz^{-1}}$ である．

4.1.5 スターバーストの発生機構

スターバースト現象は銀河円盤部にある渦巻腕で発生する星生成現象に比べ，有為に高い星生成率を示す．したがって，通常の星生成のメカニズムではなく，何か特別な発生機構が働いているのではないかと考えられている．BCD の場合はまだ不明な点が多いが，円盤銀河の中心領域で発生しているスターバーストの

[*9] 星が生まれる際に，質量が $[m, m+dm]$ の間にある星の個数を $N(m)dm$ と表したとき，$N(m)$ を初期質量関数（IMF; Initial Mass Function）という．太陽近傍の星々の観測からサルピーターが求めた $dN/dm \propto m^\alpha (\alpha = -2.35)$ をサルピーターの IMF という．スターバーストの場合，大質量星が選択的に生成されている可能性があり，$\alpha = -1.35$ に近い可能性も議論されている．このように大質量星が選択的に多く生まれているような IMF はトップヘビー（top heavy）IMF と呼ばれる．

[*10] 禁制線の説明は 4.3 節を参照.

発生機構については，いろいろなアイデアが提案されてきている．その基本となる考え方は，星生成の原料となる分子ガス雲を銀河中心領域にどのようにして効率よく輸送するか，という問題に絡んでいる．銀河円盤部には分子ガス雲がたくさんあるが，これらを中心領域に輸送するには角運動量を効率よく減少させる必要がある．渦巻腕や棒状構造のような非軸対称重力ポテンシャルがあると，分子ガス雲系の衝突過程を経て，角運動量を円盤外縁部にあるガス雲系，あるいは星に受け渡すことができる．しかし，このような標準的なメカニズムではスターバースト現象を説明するのは難しい．一方，衛星銀河の合体や円盤銀河同士の合体の場合は，上記のメカニズムに比べると，より効率的に分子ガス雲の中心領域への輸送が可能になる（カバー表4参照）．

　ここまでの議論は，燃料としての分子ガス雲をいかにして銀河中心領域に集積するかであった．仮に，この集積が実現したとして，そのあとどのようにしてスターバーストを発生させるかについては，定説はない．星生成について標準的に考えられているような，重力不安定性による発生機構はスターバーストには馴染まないかもしれない．もし，銀河の合体（衛星銀河の合体も含む）が重要な鍵を握っているとすれば，潮汐力に起因する衝撃波でガス雲の圧縮が有効なメカニズムとして働く可能性がある．すべてのスターバーストが同様な発生機構で発生しているかどうかも不明である．銀河の合体が本質的なメカニズムの可能性はあるが，今後の系統的な観測的検証が必要であろう．

4.2　銀河風

　スターバースト銀河や活動銀河中心核（AGN，4.3節）では，中心核近傍から大量のエネルギーが周囲に放出されるが，それらは電磁波（X線，紫外線，可視光線，赤外線，および電波）として直接・間接的に放射されるだけでなく，運動エネルギーとして銀河中心核の周辺領域に供給される．この大量の運動エネルギーによって周囲のガスが衝撃波によって加熱され，高温ガスが銀河スケールの泡（スーパーバブル）として膨張し，最終的に銀河ハローや銀河間空間にまで放出される．この現象を，銀河風（スーパーウィンド）と呼ぶ．銀河風は銀河活動の一時的現象というよりは，銀河の進化や銀河間空間の進化にまで大きな影響を及ぼす重要な現象である．

114　第 4 章　銀河の活動現象

　近傍の宇宙では，スターバースト銀河のかなりの割合で銀河風現象の兆候が観測される．また，最近の観測技術の進歩によって，非常に遠方の銀河にも銀河風の効果と思われる観測的な特徴をもつものが多く見つかってきている．この章では，これら銀河風の物理過程を近傍銀河の観測例を中心に解説する．

4.2.1　銀河風の発生機構

　スターバースト銀河の場合，スターバースト初期（もっとも重たい星の寿命である $\sim 10^6$ y 程度以内）においては，運動エネルギーは生成された若い大質量星（例：O 型星）とそれらから進化した高温星（例：ウォルフ・ライエ型星）からの活発な星風によって放出される．それ以降はこれらに加えて大質量星（$> 8\,M_\odot$）の進化の最終段階で起こる II 型超新星爆発（第 1 巻および 7 巻参照）によって放出される．これらの高速の物質の放出現象が中心核近傍で発生すると，周辺のガスは衝撃波によって $\sim 10^8$ K にも加熱される．

　スターバースト銀河の中心核近傍では，狭い領域（100 - 1000 pc）に多数（$\sim 10^4$ 個から数億個）の大質量星が誕生するので，加熱されたガスは個々の大質量星や超新星の周囲にのみ存在するのではなく，しだいに一つの巨大な膨張する泡状構造を示すようになる．泡の膨張速度と形状は，銀河核周囲の物質分布に依存する．すなわち，泡は比較的高密度のガスが存在する銀河面内ではなく，密度が比較的低い極方向へ選択的に膨張する．この結果，高温のガスは銀河面の上下方向に延びた一対の泡状構造を形作り，その形状からスーパーバブルと呼ばれる．

　泡内部のガスの温度は膨張に伴って徐々に下がり，10^6–10^7 K 程度となる．スーパーバブルがさらに膨張し，その大きさが銀河円盤の物質分布の典型的高さの数倍を越えると，銀河ハローへと吹きだす円錐状の高温ガスの流れが発生する．この状態に進化したスーパーバブルは，スーパーウィンドまたは銀河風と呼ばれる．ここで，スーパーウィンドとスーパーバブルは，観測的にはその形状（円錐状か泡状か）により区別されるが，物理的には膨張する高温のガスの進化段階の違い（スターバースト開始からの経過時刻や，泡表面での不安定性の発生の度合いなど）でしかない．そこで，以下本章では特に断らない限り，スーパーウィンドとスーパーバブルの両現象をあわせて「銀河風」と呼び，同等に扱うことにする．

近傍の銀河で観測される銀河風の典型的なサイズは，中心からの距離（半径）にして $r_{SW} \sim 5\,\mathrm{kpc}$，アウトフローの速度は $v_{SW} \sim 500\,\mathrm{km\,s^{-1}}$ である．したがって，銀河風の力学的年齢は，

$$T_{SW} \sim r_{SW}/v_{SW} \sim 1 \times 10^7 \ [\mathrm{y}] \tag{4.6}$$

となる．もちろんこれらの値は，スターバーストの規模（運動エネルギーの供給量），周囲のガスの密度などに依存する．

銀河風が最終的に銀河間空間まで達するかどうかは，銀河質量（重力ポテンシャル）と銀河風の規模（高温ガスの膨張エネルギー，またはスターバーストによる大質量星の生成量）の大小関係で決まる．実際には，銀河間空間の物理状態（たとえば，重元素量とその組成比）は銀河風の影響を受けていることが観測的に示唆されており，少なくとも一部の銀河風は銀河間空間まで到達している可能性が高い．ただし，すべての銀河風が銀河間空間へ到達する条件を満たすわけではなく，その場合は吹きだしたガスは銀河へと噴水のようにやがて戻ってくると期待される[*11]．

以上は，スターバースト銀河における銀河風についてその機構を説明した．しかしそれ以外にも，銀河核周辺領域に大量の運動エネルギーを供給する活動性があれば，類似の物理過程によって銀河風現象が発生する．実際，活動銀河中心核（AGN，4.3 節参照）にも類似のアウトフロー現象が観測される例がある．AGNの場合は銀河核周囲空間へのエネルギー供給方法が異なるが，その後の高温ガスの膨張とそれに関連した物理過程はスターバースト銀河の場合と基本的に同じであるので，以下ではスターバースト銀河における銀河風についてのみ述べる．

4.2.2 銀河風の観測的特徴

銀河風は 1 万 K 程度の電離ガスや高温プラズマで特徴づけられる．たとえば電離ガスの場合は可視光の分光観測でその性質を調べることができる．しかし，一般に表面輝度が低いため，詳細な観測は近傍の銀河に限られる．そこで，近傍の比較的良く調べられているスターバースト銀河である M 82（ = NGC 3034）と NGC 3079 を例にして，銀河風の観測的特徴を解説する．

[*11] これを銀河噴水（galactic fountain）と呼ぶ．

図 4.1 すばる望遠鏡による，M 82 銀河の画像（口絵 3 参照）．銀河円盤に対して垂直方向に拡がっている構造が，Hα 用狭帯域フィルターで撮られた銀河風の姿である（国立天文台提供）．

M 82

図 4.1 に，近傍の銀河風の典型例として，スターバースト銀河 M 82 の可視光の Hα λ656.3 nm 輝線による画像を示す．ただし，[N II]λ654.8 nm と [N II][*12]λ658.3 nm 輝線の寄与も含まれている．このように銀河風は可視光帯では電離ガスの放射する輝線放射が卓越している．M 82 はほぼ横向きの円盤銀河であるが，銀河風に付随する電離ガスが銀河面と垂直方向に 5 kpc 程度まで広がっていることが分かる[*13]．詳しく見ると，細かく複雑なフィラメント状の構造と，それを取り囲む空間的に滑らかな構造があることが分かる．フィラメント状の成分は，銀河中心核近傍の星生成領域から上下方向に広がる一対の円錐面状

[*12] 127 ページコラム参照．

[*13] M 82 の X 線画像については，図 9.21（右）を参照．銀河風による数百万 K のプラズマの様子が見える．

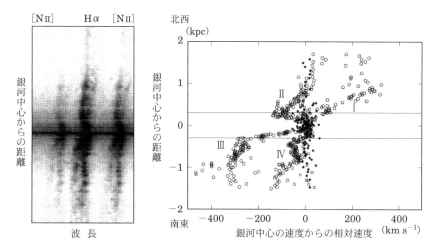

図 4.2 M 82 の銀河風に付随する電離ガスの銀河面に垂直方向の速度場.左図はスペクトルで,Hα および [N II] 輝線を示す.中段で水平な細い帯状に見えるのは銀河中心核の連続光成分.右図は,左図から求めた電離ガスの速度構造である.○は Hα および [N II] 輝線,●は星からの Ca II の吸収線,□は散乱された Hα 成分の速度を示す.銀河風の電離ガスは円錐面状に銀河核付近から吹き出しているため,スリットに沿った各点では運動状態の異なる二つのガス成分が重なって検出されている(McKeith *et al.* 1995, *A&A*, 293, 703).

の構造を持ち,その両脇の円錐面のエッジの部分が特に目立つ.これらの特徴は,この電離ガスからの放射輝線は銀河面と垂直方向に延びた円錐面状の構造の表面から放射されており,我々はそれを横から見て空に投影したものを観測しているとして理解できる[*14].

図 4.2 に,分光観測によって得られた M 82 の銀河風に付随する電離ガスの速度場を示す.左図は,図 4.1 において,銀河風を右上から左下に見るように,分光器のスリットを銀河核を通り銀河円盤と垂直になる方向に向けて撮影したスペクトルである.図の中段付近に銀河核があり,銀河本体の連続光(星成分)が左右に延びて見え,その上下は電離ガスからの Hα および [N II] 輝線が支配的で

[*14] なお,空間的に滑らかに広がっている成分は,おもにスターバースト領域での輝線放射が銀河ハロー内のダストによって散乱されて見えているものである.

ある．銀河面の上下に広がった部分では Hα（および [N II]）輝線は二つのピークを示し，異なる速度場を持つ二つの成分が視線方向に重なって存在していることが分かる．右図は，左図のスペクトルから得られた分光結果を 2 次元のグラフ（横軸は速度，縦軸が空間位置を示す）にしたものである．中心核から 2 kpc までの銀河風の吹き出し部の電離ガスの速度場を詳しく知ることができる．速度場は銀河面の上下でほぼ対称的な構造を持つが，全体として傾いている（南東側が全体として青側の速度を示し，北西側が赤側の速度を示す）．これらの特徴から，銀河風に付随する電離ガスは円錐面状の構造の表面に沿って分布しており，全体として銀河中心核近傍から外部へアウトフローしており，その速度は外側ほど高速であることが分かる．ここで，観測される二つの速度成分は，観測者側（手前側）の円錐面の壁に沿った箇所から放射される成分（青側）と，向こう側（裏側）の壁に沿った箇所から放射される成分（赤側）である．また速度場の全体的な傾きは，銀河風が天球面から少し傾いて存在しており，一方が全体として観測者側に向かう（遠ざかる）側に向いているためと理解できる．

可視輝線スペクトルの輝線強度比を吟味すると，バルマー輝線である Hα や Hβ λ486.1 nm に対して [N II]，[S II] λλ671.6 nm, 673.1 nm, [O I] λ630.0 nm [*15]の各禁制線（4.3 節）の強度が相対的に強いという特徴を示す．これは電離ガスが衝撃波によって加熱励起されている[*16]ためと考えられている．速度構造と合わせて考えると，M 82 の銀河風は全体としてアウトフローしており，その過程で円錐内部の高温ガスと周辺部の銀河ハローのガスとの間で衝撃波が発生し，細かなフィラメント状の構造を作っているのであろう．

スターバースト領域近傍で加熱された高温ガスは，自らが銀河風として吹きだすだけでなく，ピストンとして周辺の冷たいガスを押し出したり引きずりあげたりする．図4.3 は，M 82 のスターバースト領域近傍の CO 輝線（分子ガスの分布を示す代表的分子輝線）の分布を示している．CO 輝線はちょうど Hα の示す円錐面状構造に沿って銀河円盤面の上下方向へ広がって分布しており，1 kpc 以上の高さにまで達している．銀河核近傍から円盤の垂直方向に沿った分子ガスの

[*15] 127 ページコラム参照．

[*16] 実際は，スターバースト領域から供給される電離光子による光電離も行われるので，衝撃波による加熱励起と光電離のスペクトルの中間的な特徴を持つ．

4.2 銀河風

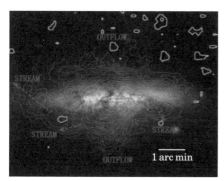
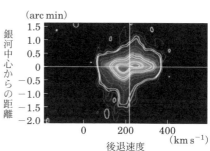

図 4.3 （左）M 82 における分子ガスの分布．CO ($J = 1$–0) 輝線の強度分布（全速度幅にわたって積分したもの）を，HST による可視 3 色画像の上に等強度線を重ねて示してある．図の中央を左右に銀河円盤が延び，中心部のスターバースト領域から円盤の垂直方向（図の上下方向）に銀河風が吹いている（この図は銀河円盤が水平方向になるように描かれている．そのため，図 4.1 と比較するときは注意が必要である）．CO 輝線は，銀河円盤上だけでなくその垂直方向にも広がって分布しており，銀河風に付随する電離ガスからの Hα 輝線（赤色画像）の分布とよい相関を示す．なお，M 82 には銀河円盤や銀河風以外に，「ストリーム」と呼ばれる大規模構造（過去に M 82 が同一グループに属する M81 と強い銀河間重力相互作用を及ぼし合ったときの潮汐力で作られた構造）にも分子ガスが付随しているが，この全速度幅を積分した強度分布図上では判別は容易ではない．（右）M 82 の分子ガスの銀河面垂直方向に沿った速度場．図 4.2 で示した電離ガスの速度場に相当するように，左図から銀河核付近を通って銀河円盤面と垂直方向に伸びる幅の狭い領域のみを切り出して，そこでの CO ($J = 1$–0) 輝線の速度毎の強度分布を示したものである（ただし図 4.2 と異なり，銀河中心の速度（図中の白縦線）からの相対速度ではないことに注意が必要）．銀河円盤面近傍ではスターバーストに付随する分子ガスが支配的だが，銀河円盤面から垂直方向に広がった領域では分子ガスがおもに 2 つの速度成分を示す．この特徴は電離ガスのもの（図 4.2）と類似しており，これらの分子ガスが銀河風に付随していることが示唆される（Salak et al. 2013, PASJ, 65, 66）．

速度分布は，Hα のもの（図 4.2）と大変よく一致しており，この広がった分子ガスが銀河風に付随していることが示される．また M 82 では，暖められたダストから放射される赤外線やサブミリ波は，銀河面内だけでなくその上下の銀河面外でも検出されており，分子ガスとともにそこに含まれるダストも銀河風とともに吹きだしていると考えられる．このように，銀河風現象では高温ガスだけでなく，冷たいガスのアウトフローが同時に発生しているのである．

NGC 3079

スターバースト周辺領域で星風や超新星爆発に伴う衝撃波で加熱されたガスは 10^8 K 程度の高温となり，熱的硬 X 線を放射する．ガスの泡が膨張すると，膨張の効果によってガスの温度は 10^6–10^7 K まで下がり，熱的軟 X 線を放射するようになる．また，銀河風が銀河核周辺部や銀河ハローのガスと衝突して発生する衝撃波でもガスは 10^6 K 程度に加熱され，これも熱的軟 X 線を放射する．実際に銀河風では空間的に広がった軟 X 線放射がよく観測されるが，それがどちらの成分からの軟 X 線放射なのかについては，最近の高感度・高角分解の X 線撮像観測によって初めて分かるようになった．

図 4.4 は，NGC 3079 のスーパーバブルの Hα と軟 X 線像である．NGC 3079 はほぼ横向きの円盤銀河であり，その中心核近傍から銀河円盤の上方向に 1 kpc ほどの電離ガスの泡状構造，すなわちスーパーバブルが存在することが知られている．Hα 輝線は銀河核周辺部から銀河面と垂直方向に延びるフィラメント状の構造に沿って分布しており，その可視スペクトルは衝撃波による加熱励起に特有な輝線強度比を示すので，M 82 の場合と同様に膨張するスーパーバブル表面で発生した衝撃波に起因するものと考えられる．一方，同様の構造はチャンドラ衛星による軟 X 線画像にも存在し，Hα フィラメントと空間的に非常によい対応関係を示すことが明らかになった．この事実は，スーパーバブルからの軟 X 線放射は，スターバースト領域で加熱されて膨張してきた高温ガス起源の軟 X 線放射よりも，スーパーバブル表面で発生する衝撃波に起因する成分が強いことを示している．

4.2.3 銀河風の及ぼす影響

これまで見てきたとおり，銀河風現象はエネルギー的にも大きさ的にも大規模なので，銀河本体や銀河間空間の進化に大きな影響を与える．ここでは，その影

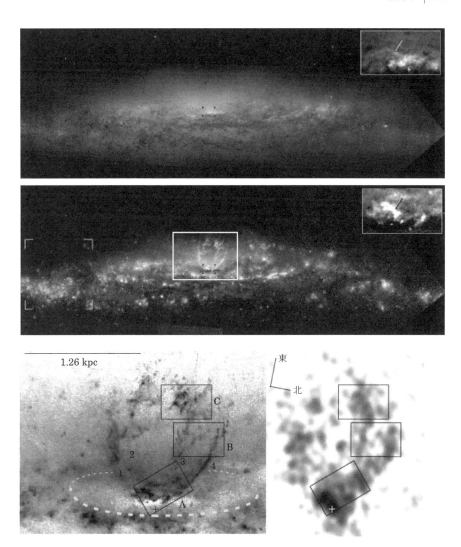

図 4.4 NGC 3079 銀河のスーパーバブルの Hα 輝線と X 線で見た構造の比較．上図と中段の図は，NGC 3079 銀河の全体図である．上図は I バンドフィルター，中段図は Hα フィルターで得られたもの．下段左図は，中段図の中央付近の枠の中を拡大した図で，銀河中央部（図中央下部の十字印）から上部に向かって泡状の輝線構造が延びているが，詳しく見ると泡はいくつかの筋状の構造を示すことが分かる．下段右図は，同じ領域を軟 X 線で見たもので，Hα 輝線と同様の筋状構造を示すことが分かる (Cecil et al. 2001, ApJ, 555, 33; Cecil et al. 2002, ApJ, 576, 745)．

響によると考えられる二つの例について解説する.

銀河の進化に及ぼす影響

銀河風は，宇宙初期の銀河の形成期においても重要な役割を果たす．銀河は，その形成期にスターバーストが発生し，大量の星を作ったと考えられている．このときの星生成の結果生じる銀河風は強力で，銀河風が吹くと分子ガスはすべて系外へ吹き飛ばされてしまい，星生成活動は強制的に停止される．星生成が続いている間，重元素は大質量星内部で作られ，星風や超新星爆発によって外部の星周空間に放出される．外部に放出される重元素の量は大質量星の総生成量に比例するが，それは単位時間あたりの星の生成率と星生成が行われた期間の積で決まる．このうち後者は，スターバースト開始から銀河風活動によって星生成活動が停止するまでの時間である．銀河風は膨張する高温ガスのエネルギーが銀河の重力ポテンシャルを越えた時刻に吹きだすため，星生成が行われる期間は（星生成率が同じ場合は）銀河の重力ポテンシャルで決まる．すなわち，重たい銀河ほど星生成は長時間継続でき，重元素の合成とその放出をより長い期間にわたって行えると期待できる．

楕円銀河は宇宙初期の爆発的星生成活動によって誕生し，その後はほとんど星生成を起こしていないものが多いと考えられる．すなわち，現在の楕円銀河を構成する星は，銀河の誕生期に生まれてそのまま現在まで進化を続けてきたものが大半である．よって，楕円銀河全体の特徴は，その誕生期にほぼ決定されたと考えられる．近傍の楕円銀河は明るいものほど色が赤くなるという「色–等級関係」を示し，明るく巨大な銀河ほど重元素量が大きいという特徴をもつことが知られている（9.1 節参照）．この関係のもっともよく知られた解釈は銀河風モデルと呼ばれており，銀河形成期に放出される重元素量の総量が星生成活動が停止する時刻 = 銀河風が吹く時刻 によって決定される，という原理を利用している．すなわち，明るい銀河は重たく重力ポテンシャルが深いため，銀河風にそこから吹きだせるほどのエネルギーを与えるにはより長い期間星生成を行う必要があり，その間により多くの重元素量を周囲に供給できたと考えられている．

銀河間空間の進化に及ぼす影響

大質量星の内部で作られた重元素は星風や超新星爆発によって星周空間に供給され，高温ガスの膨張とともに銀河ハローやさらに外側の銀河間空間にまで輸送

される．スターバースト領域周辺から運び出された冷たいガスやダストも，同様に外周部へと運ばれる．すなわち，銀河風は銀河中心部近傍で起きた進化を銀河ハローや銀河間空間に伝播するベルトコンベアーとしての役割を果たし，銀河間空間の化学進化の原動力となる．

　X 線の観測により，銀河団には 10^7 K 程度の高温ガスが存在することが知られている（7.3 節および 8.1 節）．スペクトル観測の結果，その高温ガスには太陽の約 1/3（Fe で測定）もの重元素量が含まれていることが分かっている．その起源としては，重元素組成比が II 型超新星爆発での放出物に近いことから，銀河団に所属している銀河のスターバースト領域で発生した超新星爆発による放出物が銀河風によって銀河団空間に輸送されている可能性が示唆されている．また，銀河団空間の加熱が銀河風によってもたらされている可能性も指摘されている．

4.3　活動銀河中心核

　銀河の中には，銀河中心核（単に，銀河核という場合もある）と呼ばれる銀河中心部の非常に狭い領域から銀河全体を凌駕するようなエネルギーを放射しているものがある．しかもその放射は可視光にとどまらず，赤外線から電波といった低エネルギー領域，さらに紫外線から X 線，場合によってはガンマ線にいたる高エネルギー領域まで，非常に広い波長域にわたる．このような激しい活動性を示す銀河中心部領域は活動銀河中心核（AGN; Active Galactic Nuclei）または活動銀河核と呼ばれ，AGN が起こすさまざまな活動現象は AGN 現象と呼ばれる．

　AGN はその名の通り，通常は銀河核部分のみの活動性を指している．AGN を持つ銀河本体は，その AGN に対する母銀河またはホスト銀河と呼ばれる．AGN にはさまざまなタイプがあるが，基本的には銀河核に存在する巨大ブラックホールに由来する活動性であると理解されている．AGN を統一的に説明するモデルはまだないが，統一モデルに肉薄してきていることも確かである．本節では，まず，さまざまなタイプの AGN を紹介する．次に，AGN の顕著な特徴の一つである電波ジェットを紹介し，最後に AGN の統一モデルの現状を解説する．

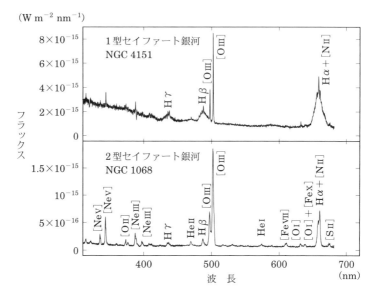

図 4.5 1型セイファート銀河 NGC 4151（上図）と 2 型セイファート銀河 NGC 1068（下図）の可視光スペクトル（ハッブル宇宙望遠鏡のアーカイブデータより作成）．

4.3.1 セイファート銀河

AGN を持つ銀河の一種がセイファート銀河であり，1943 年，セイファート（C. Seyfert）により明るい核を持ち通常の銀河とは明らかに異なった可視スペクトルを示す銀河として発見された．特徴的なのは，可視光から紫外線領域にわたる青い連続光スペクトルと，電離ガス（プラズマ）から生じるさまざまな原子・イオンによる輝線スペクトルが見られることである．セイファート銀河は渦巻銀河，特に Sa や Sb の早期型渦巻銀河であることが多いが，S0 銀河や楕円銀河であるものも存在する．

セイファート銀河の電離ガス輝線スペクトルを詳しく見ると（図 4.5），半値幅が数 $1000\,\mathrm{km\,s^{-1}}$，ときには 1 万 $\mathrm{km\,s^{-1}}$ を超える非常に幅の広い輝線が見られるものと，数 $100\,\mathrm{km\,s^{-1}}$ の幅の輝線しか見られないものがある．1974 年，カチキアン（E. Khachikian）とウィードマン（D. Weedman）は，前者を 1 型セイファート銀河，後者を 2 型セイファート銀河と分類した．

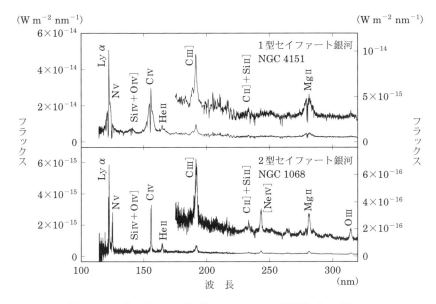

図 4.6 1型セイファート銀河 NGC 4151（上図）と2型セイファート銀河 NGC 1068（下図）の紫外線スペクトル．190 nm から 320 nm の範囲は拡大したスペクトルを重ねて表示している（右側の縦軸参照）（ハッブル宇宙望遠鏡と国際紫外線衛星のアーカイブデータより作成）．

1型セイファート銀河において幅が広く観測される輝線としては，可視域では許容線（コラム参照）である水素再結合線やヘリウムの再結合線がある．特に水素のバルマー系列輝線である $H\alpha$ $\lambda 656.3$ nm と $H\beta$ $\lambda 486.1$ nm が顕著である．紫外域では $Ly\alpha$ $\lambda 121.6$ nm などのライマン系列水素再結合線や電離ヘリウム再結合線 He II $\lambda 164.0$ nm が観測される．さらに，重元素イオンの輝線として N V, C IV, C III], Mg II などの許容線や半禁制線（コラム参照）が見られる．これらの可視・紫外域で見られる許容線や半禁制線は，1型セイファート銀河では幅が広いのに対し，2型においては幅の狭い輝線として観測される．

一方，重元素イオンの禁制線（コラム参照）は1型と2型どちらにおいても幅の狭い輝線としてのみ観測される．可視域でしばしば観測される禁制線としては，[O II] $\lambda\lambda 372.6$, 372.9 nm, [O III] $\lambda\lambda 495.9$, 500.7 nm, [N II] $\lambda\lambda 654.8$, 658.3 nm, [S II] $\lambda\lambda 671.7$, 673.1 nm などがある．さらに中性重元素輝線である

[O I] や [N I] が見られると同時に，電離度が非常に高い [Ne V]，[Fe VII]，[Fe X] などの輝線も観測される．

　1 型と 2 型の区別は幅の広い許容線の有無によって分類するのが一般的である．ただし，許容線の輝線スペクトルをよく見ると幅の広い成分と狭い成分が同時に見えているものが存在する．このようなセイファート銀河を特に区別して 1.5 型と呼ぶことがあるが，幅の広い許容線が見えていることから 1 型の一種である．また，幅広い成分の強度に時間変化が見られることがしばしばある．そのような変化が大きい場合には，1 型であったセイファート銀河の幅広い成分がまれに消失し，ほぼ 2 型のスペクトルを示すような変化を見せる天体も存在する．

　より長波長の近赤外線，遠赤外線，サブミリ波，電波域でも原子やイオンからの輝線は見られるが，波長が長くなるほど分子から放射される輝線が際立ってくる．近赤外線には水素分子 H_2 の回転振動遷移輝線が存在し，電波域では一酸化炭素分子 CO の回転遷移輝線が観測される．H_2O や OH のメーザー線も電波域に見られる．高エネルギー領域では，イオンの特性 X 線が軟 X 線や硬 X 線領域に存在し，特に 6.4 keV の Fe-$K\alpha$ 線がしばしば強く観測される（第 8 巻 2 章）．このようにセイファート銀河のスペクトルでは分子，中性原子から高電離イオンまでさまざまな輝線が広い波長域にわたって見られることが特徴的である．

　1 型セイファート銀河の中心核連続光は可視・紫外線から X 線領域にまでわたり，おもに星からの放射が連続光を担う普通の銀河に比べて非常に青い．さらにこの連続光は数日から数か月でその明るさに変化を見せることが多い．この変光には特徴的な周期がなく，小さな変動が頻繁にみられるのに対し，大きな変動はまれに起き，ゆらぎの性質を持っている．また，この青い連続光には偏光した成分が観測され，偏光度の高いもので 2–3% になる．1 型セイファート銀河の中心核は近赤外線から遠赤外線域でも強い放射をしているが，サブミリ波領域から電波域にかけて急激に強度が弱まり電波放射は弱い．

　1 型セイファート銀河の中心核連続光の光度は 10^{35} W から 10^{37} W であり，明るいものでは銀河全体の光度に匹敵するエネルギーを中心核から放射している．中心核から放射される強い紫外・X 線は周囲のガスを電離し，この光電離したガス領域から先に見たさまざまなイオンの輝線が放出される．2 型では 1 型のような青い連続光は弱く，母銀河の星の成分に紛れてしまう．しかしながら，輝

線光度で比較すると 1 型と 2 型に大きな差はないため，2 型も 1 型と同様に大きなエネルギーを放出していると考えるのが妥当である．

許容線と禁制線

H II 領域や惑星状星雲，活動銀河核など電離ガス領域に見られる多種多様なスペクトル線を表すために，元素記号のあとにローマ数字で電離度を表示したイオン記号が用いられる．1.2 節でも述べたが，電離度は I が中性で，II, III, IV, $\cdots$ がそれぞれ 1 階電離，2 階電離，3 階電離，$\cdots$ を表す．波長を指定する場合はイオン記号のあとに波長を意味する λ に続けて波長を書く．波長の単位が指定されていない場合は慣習的に Å が省略されている．たとえば，He I λ587.6 nm や He II λ4686（Å を省略）と表す．水素原子の場合は，主量子数 $n = 1$ と $n = 2$, 3, 4, $\cdots$ の準位間の遷移にともなうスペクトル線をそれぞれ，Lyα, Lyβ, Lyγ, $\cdots$（ライマン系列），$n = 2$ と $n = 3, 4, 5, \cdots$ の準位間ではそれぞれ，Hα, Hβ, Hγ, $\cdots$（バルマー系列）と特別な名称で呼ぶ．ライマン系列は紫外線域に，バルマー系列は可視光域に現れるスペクトル線である．さらにより高準位間遷移の系列としてパッシェン系列，ブラケット系列，プント系列が近赤外線から中間赤外線域に存在する．

エネルギー準位間の遷移には一定の規則，選択律（選択則）があり，遷移にともなう放射過程と関係がある．たとえば電気双極子放射に対する選択律は，遷移の前後での量子数の変化について，

(1) $\Delta l = \pm 1$（l は遷移電子の軌道角運動量量子数）

(2) $\Delta m = 0, \pm 1$（m は遷移電子の磁気量子数）

(3) $\Delta J = 0, \pm 1$（ただし，$J = 0$ から $J = 0$ の遷移は除く．J は合成全角運動量量子数）

の条件を満たさなくてはいけない．また，多電子系のスピン軌道相互作用が厳密に LS 結合（ラッセル-ソーンダース結合）に従っていればさらに

(4) $\Delta L = 0, \pm 1$（L は合成軌道角運動量量子数）

(5) $\Delta S = 0$（S は合成スピン量子数）

を満たす必要がある．この選択律を満たす準位間の遷移によって電気双極子放射される輝線を許容線という．おもな許容線の自然遷移確率は 10^5–$10^8 \, \mathrm{s}^{-1}$ である．

電気双極子放射による遷移が禁止されている準位間でも，磁気双極子放射や電気 4 重極子放射による遷移が可能なことがある．これらの放射に対してもそれぞ

れ別の選択律が存在するが，電気双極子放射が禁止されているため禁制線と呼ばれる．禁制線の自然遷移確率は許容線に比べて小さく 10^{-4}–$10^{-2}\,\mathrm{s}^{-1}$ 程度にすぎない．しかし低密度な環境にある星間ガスにおいて，禁制線はガスの冷却に大きく寄与するスペクトル線であり，電離ガス雲のエネルギー収支に重要な役割をはたしている（第 6 巻 4 章および第 15 巻 4 章参照）．禁制線を許容線と区別して表すためにイオン記号を [ ] で囲い，たとえば [O III] $\lambda500.7\,\mathrm{nm}$ のように表す．多重項を持つ準位間の遷移の場合はわずかに異なる波長に複数のスペクトル線が存在する．このようなときにまとめて [O III] $\lambda\lambda495.9, 500.7\,\mathrm{nm}$ と複数の波長をならべて表すことがある．

　許容線と禁制線の中間的な遷移確率で放射される半禁制線と呼ばれるスペクトル線も存在する．半禁制線は電気双極子放射であるが $\Delta S = \pm1$ の変化をともなう遷移によるものであり，LS 結合のもとでの電気双極子放射に対する選択律を満たしていない．LS 結合は近似にすぎず現実の多電子原子は LS 結合に厳密には従っていないためである．半禁制線の遷移確率は 10^2–$10^3\,\mathrm{s}^{-1}$ のオーダーとなっている．半禁制線の場合はイオン記号のあとに] をつけ，C III] $\lambda\lambda190.7, 190.9\,\mathrm{nm}$ のように表す．

4.3.2　電波銀河

　電波の弱いセイファート銀河に対して，電波を強く放射している AGN が電波銀河である．同程度の可視光光度を持つセイファート銀河に比べ電波銀河は 100 倍から 1000 倍も強い電波を放射している．しかし，電波強度以外のスペクトルの特徴はほぼセイファート銀河と同じである．赤外線から，可視光，紫外線，X 線と広い波長領域にわたり連続光を放射しており，また輝線スペクトルは再結合線の幅からセイファート銀河と同様に 1 型と 2 型に分けることができる．1 型電波銀河を広輝線電波銀河，そして 2 型電波銀河を狭輝線電波銀河と呼ぶ．セイファート銀河の特徴と大きく異なる点としては電波銀河のほとんどが楕円銀河であることである．さらに電波銀河で特徴的なのは，可視光で見えている銀河本体のスケールをはるかに超える大きさを持つ電波ジェットや電波ローブと呼ばれる構造が見られることである．また，中心核に対応したコアという点状の電波構造も見られる．これらの構造については 4.4 節で詳しく述べる．

4.3.3 クェーサー

セイファート銀河や電波銀河よりさらに明るい AGN がクェーサーである．クェーサーはもともと電波源として発見された．当時の電波観測では位置決定精度が低く電波源の対応天体を決めることは困難な作業であった．1962 年，ハザード（C. Hazard）はそのような未同定電波源の一つ 3C 273 について，月による掩蔽を利用して 13 等の星のように見える天体が電波源であると同定した．同年，シュミット（M. Schmidt）はこの 3C 273 の可視光分光観測を行ったところ，幅の広い水素のバルマー系列の輝線が存在し普通の星とは異なったスペクトルを示していた．驚くべきことに輝線の観測波長は長波長側に移動しており，赤方偏移（5.1 節参照）で $z = 0.158$ という大きな値であった．明らかに銀河系内の星ではなく銀河系外天体である．求められた赤方偏移にハッブルの法則を適用し，見積もった光度距離（5.2 節参照）を使って絶対等級を求めると -27 等にも達することが分かった．もっとも明るい銀河でも，銀河全体の光度は絶対等級にして -23 等程度である．3C 273 は中心核が非常に明るいため母銀河が見えず，ほぼ点光源の星のように見えているのである．

同様な電波源対応天体はその後続々と発見されていった．このような天体は，空間分解できないような恒星状に見える電波天体という意味の Quasi-Stellar Radio Source が簡略化されて，クェーサー（quasar）と呼ばれるようになった．クェーサーは電波源として発見されたが，可視光・紫外線の探査により電波を強く放射していないクェーサーがその後多数発見された．このような電波の弱いクェーサーは Quasi-Stellar Object（QSO）と呼ばれたが，現在では電波強度にかかわらずすべてクェーサーと呼び，区別が必要な場合には，電波の強いクェーサーまたは電波の弱いクェーサーと呼ぶことが一般的である．クェーサーのうち電波の弱いクェーサーの割合は約 90% で多数を占めている．

クェーサーのスペクトルは 1 型セイファート銀河もしくは広輝線電波銀河とよく似ており，違いは中心核が非常に明るく母銀河が見えないことだけである．しかし，観測技術の進歩により高空間分解能撮像観測が可能になったことでクェーサーの母銀河が検出されるようなってきた．特に 1990 年代に入ってからのハッブル宇宙望遠鏡の活躍により多くのクェーサーの母銀河が観測されるようになると，クェーサーが渦巻銀河や楕円銀河の中心部に存在し，セイファート銀河や電

波銀河と変わらないことがはっきりしてきた．したがって中心核のみ見えているということ自体にクェーサーの性質を表す本質的な意味はない．1983年にシュミットとグリーン（R.F. Green）は母銀河が見えるかどうかに関わらず中心核のBバンド絶対等級が -23 等（Bバンド光度でおよそ 10^{37} W）より明るいものをクェーサーと分類することを提案している（ただし，この定義も厳密に適用されているわけではないので注意が必要である）．電波の強弱に関わらずクェーサーのほとんどが1型であり，すなわちそのスペクトル中に幅の広い輝線が見られるものが大多数である．セイファート銀河では輝線光度が大きいほど1型が2型より多い傾向にあるが，さらに光度の大きいクェーサーではこの傾向が顕著になっている．

　クェーサーは光度が大きいので遠方宇宙にあっても発見することができるためさまざまな探査が行われてきた．特に，可視光での撮像分光探査であるスローンデジタルスカイサーベイ（SDSS; Sloan Digital Sky Survey）では，赤方偏移 z が6を越える遠方まで，膨大な数のクェーサーが発見されてきた[*17]．また，さらに遠方のクェーサーの発見を目指し近赤外線での探査が精力的に行なわれている[*18]．これらの探査で見つかった多数のクェーサーは，近傍から最遠方まで光度関数を調べクェーサーの進化を探ったり，強大なクェーサーの紫外光を背景にしてその手前にある物質をスペクトル中の吸収線で探し出すための手段として利用できる．

　クェーサーまでの視線上に銀河が存在すると，銀河中の水素や重元素によりクェーサーの連続光が吸収され，その銀河の赤方偏移に対応した波長に吸収線が生じる．この吸収線をたよりに高赤方偏移の銀河を発見することができる．また，銀河間空間に中性ガスが満遍なく存在すればクェーサーの連続スペクトル上に中性水素の Lyα 吸収が連続的に生じる．したがって，クェーサー自身が放つ Lyα 輝線の短波長側と長波長側で連続光強度を比較することで銀河間空間に存在する中性水素の量を見積もることができる．このようにして銀河間空間の電離状態を調べる方法をガン－ピーターソン（Gunn-Peterson）検定といい，宇宙の電離状態の進化の研究にクェーサーが利用されている（第3巻を参照）．

[*17] 2018年に発表された SDSS のクェーサーカタログには 526356 個が収められている．

[*18] 2018年1月時点で見つかっている最遠方のクェーサーは赤方偏移 $z = 7.54$ である．

クェーサーもセイファート銀河と同様にその連続光は変光および偏光を示すものが多い．ただし，変光が見えるタイムスケールはセイファート銀河に比べ長い．赤方偏移 z が大きいものは時間変化が $(1+z)$ 倍に引き伸ばされて観測される効果が加わるが，それを補正しても数か月から数年にもなり，光度が大きいものほど変光のタイムスケールが長い傾向にあるためである．例外として，とかげ座 BL 型天体と呼ばれるクェーサーの一種においては，1 日以下の短いタイムスケールで大きな連続光の変光が起きる．さらに，とかげ座 BL 型天体の連続光には偏光度が数％もの強い直線偏光成分が検出され，20％を超えることもある．連続光スペクトル分布が赤外線から X 線にいたる幅広い領域で後述するべき乗則によく一致し，シンクロトロン放射の特徴が強く現れている．また，スペクトル中に輝線がほとんど見えない点が通常のクェーサーと大きく異なっている．

とかげ座 BL 型天体によく似た天体として，激しい変光を見せる可視激変光クェーサー（OVV quasar; optical violently variable quasar）や連続光の偏光が強い高偏光クェーサーがあり，これらはスペクトル中に輝線が見える．とかげ座 BL 型天体，可視激変光クェーサー，および高偏光クェーサーをまとめてブレーザーと呼んでいる[*19]．

4.3.4 ライナー

クェーサーとは逆に中心核の光度が低く，母銀河に埋もれてしまっている AGN が存在する．そのような低光度 AGN が認識されたのは 1980 年のことである．ヘックマン（T.M. Heckman）は，[N II] λ658.3 nm や [O I] λ630.0 nm といった電離度の低い輝線が通常の星生成銀河に比べ強いものの，[O III] λ500.7 nm など電離度の高い輝線はセイファート銀河に比べ弱いスペクトルを示す銀河に着目した．輝線の幅は数 100 km s^{-1} 以上あり，セイファート銀河のような AGN の特徴を示す．ヘックマンはこのような銀河を，低電離中心核輝線領域の頭文字をとりライナー（LINER; Low-Ionization Nuclear Emission-line Regions）と名づけた．

ホー（L.C. Ho）の分光探査では近傍銀河の 20％から 30％がライナーであることが分かっている．ライナーの大部分はセイファート銀河に比べて低光度な

[*19] この名称は単に呼びやすいことで名付けられたものであり，物理的な意味はない．

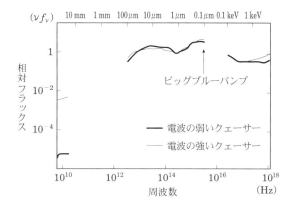

図 4.7 電波の強いクェーサーと電波の弱いクェーサーのスペクトルエネルギー分布（Elvis et al. 1994, ApJS, 95, 1 の図を改変）.

AGN であるが，輝線スペクトルの特徴で分類されるため光度の大きいものも存在する．逆にセイファート銀河でも低光度なものが多数発見されている．

4.3.5 AGN のスペクトルエネルギー分布

1 型セイファート銀河やクェーサーの連続光スペクトルは普通の銀河よりも短波長が長波長に比べて強い，「青い」連続光を示す（図 4.7）．この連続光は放射強度密度（f_ν）が周波数（ν）のべき乗に比例するパワーロー関数（べき乗則），すなわち $f_\nu \propto \nu^\alpha$ で近似することができる．べき指数である α をスペクトルインデックスといい，α が大きいほどより高周波でフラックスが大きく，このような連続スペクトルは「青い」，「フラット」，「ハード」などと表現される．一方，α の小さいスペクトルは「赤い」，「スティープ」，「ソフト」などといわれる．近赤外線から X 線にかけて α は平均的にほぼ -1 である．すなわち，νf_ν がほぼ一定で，広い波長域にわたって放射エネルギーの変わらない連続スペクトルとなっている．

図 4.7 をより詳しく見ると，近赤外線から可視光，そして紫外線域にかけては α が -0.3 から -0.7 で νf_ν が増加するスペクトルとなっている．さらにエネルギーの高い軟 X 線域では減少に転じており，観測不可能な極端紫外線域にピークがあるスペクトルエネルギー分布を示す．この紫外線域の盛り上がりをビッグ

ブルーバンプと呼ぶ．高エネルギー領域では ν と f_ν の代わりにそれぞれエネルギー（$E \equiv h\nu$）と検出光子数（$N \propto f_\nu/E$）を用いることが多く，べき乗則は $N \propto E^{-\Gamma}$ と表現される．ここで Γ ($= 1 - \alpha$) を光子インデックスという．$0.1\,\mathrm{keV}$ から $2\,\mathrm{keV}$ の軟 X 線領域では高エネルギー側に向かって Γ が 2 から 3 で放射エネルギーが落ちる．なかには軟 X 線での傾きが非常に急で，硬 X 線に比べ軟 X 線を強く出している軟 X 線超過を示す天体も存在する．$2\,\mathrm{keV}$ を超える硬 X 線領域では Γ が約 1.9 となり，νf_ν でやや増加するスペクトルで高エネルギー側へ伸び，$150\,\mathrm{keV}$ から $200\,\mathrm{keV}$ あたりのカットオフで急激に放射が消失する．

長波長側では，近赤外線で極小となった後，遠赤外線に向かって再び増加し数 $10\,\mu\mathrm{m}$ から $100\,\mu\mathrm{m}$ のあたりでピークとなる．この遠赤外線の放射は中心核光に温められたダストからの熱放射と考えられている．セイファート銀河や電波の弱いクェーサーではこのピークの長波長側にあたるサブミリ波領域で急激に放射エネルギーが落ちるが，電波銀河や電波の強いクェーサーではこの減少が再び緩やかになり電波領域まで電磁波を強く放射している．電波の強いクェーサーでは，数 GHz の周波数帯で α が -0.5 より小さい天体が多い．これらはスティープスペクトルクェーサーと呼ばれており，その電波放射はローブ起源（4.4 節参照）である．まれに α が -0.5 より平ら（フラット）なスペクトルを持つ天体があり，フラットスペクトルクェーサーと呼ばれる．それらはコアからの放射が卓越したブレーザーである．

2 型セイファート銀河の可視光・紫外線スペクトルは中心核領域のみの観測を行っても母銀河の影響が大きく，1 型に比べて青い連続光成分はかなり弱い．2 型の X 線スペクトルは，硬 X 線領域では 1 型のべき乗則に近いスペクトルを示すが，エネルギーの低い軟 X 線領域に近づくにつれフラックスが急激に減少する．この 2 型の X 線スペクトルは，1 型の X 線スペクトルが手前にあるガスによって吸収を受けているとすると説明がつく．2 型セイファート銀河では水素の柱密度で $10^{23}\,\mathrm{cm}^{-2}$ 相当のガスによって吸収を受けていると見積もられている．

このように，2 型 AGN には視線上に何らかの吸収体が存在していることが明らかで，吸収の影響を受けやすい可視・紫外線域では必ずしも光度が大きくない．クェーサーのほとんどが 1 型であるのは，可視・紫外線の探査では遠方の 2

型 AGN の発見が困難であったためである．実際に，クェーサー光度に匹敵する遠赤外線を放射する超光度遠赤外線銀河（4.1.3 節参照）が存在するが，その中には AGN の活動性を示すものも多数発見されている．また，X 線探査によって X 線光度がクェーサーと呼べるものが見つかっている．これらの中には幅の狭い輝線のみ見られる天体があり，2 型クェーサーであると考えられている．

4.4　電波ジェットと電波ローブ

電波銀河を電波で観測するとコア，ジェット，およびローブと呼ばれる構造が見られる．可視光や紫外線で明るい AGN 中心部は，電波ではコアと呼ばれるほぼ点状の電波源として見える．そのコアを根元にして直線状の構造が数 10 kpc から，ときには数 Mpc も伸びている．これは電波ジェットと呼ばれ，電波銀河の AGN から光速度に近い速度で双極的に放出されるプラズマ[20]の噴流である．特に電波で明るく見えることからこう呼ばれているが，実際には，可視光，X 線やガンマ線など高エネルギーの放射も検出されている．電波ジェットの先にはプラズマの流れが銀河間ガスでせき止められ風船状に膨らんだ電波ローブと呼ばれる構造が存在する．

図 4.8 は，さまざまなスケールでみた電波銀河はくちょう座 A の画像を組み合わせたものである．全体像は（a）に示すように，100 kpc にもわたって広がる二つ目玉構造のローブが特徴的である．その二つのローブをつなぐ筋状の部分を拡大したものが（b）で，この細長い筋がジェットである．二つのジェットの中間に位置する点状電波源がコアであり，両方のジェットはここを源に噴出している．電波ジェットの他の例として口絵 4 も参照されたい．

多くの電波銀河では，コアを中心に明るい二つのローブが対称的に存在しているが，ローブの形状によって二つのタイプに分類されている．ローブの付け根であるコアと接続するあたりで明るく，外側に向かって暗くなる FR I 型，およびローブの外側のふちが明るく，そのふちにはホットスポットと呼ばれる明るく輝く点が見られる FR II 型がある[21]．FR I 型と FR II 型では電波強度が系統的

---

[20] 電子と陽子からなる普通のプラズマではなく，電子と陽電子からなるペアプラズマであることが示唆されている．

[21] FR とは，この分類を行った研究者ファナロフ（B.L. Fanaroff）とライリー（J.M. Riley）の名前にちなんで付けられたものである．

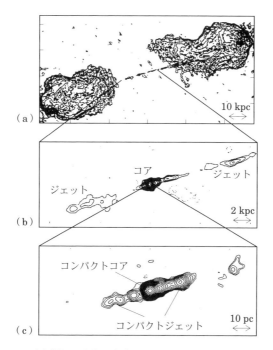

図 **4.8** 電波銀河はくちょう座 A の電波ジェットと電波ローブ. (a) に比べ (c) では解像度を 1000 倍高くしている (Carilli & Barthel 1996, *A&AR*, 7, 1 の図を改変).

に異なり，178 MHz での強度について 2×10^{25} W Hz^{-1} を境に FR I 型は暗く，FR II 型は明るい．また，電波銀河とは異なり，まれにローブよりもコアからの電波が非常に強い電波天体が存在する．これらはコア卓越型電波源と呼ばれ，一方に伸びたジェットが観測される．電波スペクトルからはフラットスペクトル電波源に分類され，また可視での特徴から可視激変光天体やとかげ座 BL 型天体に分類される．

ローブから放射される大量のエネルギーはジェットによってコアからときに ~ 1 Mpc ものスケールにわたって運ばれたものであり，ジェットは AGN におけるエネルギーの大動脈である．図 4.8 (c) は，ミリ秒角というきわめて高い解像度を実現する VLBI（コラム参照）という手法を用いて，コア領域をクローズアップして見たものである．これまで見えていたコアが，さらにコンパクトな

ジェットとコアとに分解され，あたかも入れ子細工のような様相を呈している．このコンパクトなジェットの向きは，より大きなスケールのジェットとほぼ同じ向きである．このような方向性の維持と強い絞り込みのメカニズムには，磁場が関わっていると考えられる．一方，コンパクトなコアの中心部には，太陽の100万倍から10億倍の質量を持つ巨大ブラックホールが存在しており，ジェットやAGN活動性のエネルギーの源と考えられているが，その形成過程や周辺の物理状態はまだ十分理解されていない．

電波干渉計の原理と VLBI

望遠鏡の解像度は，$\theta \sim \lambda/d$ と表せる（λ は観測波長，d は望遠鏡の口径）．電波は可視光に比べ波長がおよそ1万倍も長いので，可視光と同じ解像度を得ようと思ったら，光学望遠鏡より口径を1万倍大きくしなくてはならないが，そんな望遠鏡を作ることはできない．ところが，電波望遠鏡の場合は，天体からの電磁波を波として受信することが容易なため，「干渉計」という方式の望遠鏡を作ることができる．すなわち，距離 D だけ離れた二つの電波望遠鏡で同じ天体を同時に観測し，得られた天体電波を干渉させることで，口径が D に相当する望遠鏡で観測したのと同じ解像度を得ることができる（すなわち $\theta \sim \lambda/D$）．なお，この技術を開発したライル（M. Ryle）は1974年，ノーベル物理学賞を受賞している．

電波望遠鏡群を大陸間にわたり何1000 km も離して配置し，D を非常に大きくすることで超高解像度を得ようとするのが VLBI（Very Long Baseline Interferometry）である．VLBI を用いれば，可視光の口径10 m 級の望遠鏡よりも100倍も高い解像度を得ることができる．これにより，現在では電波望遠鏡が，すべての電磁波の望遠鏡の中でもっとも解像度が高い観測ができる望遠鏡になっている．

この VLBI の究極とも言えるものが，スペース VLBI である．1997年には，宇宙科学研究所，国立天文台などにより，電波天文衛星はるかと地球との望遠鏡間で VLBI を行うことで口径3万 km に相当する干渉計システムを実現する VSOP（VLBI Space Observatry Program）が成功し，ジェットの根元の詳細なうねり構造やジェットに沿って並ぶ磁場の様子などを明らかにしてきた．今後も性能向上の技術開発を続けることでよりジェットの根元に迫り，その発生メカニズムの解明への挑戦など，楽しみは尽きない[*22]．

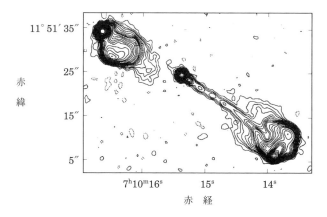

図 **4.9** クェーサー 3C 175 の電波画像（Bridle *et al.* 1994, *AJ*, 108, 766）.

ジェットの大変興味深い点は，その速度が光速度の数 10%，ときには 99% 以上にも達することである．このことは，アインシュタインの特殊相対論の影響が強く現れることを意味する．それを示す代表的な観測的証拠を挙げよう．クェーサー 3C 175（図 4.9）の電波画像を見ると，コアからジェットが一方にだけ伸びているように見えるが，ローブが両サイドに見えているので，本質的にジェットは 2 方向に出ている．これは，相対論的ビーミング（第 8 巻 3 章）と呼ばれる効果によって，ジェットからの放射がその進行方向にきわめて強く集中する結果，我々に対し近づくジェットはその静止時の何 1000 倍にも明るく見えるが，逆に遠ざかるジェットは何 1000 分の 1 にも暗くなり，検出限界を下回るためだと考えられている．この違いは，ジェットの速度が光速に近いほど，また我々の方に向いているほどより顕著になる．また，ジェット中のノット（かたまり）が動いていく様子から求めたその移動速度が光速を超えているように観測される現象も特殊相対論の基本原理から導かれる．図 4.10 は，クェーサー 3C 273 ジェット中のノットの固有運動を示している．図中の矢印で示されるノットは見かけ上

---

[22] （136 ページ）2007 年には VSOP に比べさらに 1 桁高い高解像度を目指した VSOP-2 （ASTRO-G 衛星）計画がスタートしたが，残念ながら技術的な問題等により中止となった．また，2011 年にロシアが打ち上げた RadioAstron 衛星は，遠地点 30 万 km の軌道を周回するスペース VLBI システムを実現した．

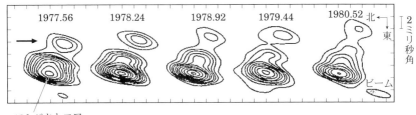

コンパクトコア

図 4.10 VLBI によって測定されたクェーサー 3C 273 のジェットの運動. 図中の矢印で示したノットが時間を追うごとに徐々にコンパクトコアから離れていく様子が分かる. 2 ミリ秒角は 3C 273 ではおよそ 6 pc に相当する（1 ミリ秒角は, およそ 200 km 先の 1 mm を見込む角度）(Pearson et $al.$ 1981, $Nature$, 290, 365 の図を改変).

光速の 10 倍で移動している. これは超光速運動と呼ばれ, 相対論的ビーミングと同様, ジェットの速さが光速に近いときに観測される（詳しくは第 8 巻 3 章を参照）.

さらに AGN では, 可視光, X 線やガンマ線などにおいて, 数日以下の非常に短いタイムスケールの変光が観測されることがある. 図 4.11 は, ぎんが衛星によって観測されたクェーサー 3C 279 の X 線ジェットの光度曲線である. わずか

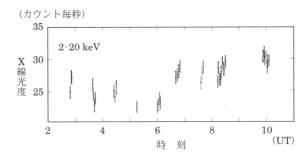

図 4.11 クェーサー 3C 279 の X 線の強度変動. 6 時 (UT) 過ぎから急激に X 線光度が上昇していることが見てとれる (Makino et $al.$ 1989, ApJ, 347, L9 の図を改変).

45 分間に，X 線が 20% 増光している．このような短時間に，これほどの増光が
起こることは，X 線放射が相対論ビーミング効果を受けており，ジェットの系で
見れば X 線の増光はもっと弱いのだと説明される．

このような相対論的効果の結果，本質的に同じジェットでも，観測者がジェッ
トを見る角度の違いによってその光度や形状などが大きく異なって観測される．
ジェットをほぼ真正面から見るとビーミング効果が強く効き，とかげ座 BL 型天
体のようにジェットだけが非常に明るく卓越しコア卓越型電源として点状に見
える．ジェットと視線のなす角度が大きくなるにつれビーミング効果が徐々に弱
くなり，電波銀河のようにジェットが相対的に暗く観測され，逆に広がった立派
なローブ構造が卓越してくる．これらの電波の性質も含め，AGN の分類を説明
しようとする統一理論に対する理解が進んでいる（4.5 節参照）．

このようにダイナミックな現象を見せている電波ジェットであるが，ジェッ
トはどうやって生み出されているのか，またどのように光速度近くにまで加速
されるのか，などについては，まだ未解決の問題である．これらの問いに答え
るためには，より高解像度，高感度，高頻度でジェットの形成領域を詳しく観
察し，また巨大ブラックホールや降着円盤の近傍に迫ることが必要である．特
に，発展の目覚しいスペースからの X 線，赤外線，電波などの天文衛星，そ
して地上からの大規模な干渉計システム（たとえば ALMA; Atacama Large
Millimeter/submillimeter Array）やすばる望遠鏡といった巨大装置などの力を
結集して，あらゆる周波数帯での連携観測がますます重要性を増してくるだろう．

───**奇妙な形のジェットたち**───────────────────────

　本文でもいくつかの AGN のジェットを紹介してきたが，なかには非常に不思
議な形をしたジェットが見られる（図 4.12）．2 対のジェットが絡んでいるもの，
X 型にジェットを放射しているもの，ジェットの根元が歳差運動をしていると思
われるものなど，いまだにその起源はよく分かっていない．これらの結果は，巨
大ブラックホールを持つ銀河同士の合体により，二つのブラックホールを持つ
AGN の存在の可能性を示唆しているのであろうか．もしかしたら，そのような
AGN の方が宇宙では普遍的なのかもしれない．ジェットの世界は奥が深い．

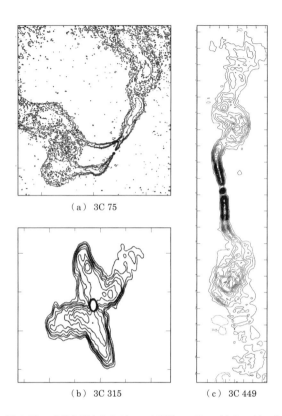

(a) 3C 75
(b) 3C 315
(c) 3C 449

図 **4.12** 奇妙な形をしたジェット天体．3C 75（(a) 2 対のからまるジェット），3C 315（(b) X 型の形状をしたジェット），3C 449（(c) ジェットの向きが歳差しているように見えるジェット）（Owen *et al.* 1985, *ApJ*, 294, L85, Leahy & Williams 1984, *MNRAS*, 210, 929, Perley *et al.* 1979, *Nature*, 281, 437）．

4.5 活動銀河中心核の統一モデル

4.5.1 電離ガス領域

すでに述べたように，AGN のスペクトルには強い紫外光で電離された電離ガス領域から放出されるさまざまな輝線があり，半値幅が数 $1000\,\mathrm{km\,s^{-1}}$ の幅広い輝線が観測される 1 型と，幅の狭い数 $100\,\mathrm{km\,s^{-1}}$ の輝線のみ観測される 2 型がある．輝線幅の原因はガスの熱運動ではなく，力学的運動の速度を反映していると考えられる．水素に輝線スペクトルの半値幅で $500\,\mathrm{km\,s^{-1}}$ に相当する熱運動をさせるためには 500 万 K の温度が必要[*23]であるのに対し，輝線スペクトルを説明できる電離ガスの温度はたかだか 1 万 K であるためである．したがって，数 $1000\,\mathrm{km\,s^{-1}}$ で運動する幅の広い許容線を出す領域と数 $100\,\mathrm{km\,s^{-1}}$ で運動する幅の狭い許容線と禁制線を出す，物理的に異なった 2 種類の領域が存在することになる．前者を広輝線領域（BLR; Broad-Line Region），後者を狭輝線領域（NLR; Narrow-Line Region）という．

禁制線は自由電子との衝突により励起されたイオンが自然遷移で基底状態に戻る際に放射される．したがって禁制線強度は衝突励起の頻度，すなわちイオン密度と電子密度の積に比例する．完全電離ガスにおいて，電子密度はイオン密度に比例するので禁制線強度は電子密度の 2 乗に比例する．密度の高い環境になると自由電子との衝突による逆励起が盛んになり，衝突励起と衝突逆励起の頻度がほぼ等しくなる．この場合，自然遷移数はイオン数に比例し，禁制線強度は電子密度の 1 乗に比例する．この禁制線強度の電子密度に対する依存性が変わる密度を臨界密度という．許容線のうち水素やヘリウムの再結合線はイオンと電子の再結合によるので，許容線強度はイオン密度と電子密度の積，すなわち電子密度の 2 乗に比例する．したがって禁制線の臨界密度を大きく越える環境では許容線しか観測されなくなる．

輝線スペクトルは電離ガスの温度や密度のみならず，電離源のスペクトルエネルギー分布にも依存する．$91.2\,\mathrm{nm}$ よりも短い波長の光子は水素の電離ポテンシャルである $13.6\,\mathrm{eV}$ より高いエネルギーを持つ電離光子であり，ガス雲に入射

[*23] 運動温度と運動速度の関係は次式で与えられる：$kT = m_{\mathrm{H}}(v_{\mathrm{FWHM}}/2)^2/(2\ln 2)$．ここで，$k$ はボルツマン定数，m_{H} は陽子の質量，v_{FWHM} は輝線の速度幅，$\ln$ は自然対数である．

する電離光子数のガス密度に対する比がガスの電離度を決定する．この比を電離パラメータ（U）といい，

$$U = Q/(4\pi r^2 c\, n_{\mathrm{H}}) \tag{4.7}$$

で定義される．ここで，Q は電離光源が単位時間に放出する電離光子数，r は電離光源からガス雲までの距離，c は光速，n_{H} はガスの水素原子の数密度である．同じ電離源スペクトルでも，U が大きくなるほどガスの電離度が高くなり，電離ポテンシャルの大きいイオンからの輝線が強まる一方，電離度の低い輝線は相対的に弱まる．図 4.13 はセイファート銀河の NLR と系外銀河の星生成領域やスターバースト銀河について，水素バルマー線に対する禁制線の強度比 $f([\mathrm{O\,III}]\,\lambda500.7\,\mathrm{nm})/f(\mathrm{H}\beta)$ と $f([\mathrm{N\,II}]\,\lambda658.3\,\mathrm{nm})/f(\mathrm{H}\alpha)$ をそれぞれ縦軸，横軸にとってプロットしたものである．すなわち縦軸は電離度の高い輝線，横軸は電離度の低い輝線の強度を示している．星生成領域やスターバースト銀河といった大質量星によって電離されているガス領域は左上から右下に連続した系列を形作り，おもに電離パラメータの違いによって輝線強度比が変化している．それに対しセイファート銀河の NLR は，電離度の高い輝線も低い輝線もどちらも星生成領域に比べて強いことが分かる．このように何種類かの輝線強度比を用いて輝線天体を分類する方法を輝線診断法といい，AGN と星生成銀河を分ける方法がボルドウィン（J. Baldwin）らやヴェイユー（S. Veilluex）とオスターブロック（D. Osterbrock）によって確立された．

　セイファート銀河の NLR に見られるように，高電離輝線と同時に低電離輝線も強くするためには電離光子のスペクトルが重要である．原子・イオンの電離ポテンシャルを超えるエネルギーをもつ光子はその原子・イオンを電離できるが，その電離吸収断面積は電離ポテンシャルと同じエネルギーをもつ光子に対してもっとも大きく，高エネルギー光子ほど電離吸収断面積は減少する．したがって，高エネルギー光子は電離吸収されにくく，ガス中を遠くまで進み大きな低電離領域を作る．星生成領域では表面温度がたかだか数万 K の星によるほぼ黒体放射によって電離されているため，その高エネルギー側はウィーン則に従い電離光子数が指数関数的に減少してしまう．

　一方，1 型セイファート銀河やクェーサーでは可視光から紫外線そして X 線

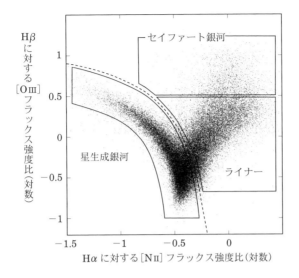

図 4.13 縦軸に Hβ に対する [O III]λ500.7 nm フラックス強度比，横軸に Hα に対する [N II]λ658.3 nm フラックス強度比をとった輝線診断図．スローンデジタルスカイサーベイで分光された22623個の輝線銀河（広輝線の存在する天体は除く）がプロットされており，この図においてセイファート銀河，ライナーおよび星生成銀河を分類できる．破線は AGN（セイファート銀河およびライナー）と星生成銀河を分離する線（Kauffmann et al. 2003, MNRAS, 346, 1055 の図を改変）．

領域にいたるまでべき乗則に従う非熱的な連続光スペクトルを示す．AGN の電離領域は星生成領域よりエネルギーの高い電離光子を多く含む放射により電離されているので，低電離のイオンからの輝線も強く放射しているのである．このように AGN の NLR 輝線スペクトルは非熱的連続光による光電離モデルでよく説明できる．モデルとの比較により NLR の温度は約 1 万 K，密度は 10^2cm^{-3} から 10^4cm^{-3} であることが分かり，ガスの化学組成も知ることができる．

ライナーはセイファート銀河に比べ高電離輝線の強度が相対的に弱い．すなわち，輝線診断図上で星生成領域よりは低電離輝線が強く，セイファート銀河よりは高電離輝線の弱い領域に分布する．この分布は，ライナーでは非熱的連続光の光度が小さいと考えれば説明できる．電離パラメータ U が小さいので，ガス密

度に対して入射する光子数が少なく電離が進まないため，電離度の高い輝線は弱くなる．しかし，セイファート銀河と同様に非熱的連続光が大きな低電離領域を作るため低電離輝線を強く出すことができる．ライナーの輝線スペクトルや輝線の速度幅は光電離モデル以外にも，前節で紹介したスーパーウィンドなどのガスの運動に起因する衝撃波による加熱でも説明ができる．しかし，輝線診断図上でセイファート銀河領域から U を減少させる方向に連続的に分布していることや，1 型のライナーが存在することから，ライナーの多くはセイファート銀河と同様の AGN であると考えられる．

　セイファート銀河の可視光・紫外線連続光は数日から数か月の時間でその明るさが変化している．その光度変化に従い，連続光によって電離されている BLR の輝線光度も変化するが，その変化は連続光の変化に対して数日から 100 日ほど遅れることが知られている．BLR は連続光光源より広がっているが光速で約 100 日の距離以下，すなわち 0.1 pc 以下の大きさであることが分かる．このように，連続光と BLR 輝線の光度変化のタイムラグから BLR の大きさや形状を決定する方法を反響マッピング（reverberation mapping）という．

　BLR 輝線強度が連続光に追随しており，またその遅れ方から電離度の低い領域が高い領域よりも外側に広がっていることが推測されるため，NLR 同様 BLR も光電離ガス輝線領域である．BLR では禁制線が見られないことから，BLR のガス密度は禁制線の臨界密度より十分大きいはずである．電離ガスモデル計算によると，BLR の密度が 10^{10} cm^{-3} から 10^{11} cm^{-3} のときに観測される輝線スペクトルをよく説明できる．

　NLR 輝線では BLR 輝線のような光度変化は見られない．狭帯域フィルターなどを用いた輝線のみの撮像観測によって NLR は 100 pc のスケールで広がっていることが分かっており，なかには 1 kpc を超える NLR を持つ天体もある．NLR は中心核から円錐状に片側または対称的に両側に広がる形状をしており，この形状はガスがこのような形で分布しているためではなく中心核からの電離紫外光が非等方的にガスを照らしているためと考えられている．

4.5.2　降着円盤と大質量ブラックホール

　クェーサークラスの AGN になると 10^{39} W ものエネルギーをその中心核から放射している．連続光の光度変化に対して BLR 輝線の光度変化が遅れることか

ら，連続光は BLR サイズよりも小さい領域から放射されているはずである．このように非常に狭い領域から莫大なエネルギーを放出するためには大質量天体へのガス降着（第8巻2章）によって効率的にエネルギーを生み出す必要がある．質量降着率を $\dot{m}$ とすると質量降着によって生み出されるエネルギー L は

$$L = \eta \dot{m} c^2 \tag{4.8}$$

となる．ここで η は解放される重力エネルギーが放射のエネルギーに転換される効率である．$\eta = 0.1$ とした場合，10^{39} W のエネルギーを放出するために必要な質量降着率は1年あたり太陽質量の2倍程度となる．降着率が大きいほどより大きなエネルギーを放出できることになる．しかし，放射された光子が落ち込んでくるガスの降着を妨げるために質量降着率には限界値が存在する．これをエディントン限界と呼ぶ（第8巻2.4節）．質量の大きな天体への降着であれば，強い重力により放出される光子に逆らって質量降着できるためエディントン限界も大きくなる．等方的な降着の場合，質量 M の大質量天体に対するエディントン限界 $\dot{m}_e$ は

$$\dot{m}_e \sim 2.2(\eta/0.1)^{-1}(M/10^8\,M_\odot) \quad [M_\odot\,\mathrm{y}^{-1}] \tag{4.9}$$

となる．$\dot{m} \sim 2\,M_\odot\,\mathrm{y}^{-1}$ の質量降着を起こすためには少なくとも $10^8\,M_\odot$ の大質量天体が存在しなくてはいけない．実際，AGN の中心にはこのように大きな質量を持った天体が存在していると考えられている．

中井直正と三好真らは NGC 4258 というライナーを持つ銀河について国立天文台野辺山電波観測所の 45 m 電波望遠鏡を用い H_2O メーザーで観測を行ったところ，銀河中心核の視線速度に対して，約 $1000\,\mathrm{km\,s^{-1}}$ の速度で高速運動をする成分を発見した．VLBI でさらに詳しい観測を行った結果，非常に高速に回転するディスク状の運動であることを突き止めた．ガス円盤の回転速度と半径から，0.1 pc 以内に $3.7 \times 10^7\,M_\odot$ もの質量が存在していることになる．ガスや星の集団をこのような高密度で安定的に存在させるのは困難であり，大質量ブラックホールが存在していることが強く示唆される．同様に，ハッブル宇宙望遠鏡を用いた可視光輝線の視線速度の観測からライナーである M 87 の中心にも $2.4 \times 10^9\,M_\odot$ の大質量ブラックホールが存在すると考えられている．

大質量ブラックホールが生み出す巨大な重力ポテンシャルにガスが落ち込むこ

とで降着円盤が形成される．その降着円盤が，重力エネルギーを放射へと変換することで，クェーサーの放出する莫大なエネルギーを生み出している．4.3.5節で述べたように，AGN のスペクトルエネルギー分布には極端紫外域にピークを持つビッグブルーバンプが存在し，これは降着円盤のスペクトルモデルで説明されている．このような大質量ブラックホールとその周囲の降着円盤によって作られた AGN の莫大なエネルギー放出のメカニズムは，リンデンベル（D. Lynden-Bell）とリース（M. Rees）により提唱され，AGN エンジンという呼び方をすることがある．

4.5.3　活動銀河中心核の統一モデル

　AGN は，大質量ブラックホールへのガス降着によって形成される降着円盤からのエネルギー放射によって説明できることが分かった．しかし，BLR が観測されず青い連続光の弱い 2 型 AGN において 1 型と同じ AGN が存在しているかどうかは明らかではない．たとえば，2 型は 1 型とまったく違う種類の AGN であるという立場にたつこともできる．

　一方で 2 型 AGN の NLR 輝線スペクトルは 1 型 AGN の NLR スペクトルとほぼ同じであり，電離輝線診断からべき乗則に従う光子によって電離されていると分かる．また，軟 X 線では強い吸収を受けているものの，硬 X 線領域ではべき乗則に従う連続光が観測され，1 型の X 線スペクトルに水素の柱密度で $10^{23}\,\mathrm{cm}^{-2}$ 相当の吸収体を手前に置くことで 2 型の X 線スペクトルを再現できる．

　このような観測的傍証により，2 型にも 1 型同様の AGN エンジンが存在しているが何らかの吸収体によって観測者から見ることができないとするのが，活動銀河中心核統一モデルである（第 8 巻 2.6 節および 2.7 節も参照）．このモデルでは AGN エンジンや BLR をトーラス状（ドーナツ状）に取り囲む吸収体を考える．電離紫外光はトーラスの穴の方向にのみ出ることが可能であるためその方向にあるガスが電離されて NLR を形作り，NLR が中心核に対し円錐状に広がっているという 2 型セイファート銀河の観測を説明できる．1 型はこの穴の方向から AGN を見ているため BLR が観測されるが，2 型ではトーラスを横方向から見ているため NLR のみが観測されるわけである．このモデルはトーラスを

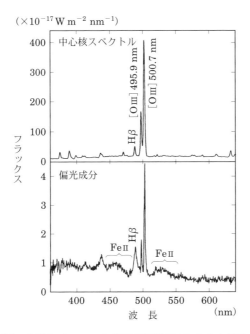

図 **4.14**　2型セイファート銀河 NGC 1068 の中心核スペクトル（上図）と偏光観測によって得られた偏光成分のスペクトル（下図）．偏光成分スペクトルでは Hβ 輝線の幅が広く，1型セイファート銀河に特徴的な FeII 輝線が見られる（Antonucci 1993, *ARA&A*, 31, 473 の図を改変）．

導入することによって，1型と2型の違いを見る方向の違いということで簡潔に説明したため，トーラスモデルと呼ばれる．

　このトーラスモデルを観測で確認したのがアントヌッチ（R. Antonucci）とミラー（J.S. Miller）である．彼らは2型セイファート銀河 NGC 1068 の偏光分光観測を行い，その偏光スペクトル中に幅の広い輝線を検出した（図 4.14）．図 4.15 のように2型はトーラスを真横から見ているので本来 BLR からの光はさえぎられてしまうが，トーラスの穴の上方にひろがる自由電子が散乱体となり，トムソン散乱による反射光として BLR を観測することができる．すなわち，散乱体を鏡として利用し直接見ることのできない BLR を検出したのである．このように偏光分光観測により，多くの2型セイファート銀河やライナーにおいて，隠された BLR が発見されトーラスモデルの強い証拠となっている．

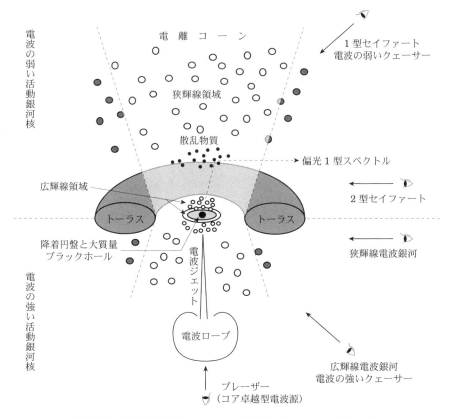

図 **4.15** 活動銀河核統一モデルの概念図．トーラスの存在のため観測者の視線方向により見かけ上 1 型と 2 型の違いが生じる．

　一方で，すべての 2 型セイファート銀河で BLR が見つかるわけではない．これらの天体については散乱体が存在しないのか BLR が存在しないのか，そのどちらかは分からない．さらに，BLR 輝線が十分な偏光を受けて検出されていても，同様に散乱されて届くはずの非熱的連続光の偏光度は低く，検出されないことも多い．BLR の偏光度も単純な 1 回散乱のモデルでは観測される偏光度が小さすぎる．このように，観測を説明するためには，BLR と連続光で散乱のされ方が違う可能性や複数回の散乱について考える必要があるという問題点が残されている．しかし，観測者が見ている角度によって 1 型と 2 型の違いを簡潔に説明できるというモデルの単純さから，トーラスモデルは広く受け入れられている．

1型と2型がまったく同じ中心核を持ちその周囲をとりまくトーラスが観測者からランダムな角度に分布していると仮定すると，1型と2型の個数比からトーラスの穴の開口立体角 $\Delta\Omega$ は，$\Delta\Omega = 4\pi n_1/(n_1 + n_2)$ と見積もることができる．ここで n_1, n_2 は1型，2型それぞれの個数密度である．SDSS の観測結果では1型と2型の個数密度はおおむね同じであるので，開口立体角は 2π ステラジアン程度と得られる．トーラスに影響されない狭輝線光度や硬 X 線光度が大きいほど1型の割合が高いことがわかっており，また，クェーサーでは2型と呼べるものが非常に少ない．したがって，AGN 光度が大きいほど開口立体角が大きいと考えられる．これを説明するためにトーラスの内半径または厚みの AGN 光度依存性を取り入れたモデルが提唱されているが，議論はまだ続いている．そもそもすべての AGN に同じようにトーラスや BLR が存在するのかという問題は統一モデルの大きな疑問として残されている．

今まで見てきたように，トーラスモデルを採用し，AGN を観測する方向の違いによってさまざまなタイプの AGN を統一して理解する試みは，おおむね成功している．4.4 節で述べたように電波の強い AGN の電波での性質も，ジェットを見る方向の違いによって同様に統一的に理解されている．しかし，まだ現在のトーラスモデルが不完全であることは確かである．特に，電波強度の強弱問題，すなわちなぜ電波の強い AGN と電波の弱い AGN が存在するのかという問題は未解決のままである．まだ見過ごしている物理過程があるのかもしれないが，今後の観測の発展で最終的な統一モデルに到達できることを期待する．

第5章

銀河の形成と進化

　私たちは銀河系（天の川銀河）という一つの銀河に住んでいる（第5巻）．宇宙にはこのような銀河がざっと1000億個あるが，銀河は何時，どのようにして生まれ，そして進化してきたのだろうか．この銀河の形成と進化に関する問題は，まさに現代天文学の最も重要な問題の一つであるが，理論的研究の進展に加え，ハッブル宇宙望遠鏡，口径8–10m級の光学赤外線望遠鏡，アルマ望遠鏡などによる観測のおかげで，そのシナリオはある程度整理されてきている．この章では，最新の成果に基づいて，銀河の誕生過程と進化の様子を紹介して行く．

5.1　宇宙進化と赤方偏移

　宇宙初期に近い遠方銀河を観測したり銀河の形成と進化を議論するときには宇宙進化の枠組みを理解しておく必要がある．宇宙モデルについては第2巻と第3巻に詳しく述べられているが，ここでは本章の理解に必要な宇宙進化と赤方偏移についてまとめておくことにする．赤方偏移と宇宙年齢，ルックバックタイム[*1]の関係，および赤方偏移と距離との関係を理解するために，必要な数式を用いてその導出を示すとともに，数値的な対応表も掲げた．

　[*1] ある赤方偏移にある天体の光が，現在からさかのぼって何年前に発せられたものであるかを示す時間．

152 第 5 章 銀河の形成と進化

　宇宙全体の進化を考える際，宇宙は大局的に見れば一様な物質分布をしており，またどの点から見ても等方的であるという指導原理（宇宙原理と呼ばれる）を仮定する．一様等方宇宙を表す線素はロバートソン–ウォーカー計量と呼ばれ

$$ds^2 = c^2 dt^2 - a(t)^2 \left[d\chi^2 + \sigma(\chi)^2 (d\theta^2 + \sin^2\theta d\varphi^2) \right] \tag{5.1}$$

で与えられる．ds は線素を表し，$a(t)$ は宇宙のスケール因子，χ は共動座標，θ，φ は角度方向の座標である．$\sigma(\chi)$ は

$$\sigma(\chi) = \begin{cases} \sin\chi & \cdots & k = 1 \\ \chi & \cdots & k = 0 \\ \sinh\chi & \cdots & k = -1 \end{cases} \tag{5.2}$$

であり，$k = 1$ が閉じた宇宙，$k = 0$ が平坦な宇宙，$k = -1$ が開いた宇宙に対応する．

　光は宇宙空間のゼロ測地線（$ds = 0$）を通ってくるから，ある方向からくる光を考えると，$d\theta = d\varphi = 0$ として，（5.1）から，

$$0 = c^2 dt^2 - a(t)^2 d\chi^2 \tag{5.3}$$

が成り立つ．いま，時刻 t に δt の間隔で送った光信号を，時刻 t_0 に δt_0 の間隔で受け取ったとしよう．上で述べたように，共動座標 χ は不変量であることを考えると，（5.3）から

$$\chi = \int_t^{t_0} \frac{cdt}{a(t)} = \int_{t+\delta t}^{t_0+\delta t_0} \frac{cdt}{a(t)} \tag{5.4}$$

が成り立つ．これから，$\delta t \ll t$ ならば $\dfrac{\delta t}{a(t)} = \dfrac{\delta t_0}{a(t_0)}$ が成り立つ．δt を光の周期と考えれば，振動数 ν や波長 λ の変化は，

$$\frac{\delta t_0}{\delta t} = \frac{\nu}{\nu_0} = \frac{\lambda_0}{\lambda} = \frac{a(t_0)}{a(t)} \tag{5.5}$$

で与えられる．波長の変化率は，通常 $1 + z$ で書かれ，

$$1 + z = \frac{\lambda_0}{\lambda} = \frac{a_0}{a} \tag{5.6}$$

となる（ただし $a_0 \equiv a(t_0)$）．式（5.6）で定義される z は**宇宙論的赤方偏移**と呼

ばれる.

ロバートソン–ウォーカー計量を，アインシュタイン方程式[*2]に代入することにより，

$$\left(\frac{\dot{a}}{a}\right)^2 + \frac{kc^2}{a^2} - \frac{\Lambda}{3}c^2 = \frac{8\pi G}{3}\rho \tag{5.7}$$

$$\frac{d}{dt}(\rho c^2 a^3) + P\frac{d}{dt}a^3 = 0 \tag{5.8}$$

という2つの式が得られる．これが，膨張宇宙を記述するフリードマン方程式である．ここで，Λ は**宇宙定数**である．(5.8) から，物質密度 ρ_{m}，輻射密度 ρ_{r} は，赤方偏移とともに，

$$\begin{aligned} \rho_{\mathrm{m}} &\propto (1+z)^3 \\ \rho_{\mathrm{r}} &\propto (1+z)^4 \end{aligned} \tag{5.9}$$

のように変化するという関係が導かれる．

時刻 t におけるハッブル定数は，

$$H(t) = \frac{\dot{a}(t)}{a(t)} \tag{5.10}$$

で定義され，これを使うと，(5.7) は，

$$\frac{8\pi G}{3H^2}\rho + \frac{\Lambda c^2}{3H^2} - \frac{kc^2}{H^2 a^2} = 1 \tag{5.11}$$

と書き換えることができる．ここで

$$\rho_{\mathrm{c}} = \frac{3H^2}{8\pi G} \tag{5.12}$$

と定義すると，ρ_{c} は密度の次元を持つ量であり，**臨界密度**と呼ばれる．さらに密度 ρ を臨界密度 ρ_{c} で割った無次元量は密度パラメータと呼ばれ，

$$\Omega \equiv \frac{\rho}{\rho_{\mathrm{c}}} \tag{5.13}$$

で表す．また，宇宙項 Λ を含む項は

[*2] 宇宙項を含む一般相対性理論の方程式．詳しくは第3巻2章参照．

$$\Omega_\Lambda \equiv \frac{\Lambda c^2}{3H^2} \tag{5.14}$$

と表され宇宙項パラメータと呼ばれる．式 (5.13), (5.14) を用いると，式 (5.11) は結局，

$$\Omega + \Omega_\Lambda = 1 + \frac{kc^2}{H^2 a^2} \tag{5.15}$$

と表される．

宇宙項のない $(\Lambda = 0)$ 物質優勢宇宙においては，現在のハッブル定数 H_0 と現在の物質密度パラメータ Ω_{m0} を使って (5.11) から，

$$H^2 = \frac{8\pi G}{3}\rho_m - \frac{kc^2}{a^2} = H_0^2 \left[\Omega_{m0}(1+z)^3 - (\Omega_{m0}-1)(1+z)^2 \right]$$

という関係が導かれる．よって，赤方偏移 z におけるハッブル定数 $H(z)$ と H_0 の関係は，

$$H(z) = H_0(1+z)(1+\Omega_{m0}z)^{1/2} \tag{5.16}$$

となる．また，これから赤方偏移と時間の関係

$$\frac{dz}{dt} = -H_0(1+z)^2(1+\Omega_{m0}z)^{1/2} \tag{5.17}$$

が導かれる．$\Omega_{m0} = 1(k=0)$ の場合は，$H(z) = H_0(1+z)^{3/2}$ であるから

$$\frac{\dot{a}}{a} = H_0 \left(\frac{a_0}{a}\right)^{3/2} \tag{5.18}$$

が成り立つ．これはすぐに積分できて，

$$a(t) = a_0 \left(\frac{3H_0}{2}\right)^{2/3} t^{2/3} \tag{5.19}$$

となる．またこれから，赤方偏移と宇宙時間との関係

$$t = \frac{2}{3H_0}(1+z)^{-3/2} \tag{5.20}$$

が求まる．よって，この場合，現在の宇宙年齢は $t_0 = (2/3)H_0^{-1}$ であることがわかる．$\Omega_{m0} > 1 \, (k=1)$ の場合は，η をパラメータとして，

$$a(t) = \frac{A}{2}(1 - \cos\eta)$$
$$t = \frac{A}{2c}(\eta - \sin\eta)$$
(5.21)

となる．これから，赤方偏移と宇宙時間との関係

$$t = \frac{1}{H_0}\frac{\Omega_{\mathrm{m}0}}{(\Omega_{\mathrm{m}0}-1)^{3/2}}\left[\sin^{-1}\sqrt{\xi} - \sqrt{\xi(1-\xi)}\right]$$
$$\xi \equiv \frac{\Omega_{\mathrm{m}0}-1}{\Omega_{\mathrm{m}0}(1+z)}$$
(5.22)

が求まる．$\Omega_{\mathrm{m}0} < 1$（$k = -1$）の場合は，η をパラメータとして，

$$a(t) = \frac{A}{2}(\cosh\eta - 1)$$
$$t = \frac{A}{2c}(\sinh\eta - \eta)$$
(5.23)

となる．これから，赤方偏移と宇宙時間との関係

$$t = \frac{1}{H_0}\frac{\Omega_{\mathrm{m}0}}{(1-\Omega_{\mathrm{m}0})^{3/2}}\left[\sqrt{\xi(1+\xi)} - \log\left(\sqrt{\xi} + \sqrt{1+\xi}\right)\right]$$
$$\xi \equiv \frac{1-\Omega_{\mathrm{m}0}}{\Omega_{\mathrm{m}0}(1+z)}$$
(5.24)

が求まる．

宇宙定数がある（$\Lambda \neq 0$）宇宙の場合には，現在の宇宙項パラメータ $\Omega_{\Lambda 0} \equiv \Lambda c^2/3H_0^2$ を使って，式（5.11）から，

$$H^2 = H_0^2\left[\Omega_{\mathrm{m}0}(1+z)^3 + \Omega_{\Lambda 0}\right] - \frac{kc^2}{a_0^2}(1+z)^2$$
(5.25)

が成り立つ．これから，z が大きいときには，宇宙項 Λ は重要でないことがわかる．たとえば $k = 0$ の宇宙なら，$1+z \lesssim (\Omega_{\Lambda 0}/\Omega_{\mathrm{m}0})^{1/3}$ になって初めて，宇宙項 Λ が優勢になる．式（5.25）から，z におけるハッブル定数は

$$H(z) = H_0\left[\Omega_{\mathrm{m}0}(1+z)^3 - (\Omega_{\mathrm{m}0} + \Omega_{\Lambda 0} - 1)(1+z)^2 + \Omega_{\Lambda 0}\right]^{1/2}$$
(5.26)

となるので，赤方偏移と時間の関係は，

$$\frac{dz}{dt} = -H_0(1+z)\left[\Omega_{\mathrm{m}0}(1+z)^3 - (\Omega_{\mathrm{m}0} + \Omega_{\Lambda 0} - 1)(1+z)^2 + \Omega_{\Lambda 0}\right]^{1/2}$$
(5.27)

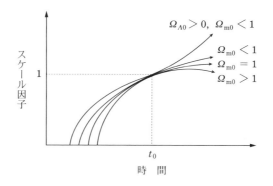

図 5.1 宇宙膨張と宇宙パラメータの関係（概略図）．宇宙定数のない宇宙（$\Omega_{A0} = 0$; 下の 3 本の線）では，$\Omega_{m0} > 1$ であれあば，宇宙膨張は未来のどこかで収縮に転じるが，$\Omega_{m0} \leq 1$ であれば，膨張は永遠に続く．宇宙定数がある場合（$\Omega_{A0} > 0$; 一番上の線）には，現在の宇宙は加速的な膨張をしていることになり，宇宙年齢も長くなる．

と求まる．これを $z = \infty$ から z まで数値的に積分することにより $a(t)$ の時間変化を求めることができる．図 5.1 に，$\Lambda = 0$，$\Lambda > 0$ の場合を合わせて，宇宙膨張の概略図を示す．

2003 年，米国プリンストン大学と NASA は共同で，WMAP（Wilkinson Microwave Anisotropy Probe）衛星を打ち上げ，13 分の角度分解能で，宇宙マイクロ波背景放射[*3]の全天観測を行った．その後，欧州宇宙機関（ESA）は，角度分解能を 5 分まで向上させた Planck 衛星を打ち上げ，2013 年に全天の宇宙マイクロ波背景放射マップを発表した．そして，2015 年には，このデータから次のような宇宙パラメータが決定された．

$$\Omega_{m0} = 0.309, \ \Omega_{A0} = 0.691, \ \Omega_{b0} = 0.049, \ H_0 = 67.7 \,\mathrm{km\,s^{-1}\,Mpc^{-1}} \quad (5.28)$$

（Ω_{b0} は，密度パラメータ内のバリオン物質の量）．この場合，現在の宇宙年齢は $t_0 = 138.0$ 億年となる．一方，$\Omega_{m0} = 0.309$，$\Omega_{A0} = 0$ とした場合は $t_0 = 116.3$ 億年である．これから，宇宙項 Λ がある場合には宇宙年齢が長くなることがわかる．宇宙パラメータが式（5.28）で表される宇宙モデルを**標準 ΛCDM**

[*3] Cosmic Microwave Background Radiation（CMB と略称）の訳語であるが，簡単のために宇宙背景放射と表記されることも多い．

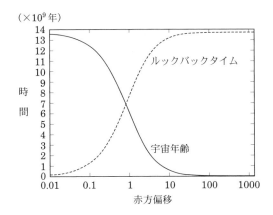

図 5.2 赤方偏移と宇宙年齢,ルックバックタイムの関係

モデル*4 と呼ぶ.このモデルの宇宙における赤方偏移と宇宙年齢,ルックバックタイムの関係を図 5.2 に示す.また,数値的な関係を巻末の付表に示す.

銀河までの距離を決める際,見かけの大きさを使う場合と,見かけの明るさを使う場合があるが,近傍の銀河についてはどちらを使っても同じ距離が得られる.しかし,遠方の銀河については,宇宙膨張の効果が現れこの 2 つの距離が異なったものになる.ここでは,遠方銀河の距離と赤方偏移の関係を求めることにする.膨張する宇宙の中を進んできた光の軌跡を,現在の宇宙の大きさにまで引き伸ばしたときの距離は,固有距離と呼ばれ,共動座標を使って,

$$d_\mathrm{p} = a_0 \chi \tag{5.29}$$

と定義される.χ は,動径座標を r としたとき,

$$d\chi = \frac{dr}{\sqrt{1-kr^2}} \tag{5.30}$$

の関係を満たす.固有距離は,実際に測れる距離ではなく,距離定義の基準となるものである.天体のみかけの大きさから定義される距離は,**角直径距離***5 と呼ばれる.角度座標が一定の面に大きさ D の天体があり,みかけの広がりが角度にして $\Delta\theta$ に見えたとする.このとき,角直径距離は $d_\mathrm{A} \equiv D/\Delta\theta$ で定義され

---

*4 宇宙定数のある冷たいダークマターモデルという意味である.
*5 角径距離あるいは角度距離と呼ばれることもある.英語では angular diameter distance.

る．ここで，$D = a(t)r\Delta\theta$ なので，

$$d_{\mathrm{A}} = a(t)r = \frac{a_0 r}{1+z} \tag{5.31}$$

となる．一方，天体のみかけの明るさから定義される距離は**光度距離**と呼ばれる．いま，時刻 t に δt の時間間隔で送った光信号を，時刻 t_0 に δt_0 の時間間隔で受け取ったとする．このとき，受信間隔が赤方偏移するので，$\delta t_0/\delta t = 1 + z$ が成り立つ．また，送信振動数 ν と受信振動数 ν_0 も赤方偏移により $\nu/\nu_0 = 1 + z$ の関係を満たす．天体の光度を L とすると，送受信で光子数は保存するので，$L\delta t/h\nu$ は一定でなくてはならない．観測される光のフラックスを f とすれば，光度は $L = 4\pi(a_0 r)^2 f$ と表すことができるので，光子数保存は

$$\frac{L\delta t}{h\nu} = \frac{4\pi(a_0 r)^2 f \delta t_0}{h\nu_0} \tag{5.32}$$

と表される．よって，時間間隔と振動数の赤方偏移に対する関係を適用すると，

$$f = \frac{L}{4\pi(a_0 r)^2 (1+z)^2} \tag{5.33}$$

となる．したがって，光度距離 d_{L}[*6]は，

$$d_{\mathrm{L}} \equiv \left(\frac{L}{4\pi f}\right)^{1/2} = a_0 r(1+z) \tag{5.34}$$

となる．(5.31) と比べると，d_{L} と d_{A} の間には，

$$d_{\mathrm{L}} = (1+z)^2 d_{\mathrm{A}} \tag{5.35}$$

の関係があることがわかる．図 5.3 に，宇宙パラメータが (5.28) の宇宙における赤方偏移と角直径距離，光度距離の関係を示す．また，数値的な関係を表 1 に示す．図 5.3 からわかるとおり，角直径距離はおおよそ $z = 1.7$ を境にして赤方偏移とともに減少する．つまり，$z > 1.7$ にある銀河は，遠くほど大きく見えることになる．これは，過去の宇宙が小さかったために，ある固定の大きさ D の天体は，角度の大きな広がりに対応するからである．一方，光度距離は，赤方偏移の単調増加関数であり，見かけの明るさは赤方偏移の増大とともに暗くなる．

[*6] 添字 L は，英語の luminosity distance に由来する．

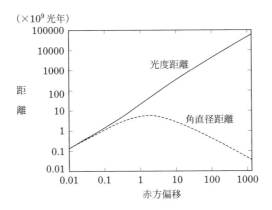

図 **5.3** 赤方偏移と角直径距離，光度距離の関係

5.2 銀河形成論

　前節で述べた標準宇宙モデルでは，初期宇宙で生成されたわずかな密度ゆらぎが重力非線形性により成長し，やがて重力的に束縛された天体，すなわち銀河や銀河団，を形成するに至ったと考えられている．宇宙の物質密度の大半はダークマターによって担われているため，銀河形成の前段階として，おおよそ球形あるいは楕円体の巨大なダークマターの塊，「ハロー」が形成される．ダークマターが主要な重力源として銀河間ガスを寄せ集め，やがてガス雲から星が生まれ，光輝く銀河となるのである．

5.2.1　ダークマターハローの形成

　銀河形成前段階としてダークマターハロー（以下，ハローと省略）の形成があるため，ハローの諸性質は銀河形成過程全体に大きく関わる．特に重要な事項としては以下の四つがあげられる．

(1) ハローの質量関数（ある質量以上のハローの個数密度）
(2) ハローの質量増大率と合体頻度
(3) ハローの内部構造
(4) ハローの空間分布と大域的な密度分布との関係

　ハローの質量関数は銀河や銀河団の質量関数をほぼ直接に与え，合体により成

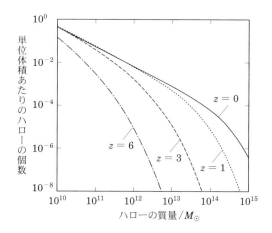

図 5.4 ダークマターハローの質量関数. 4 本の線は下から順に,$z = 6, 3, 1, 0$ での質量関数を表している.

長する前の小さいハローの質量関数と合体頻度は高赤方偏移から現在に至るまで,銀河がどのように進化したかを解明するのに役立つ.また一つのハロー内の密度分布や角運動量分布は銀河や銀河団内でのガスの運動に大きく影響するため,銀河の回転速度や形態に関連すると考えられる.

 質量関数については,冷たいダークマターモデルのように物体が質量の小さいものから階層的に形成される場合には,大小いずれのハローも球体であると近似する球対称モデルがよく使われている.このモデルに従えば,インフレーション宇宙で予言されるような密度場に対して,任意の時点でのハローの質量関数(より正確には,ある領域がある質量のハローの中にある確率)を理論的に予言することができる.最近はハローの形状を楕円体で近似する拡張モデルが考案され,宇宙論的 N 体シミュレーションの結果との整合が良いと確認されている.シミュレーションの例として口絵 11 を参照されたい.図 5.4 に,5.1 節の標準的宇宙モデルに対するハローの質量関数の進化を示す.横軸が太陽質量を単位としたハローの質量,縦軸は単位体積あたりのハローの個数を表している.

 ダークマターハローの合体頻度と質量増大率は銀河の形成進化にきわめて重要な要素となる.上記の球対称ハローモデルを拡張し,合体によるハローの形成率と,一つのハローがより大きなハローに取り込まれるまでの時間を計算すること

ができる．たとえば，スターバーストやブラックホールの成長，クェーサーの活動は数千万年程度の短時間で形成されるハローの中での現象であると仮定するモデルもあり，そこでは合体頻度などが進化を決める重要な要素となる．

5.2.2 気体力学と放射冷却

次にハローの中でのガスの振る舞いを考察する．ここではもっとも単純なモデルとして，球対称なガス雲の進化を考えよう．ハロー内の星間ガスは初期のなんらかの密度ゆらぎから重力不安定性により収縮し，ビリアル化[*7]を経て，温度 $k_{\mathrm{B}}T \sim GM\mu m_{\mathrm{p}}/R$ をもつと予想される．ここで k_{B} はボルツマン定数，m_{p} は陽子質量，μ は平均分子量，R はハローの半径である．この温度が十分大きい（$T > 10^4$ K）と，水素，ヘリウムあるいは金属原子のエネルギー準位間の遷移による輝線放射や電離ガスの制動放射により熱エネルギーを失い（放射冷却），温度が下がりはじめる．物体（ガス雲）のサイズはガスの圧力と重力とのバランスで決まるため，次のような二つの時間スケールを比較すればよい．

まず，温度 T，密度 ρ のガスが放射冷却により冷却率 Λ で内部エネルギーを失う場合，その典型的な冷却時間は

$$t_{\mathrm{cool}} = -\frac{E}{\dot{E}} \sim \frac{3}{2}\frac{\rho k_{\mathrm{B}}T}{\mu m_{\mathrm{p}} n_{\mathrm{e}}^2 \Lambda(T)}, \tag{5.36}$$

と与えられる．ここで n_{e} は電子密度である．銀河形成では制動放射や原子冷却，または非常に高い赤方偏移では宇宙背景放射光子によるコンプトン冷却が重要な冷却過程となる．

次に，質量 M，半径 R のガス球が重力収縮する力学的時間は

$$t_{\mathrm{dyn}} \sim \sqrt{\frac{R^3}{GM}} \tag{5.37}$$

で与えられる．銀河が形成されるためには冷却時間が力学的時間より短く，さらにハッブル時間（これは膨張宇宙での構造形成の進化時間を表す）よりも短くなくてはならない．興味深いことに，この条件から決まる銀河のおおよその質量は 10^{10}–10^{13} $M_\odot$ 程度になり，これはほぼ実際の銀河の質量に相当する．

[*7] 力学的な平衡状態になること．詳しくは第 5 巻 8 章参照．

162 第 5 章 銀河の形成と進化

　銀河形成における放射冷却の役割についてはリース（M. Rees）とオストライ
カー（J. Ostriker）が基本的なモデルを提唱した．さらに，ハローの質量関数と
銀河の光度関数を結びつけるためにはハローの形成も同時に考慮した理論が必要
である．1970 年代後半には，次節で紹介する星間ガスの力学と散逸過程をハ
ローの形成と組み合わせた，現在の銀河形成の基礎となる理論が提唱された．

5.2.3 重力不安定性理論

　銀河形成とはすなわち大規模な星生成であるため，まずはじめに高密度で低温
の分子ガス雲内で起こる星生成を考察する必要がある．低温の分子ガス雲に収縮
をおこさせ，最終的に星生成に至る過程の引き金となるのはガス雲に生起する不
安定性である．磁場や流体力学効果を含めた種々の不安定性が知られているが，
ここではもっとも重要な重力不安定性[*8]について考える．

　ガス雲中の密度ゆらぎの進化を考察するために，一様な媒質中 $(p = p_0, \rho = \rho_0, v = v_0 = 0)$ を進行する微小振幅の波を考える．密度ゆらぎ ρ_1 に対して伝播
（波動）方程式

$$\frac{\partial^2 \rho_1}{\partial t^2} = c_{\mathrm{s}}^2 \frac{\partial^2 \rho_1}{\partial x^2} \tag{5.38}$$

が成り立つ．ここで c_{s} は音速を表し，

$$c_{\mathrm{s}}^2 = \left(\frac{\partial p}{\partial \rho}\right)\Big|_{\rho_0} \tag{5.39}$$

で与えられる．ガスが理想気体の場合には

$$c_{\mathrm{s}} = \sqrt{\frac{\gamma RT}{\mu}} \tag{5.40}$$

と書ける．波の伝播方程式（5.38）では重力の効果が取り入れられていないの
で，同時に重力場のポアソン方程式

$$\Delta \phi = 4\pi G \rho \tag{5.41}$$

を連立させると，

[*8] ジーンズ（J. Jeans）不安定性ともいう．第 5 巻 8 章参照．

$$\frac{\partial^2 \rho_1}{\partial t^2} = 4\pi G \rho_0 \rho_1 + c_{\rm s}^2 \frac{\partial^2 \rho_1}{\partial x^2} \tag{5.42}$$

が得られる．ここで，微小振幅のゆらぎの安定性をみるために平面波解

$$\rho_1 = A \exp[i(\omega t - kx)] \tag{5.43}$$

の振る舞いを考えよう．この解を式（5.42）に代入すれば波数 k と振動数 ω との間の分散関係式

$$\omega^2 = k^2 c_{\rm s}^2 - 4\pi G \rho_0 \tag{5.44}$$

が得られる．式（5.43）の意味するところは，ω が虚数の場合，ゆらぎの振幅は時間とともに増大する，つまり微小振幅のゆらぎが成長するということであるから，この重力不安定の条件は，

$$k^2 < k_{\rm J}^2, \quad k_{\rm J}^2 = \frac{4\pi G \rho_0}{c_{\rm s}^2} \tag{5.45}$$

で与えられる．臨界波数 $k_{\rm J}$ を波長に直すと，ジーンズ長

$$\lambda_{\rm J} = c_{\rm s} \sqrt{\frac{\pi}{G \rho_0}} \tag{5.46}$$

が得られる．またこのジーンズ長に含まれる質量はジーンズ質量と呼ばれ，

$$M_{\rm J} = \rho_0 \lambda_{\rm J}^3 \tag{5.47}$$

で与えられる．分子ガス雲中ではジーンズ質量は温度 $T\,{\rm K}$，分子数密度 $n\,{\rm cm}^{-3}$ に対して次のように見積もられる．

$$M_{\rm J} = \frac{25.6}{\mu^2} \sqrt{\frac{T^3}{n}} \quad [M_\odot] \tag{5.48}$$

ジーンズ質量は低温ガス雲がはじめに不安定収縮するときの最小質量を与えるが，実際の星の質量はその後のガス雲の分裂や，原始星への降着などの，より複雑な物理過程によって決まると考えられている．

5.2.4 星生成とフィードバック効果

銀河内の星生成は，一般に巨大分子ガス雲内で無制限におこるものではなく超新星爆発によるエネルギー放出を通してある程度の抑制効果もはたらいているこ

164 第 5 章 銀河の形成と進化

とが知られている．分子ガス雲とその中の星生成領域の物理的状態や進化の段階
によって，星生成の起こる割合が変化するのである．しかし現状では，これらの
相互作用の詳細に関しては未解明の部分が多く残っており，経験的な法則あるい
は現象論にもとづくモデルに頼らざるを得ない．

　銀河系内での星生成については太陽系近傍の星生成ガス雲の観測から，星生
成率 $\dot{\rho}_*$ が銀河面ガス表面密度 Σ_{gas} のべき乗（べき指数 α）に比例するという
シュミット（M. Schmidt）則

$$\dot{\rho}_* = C \Sigma_{\mathrm{gas}}^{\alpha} \tag{5.49}$$

が知られている．また，近傍の星生成銀河の観測から，平均星生成率（面密度）
とガス面密度を関係づけるケニカット（R. Kennicutt）則が知られている．こ
れは大域的シュミット則とも呼ばれる（3.2 節参照）．

　銀河内での星生成を考察する際には同時に，形成された星が星間ガスにおよぼ
すさまざまな影響，まとめて「フィードバック」と呼ばれる効果も考えなくては
ならない．たとえば，冷たいダークマターにもとづく階層的構造形成のモデルに
上記の議論を適用すると，ほとんどすべてのガスが宇宙初期に小天体（小さいハ
ロー）の中で星となってしまう可能性がある．この難点を解決するために，大質
量星が進化の最後に超新星爆発をおこす際に周辺のガスも吹き飛ばし，ハローの
外へ掃き出すことで全体として星生成の効率が制御されるモデルが提案された．

　放出された爆発のエネルギーがどのように周辺物質に渡され，また星生成その
ものがどのように影響をうけるかは重要な問題である．ここでは簡単に，超新星
爆発によるエネルギー放出の後にハローの中にとどまるガスの割合を f とする．
一般に質量の小さな（重力ポテンシャルの浅い）矮小銀河からはガスは流出し
やすいために f は小さな値をとるであろう．一方で，超新星爆発によるエネル
ギー放出率にも限度があり，また加熱されたガスはいずれ放射冷却によってエネ
ルギーを失うため，質量の十分大きな銀河では f は 1 に近づくと予想できる．
銀河の重力ポテンシャルの値はおおよそ質量の平方根に比例するので，もっとも
簡単には

$$f(M) = \left(1 + \sqrt{M_{\mathrm{c}}/M}\right)^{-1} \tag{5.50}$$

と近似できるであろう．ここで，M は銀河の質量，M_c はガスをとどめることのできる銀河の典型的な質量である．つまり，質量の小さな銀河ではとどまるガスの割合は重力ポテンシャルに比例し，質量の大きな銀河では漸近的に 1 になる．

　星が誕生する際に，どのような質量の星がいくつ生まれるかを示す質量分布関数を初期質量関数（IMF）という[*9]．ある特定の IMF に対して，形成された 1 $M_\odot$ あたり $\eta E_{\rm SN}$ のエネルギーが放出されると考えよう．ここで η は単位星生成量あたりの超新星爆発の回数で，$E_{\rm SN}$ は 1 回の爆発により放出されるエネルギーである．標準的なべき乗則の IMF を用いると

$$\eta = 5.0 \times 10^{-3} \quad [M_\odot^{-1}] \tag{5.51}$$

の値を得る．

　星形成によるフィードバックに加えて，銀河中心に存在する超巨大ブラックホールが銀河全体の星生成に影響をおよぼす可能性も考えられている．銀河中心付近のガスがブラックホールに落ちていくと，その重力エネルギーを熱エネルギーとして解放し，ガスは高温になって紫外線や X 線などの高エネルギーの電磁波を放射する．これは活動銀河核として観測される現象であり，次のように活動銀河核フィードバックと呼ばれる効果をおよぼす．ブラックホール周辺の降着円盤からは，磁場あるいは放射圧により加速された高速のガス流が吹き出す．流れ出た高温ガスは近傍の星間ガスを圧縮加熱するなどして，銀河中心付近での星生成を抑制したり，あるいは逆に新たな星生成を誘発することもある．このようにして銀河は，超新星爆発と中心ブラックホールからのフィードバックによって，星生成をいわば自己制御しながら成長してきたと考えられている．

　ここまでの議論では銀河および周辺物質を孤立系として考えてきたが，階層的構造モデルによれば銀河は多数の合体によって生じると考えられており，合体時のガスの供給やあるいは流出の効果も取り入れることが必要となる．また複数の銀河が合体するときに爆発的星生成が引き起こされる場合もあり，超新星爆発の影響は一層顕著なものとなる．本節はじめに書いたように，ダークマターハローの合体・成長による影響も大きく，より詳細なモデルが必要である．

[*9] 4.1 節脚注 9 参照．

5.2.5 化学進化

　銀河中の星間ガスには微量の重元素[*10]およびダストが含まれている．ビッグバン直後の初期宇宙にはバリオン物質としては水素とヘリウムしか含まれていなかったため，炭素や酸素，さらにマグネシウムや鉄といった重元素は宇宙進化の過程で星内部で合成されたものが超新星爆発や星風によって放出されたものと考えられる．なかでも Ia 型と II 型と呼ばれる超新星爆発は重要な重元素の供給過程であると考えられている．

　超新星の型はスペクトル線の特徴により分類されるが，ここでは種々の重元素の合成量がそれぞれの型によってまったく異なることが重要である．星間ガスあるいは重元素量の少ない星の元素組成を調べることで過去に周辺でおこった 2 種類の超新星爆発の比率を推定することができる．また，Ia 型の爆発をひきおこす星の寿命は II 型のものよりも非常に長いため，星生成期から時間が経つにつれて Ia 型超新星によってばらまかれる元素（たとえば鉄）の比率が高くなると考えられる．したがって，星間物質中の鉄の量と，マグネシウムや酸素などの元素の量の比は化学進化の度合いを示す「時計」として利用できる．

　超新星爆発以外にも，重元素を生み出し星間ガスを汚染するプロセスは存在する．中大質量星はその進化の途中で外層の一部を星風として失うため，それらの星で合成された元素，おもに軽い元素は星風とともに周辺に放出されることとなる．また，質量数の大きい中性子過剰元素の起源として中性子合体が有力と考えられていた．実際に，近傍の銀河 NGC4993 で発生した中性子星合体からの重力波が 2017 年に米国の Advanced LIGO 重力波望遠鏡によってとらえられ，それに伴う多波長での電磁波現象も観測された．これらの観測により，中性子星合体による重力波発生とともに中性子過剰元素も生成されたことが確認された．この他にも高エネルギー宇宙線による破砕反応で生成される特別な元素同位体などもあり，重元素は複数のプロセスを経て生み出された．それらの相対的な存在量を詳しく調べることで，宇宙進化の異なる時期に生まれた銀河の化学進化を比較することができる．さらに，近傍の星々の重元素量や化学組成と，空間分布や軌道運動の特徴を合わせて解析することで，それらの星々がいつどのような環境で生まれたのか，すなわち天の川銀河の形成史についても重要な知見が得られる．

[*10] 1.3 節脚注 30 参照．

5.2.6 銀河内での星の進化

銀河の重要な性質の一つとして銀河のスペクトルがある．銀河は電波から X 線にいたるまで幅広い波長域（エネルギー域）で電磁波を放出しており，個々の銀河のスペクトルの違いはそれぞれの銀河の中でのさまざまな活動，特に星生成史の結果として現れる．質量や金属量の異なるさまざまなタイプの星についてはその進化の各段階に応じたスペクトルのテンプレートがあり，推定される星生成史から観測時での星の分布を計算し，銀河全体のスペクトルを計算することができ，これをスペクトル合成と呼ぶ．銀河のスペクトルを個々の星のスペクトルの「和」として表現するのである．銀河内でのダストによる吸収量（赤化量）を適切にモデルに入れることで，観測される銀河のスペクトルと直接比較することもできる．

銀河進化の例として，次のような簡単なモデルを考えよう．銀河形成初期に一度だけ爆発的な星生成がおこり，その後銀河は衝突などの大きな変化もなくいわば受動的に進化したと仮定する．この場合，はじめに生成された星が主系列から離脱していく割合によって銀河の光度 L が決まるであろう．したがって

$$L_{\mathrm{G}} \propto t^{-\alpha}, \quad \alpha \simeq 0.5 \tag{5.52}$$

となることが予想される．このような受動的進化モデルは，現在星生成活動が非常に弱い楕円銀河に対して良いモデルとなるが，モデルをより一般化することでさまざまな形態の銀河に対応させることができる．星生成率が時間とともに小さくなる場合には

$$\dot{M}_{\mathrm{star}} \propto \exp(-t/\tau) \tag{5.53}$$

として減衰パラメータ τ を導入すれば，$\tau \sim 10$ 億年として非常に早期に星生成活動を終えた現在の楕円銀河のスペクトルを，また $\tau \sim 30$–100 億年として，いくつかのタイプの円盤銀河のスペクトルの特徴を再現できることが知られている．

5.3 銀河進化論

銀河を構成するものは，大別するとダークマターとバリオンであるが，本節ではバリオンとしての銀河進化について考える．

168 第 5 章 銀河の形成と進化

　銀河の進化を理解するには，いろいろな側面からのアプローチがある．5.2 節で見たように，銀河形成期にはガスしかなかったので，銀河の進化は基本的にはガスから星への物質転換史ともいえる．その意味では，銀河の進化を星生成の歴史としてとらえることもできる．この星生成史は，銀河の進化にいくつかの影響を与える．まず，銀河は，星を作りながら星の進化とともに光度を変えるので，光度進化をする．また，星の進化とともに変遷を遂げてきた銀河内の重元素量の変化もあり，これは銀河の化学進化として位置づけられる．

　銀河形成期に期待されるガス雲の質量は，現在観測される銀河に比べると，ざっと 10 万分の 1 程度でしかない．したがって，銀河の進化は質量をどのように獲得してきたかという観点からとらえることもできる．これは，力学的な進化に相当する．また，現在観測される銀河の形態は楕円銀河，渦巻銀河，不規則銀河とバラエティに富むが，このような銀河の形態の起源も，銀河の力学進化の重要な課題となる．

　以上のように，銀河の進化は光度進化，星質量やガス量の進化，化学進化，そして力学進化などに分けて考えることができる．従来，宇宙史をさかのぼって銀河の進化を直接観測することはほとんど不可能であった．しかし，ここ 20 年ほどの間に，ハッブル宇宙望遠鏡，地上の 8–10 m 級の光学赤外線望遠鏡，スピッツァー宇宙望遠鏡，ハーシェル宇宙望遠鏡，アルマ（ALMA）望遠鏡等による観測で，これらの銀河進化の諸相が急速に解明されてきた．ここでは，最近明らかになりつつある星生成の歴史に関する部分に重点を置いて銀河の進化を解説する．

5.3.1　光度関数と光度進化

　銀河の基本的な観測量はその明るさである．銀河までの距離が分かると，銀河の見かけの明るさから銀河の光度（L）を求めることができる．銀河の光度はさまざまだが，どのような光度の銀河がどのような割合で存在しているかが分かると，銀河の形成や進化のシナリオ（モデル）に制限を与えることができる．それを定量化したものが銀河の光度関数であり，L から $L + dL$ の間の光度を持つ銀河の空間数密度として定義される．この光度関数の赤方偏移 z に対する依存性を調べることで，銀河の光度進化を明らかにすることができる．

　このとき問題になるのは，遠方銀河の距離の測定が難しいことである．遠方銀

河の距離を観測的に求めるには，おもに二つの方法がある（6.3節も参照）．一つは分光観測によるものであり，遠方銀河からの輝線あるいは吸収線の観測波長から赤方偏移（分光赤方偏移という）を求めるという方法である．これはもっとも信頼性の高い方法であるが，対象とする銀河が暗いと観測が困難になる．実際，遠方銀河の大部分は分光観測ができないほど暗い[11].

そこで暗い銀河の距離を分光によらず，測光によって推定する方法も使われる．いくつかの広帯域測光バンドでの等級から対象銀河のスペクトルエネルギー分布（SED，1.2節参照）をもとめ，これに既知のいろいろなタイプの銀河のSEDを赤方偏移を変えながらあてはめてみて，もっともよくあてはまる赤方偏移をその銀河の赤方偏移として採用するという方法である．これを測光赤方偏移という．撮像データを用いるので，非常に多数の暗い銀河の赤方偏移を一挙に得ることができる．測光赤方偏移は，可視域から近赤外域までの測光バンドを利用すれば，一般には10%から数%程度の精度で分光赤方偏移と一致する．個々の銀河に関しては，大きく間違った赤方偏移を出してしまうこともあるが，光度関数を用いて統計的な銀河進化を探る場合には深刻な問題にはならないと考えられている．

観測される光度関数は，シェヒター関数でよく近似できる（1.3節）．式（1.7）を光度 L を用いて表すと，

$$\phi(L)dL = \phi^*(L/L^*)^\alpha \exp(-L/L^*)dL/L^* \quad [\text{Mpc}^{-3}] \qquad (5.54)$$

となる．この式は，光度が小さいところでは数密度がべき関数的に変化するが（べき指数が α），光度の大きなところでは指数関数的に変化することを表している．このべき関数と指数関数のうつりかわる付近の光度が特徴的光度 L^* である（等級で表示する際には M^* で表される，1.3節参照）．以上が，光度関数の形を決めるパラメータであるのに対して，ϕ^* は数密度の絶対的な値を決めるパラメータになっている．我々の近傍宇宙での値は，可視域では $\alpha \sim -1.2$, $M^* \sim$ -20 から -21 等級，および $\phi^* \sim 0.005$ Mpc^{-3} である．

次に，光度関数の進化を見てみよう．図5.5は，すばる望遠鏡による撮像サーベイによって導出された光度関数の進化の例である．撮像観測なので測光赤方偏移によって距離を推定して光度関数を求めている．密度を計算する場合，体積は

---

[11] $I_{\text{AB}} \sim 25$ 等級が口径 $8-10$ m クラスの光学望遠鏡による分光観測の限界である．

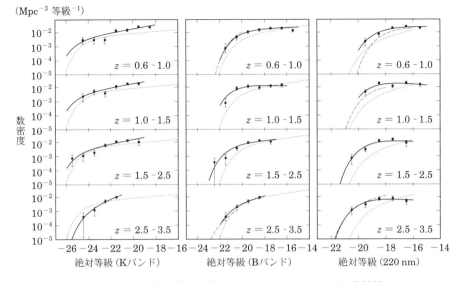

図 5.5 光度関数の進化．左から，K バンド，B バンド，紫外線 (220 nm)．一番上の図は 59–79 億年前[*12]の宇宙での光度関数，その下は，順に 79–95 億年前，95–112 億年前，112–120 億年前の宇宙における光度関数．実線はデータに最適フィットさせたシェヒター関数．破線は現在の宇宙での光度関数（Kashikawa et al. 2003, AJ, 125, 53）．

宇宙膨張につれて大きくなるので，通常は現在の宇宙での体積に換算し，立方メガパーセク（Mpc^3）の単位で表す．これを共動体積といい，この節での銀河数密度はすべて共動体積あたりの量となっている．近赤外線バンド（K バンド）では，赤方偏移 $z \sim 3$（宇宙の年齢が約 21 億年の頃，今から約 116 億年前）までさかのぼっても非常に大きな進化は見られないが，可視の青いバンド（B バンド）ではゆるやかな進化が見られる．紫外線では，さらに大きな進化が見られる．

このような傾向は他の分光あるいは撮像による探査でも認められ，青い光での光度関数の進化は，昔にさかのぼるほど L^* が明るくなり，ϕ^* が小さくなるという傾向になっている．赤いバンドでの明るさは，銀河に含まれる星の全質量の指標と考えられている．したがって，銀河内の星の全質量は，現在から赤方偏移

[*12] 5.1 節の宇宙論パラメータを用いている．

$z \sim 2$ までの間では非常に大きな変化はないということを示唆している．一方，紫外線は質量の大きな星が起源なので，星生成の規模（星生成率）の指標となり，昔は激しい星生成をしている銀河が多かったことを示している．

赤方偏移 $z = 3$ 以上の宇宙における星生成銀河の探査は，ここ 20 年ほどで急速に進展してきた．これらの探査ではライマンブレーク法と呼ばれる手法がよく用いられる．この手法は，対象となる銀河までの視線上に存在する銀河間ガス雲による紫外光の吸収散乱を利用した，一種の測光赤方偏移である（詳しくはコラム参照）．また，この手法でみつかった銀河のことを，ライマンブレーク銀河と呼ぶ．ライマンブレーク法で赤方偏移 $z \sim 3$ の銀河を検出するためには U バンドで暗い銀河を探査することになる．これによって，現在では，$z \sim 3$ の時代における銀河の紫外光度関数がよく求まっている．より遠い銀河を探査するにはより長波長で暗い銀河を探査すればよい．たとえば，赤方偏移 $z \sim 5$ の銀河を探査し，その紫外光度関数を求めるためには，V バンド（あるいは R バンド）で暗い銀河を探査すればよい．ただし，5.1 節の図 5.3 や巻末の付表をみても分かるように，赤方偏移が大きくなると光度距離は大きくなり，銀河の見かけの明るさは暗くなる[*13]．またこれに伴って銀河の面数密度も低下する．したがって，赤方偏移をさかのぼって探査を行うことには困難を伴う．また，赤方偏移 $z \sim 6$ を越えると，近赤外線での撮像観測が必要になる．この波長域では，可視光帯に比べて空が明るく[*14]，また広視野の観測が難しいため，ライマンブレーク銀河探査の困難さはますます増大する．しかし，ハッブル宇宙望遠鏡による近赤外域での深い撮像観測等によって，$z \sim 10$ 付近までのライマンブレーク銀河の探査が行われ，静止系紫外線（銀河に対する静止系での紫外線）の光度関数も得られる

[*13] 巻末の付表によると，赤方偏移 $z = 5$ は今から 126 億年前である．そのため新聞や一般向けの雑誌等では，$z = 5$ に存在する銀河の距離は 126 億光年と表記される．$z = 3$ は今から 116 億年前であるので，116 億光年と表記される．この表記を用いると，$z = 5$ の銀河は，$z = 3$ の銀河に対してわずか 10% 程度だけ遠い銀河ということになる．しかし，同表から分かるように，その光度距離は約 2 倍近く大きくなり，見かけの明るさはこれに応じて暗くなってしまう．

[*14] 人工光のない場所で月のない夜でも，夜空は完全な暗黒ではなくかすかに光っている．これを夜天光（夜空の明るさ）と呼ぶ．可視光域では，夜天光は，黄道光と星野光（個々には分解されて見えない微光星による明かり）が主であるが，波長 $0.8\,\mu m - 2.4\,\mu m$ の近赤外線域では，地球大気上層の OH ラジカルから放射される多数の輝線（OH 夜光）が主成分となり可視光域に比べて夜空が格段に明るくなる．詳しくは，第 15 巻 2 章を参照．

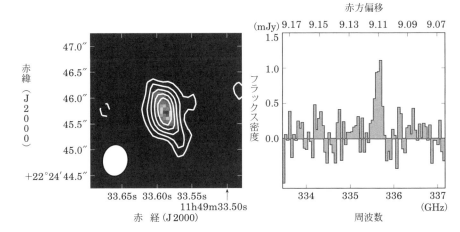

図 5.6　ALMA によって [OIII]88 μm 輝線が観測された赤方偏移 $z = 9.1$ の銀河 MACS 1149-JD1.（左）[OIII]88 μm 輝線の強度マップ，（右）[OIII]88 μm 輝線のスペクトル（口絵 6, 大阪産業大学／国立天文台, 橋本拓也).

ようになってきた．これらの結果は，後述する宇宙における星形成史の研究を発展させた．近く打ち上げが予定されているより大型の宇宙望遠鏡（James Webb Space Telescope;JWST）による観測によって，より高赤方偏移での星生成銀河の姿が明らかになってくるものと期待されている．また，ALMA（Atacama Large Millimeter and Submillimeter Array）を用いて，静止系における遠赤外線超微細構造輝線（[OIII]88 μm など）をプローブとして $z \sim 10$ の銀河の観測が行われるようになってきたことも特筆に値する（図 5.6).

―― ライマンブレーク法とライマン α 輝線天体探査法 ――

ライマンブレーク法

　高赤方偏移銀河からの紫外線は，観測者に到達するまでに銀河間ガス雲を通過する．このガス雲には水素原子が含まれているため，ガス雲の静止系でライマン α 線（121.6 nm）（およびその他のライマン系列とライマン端）の光を吸収して散乱してしまう．ガス雲は銀河より手前にあるので，この波長は，銀河からのライマン α 線よりも短波長で，地上では吸収線として観測される．このような銀河間ガス雲は高赤方偏移には多数存在しており，対象銀河のライマン α 線

($121.6\,\mathrm{nm}\times(1+z)$) より短波長側には異なる波長で吸収線が非常にたくさん形成される．したがって，この波長域をカバーするフィルターを用いて撮像を行うと，銀河は非常に暗く写るかほとんど見えなくなる（ドロップアウトと言うこともある）．一方，銀河のライマン α 線より長波長側をカバーするフィルターによる撮像を行うと，連続光により銀河が明るく見える．その等級差，すなわち色をみると，この銀河はきわめて赤い色を示す天体として見える．このような手法で銀河を拾い出すと，ターゲットとなっている赤方偏移の銀河を効率よく検出することが可能である（実際には，前景に存在する天体の混入を避けるために，三つの波長帯域をカバーするフィルターを用いて 2 色で識別することが多い）．

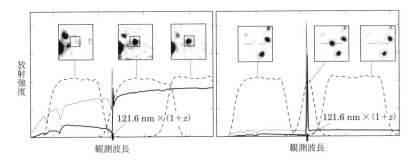

図 **5.7** ライマンブレーク法（左）とライマン α 輝線天体検出法（右）の概念図．細い実線は，銀河間ガス雲による吸収がない場合の銀河の観測スペクトル．太い実線は吸収を受けたスペクトル．対象銀河のライマン α 線（$121.6\,\mathrm{nm}\times(1+z)$）より短波長側（左側）の光が吸収されて暗くなっている．破線はフィルターの透過率を表す．ライマンブレーク法の実例は，Iwata *et al.* 2003, *PASJ*, 55, 415, より．ライマン α 輝線天体の実例は，Kodaira *et al.* 2003, *PASJ*, 55, L17 より（岩田 生氏提供）．

ライマン α 天体探査

輝線強度の強い銀河を，その輝線を含む波長域で狭帯域撮像[*15]を行うと，帯域内での平均強度（正確にはフラックス密度）が隣接する連続光のそれよりも大きくなり明るく写る．輝線を示さない天体の場合は，狭帯域撮像でも広帯域撮像でも連続光強度に応じたほぼ同じ等級の天体として写る．したがって，狭帯域撮像において，隣接する波長での広帯域撮像より特に明るく写っている天体を選び出せば輝線天体を効率よく検出することができる．高赤方偏移ライマン α 輝線銀河探査の場合は，輝線がライマン α 輝線なのか他の輝線なのか判別できない

場合があるので，ライマンブレーク法を併用して候補天体を選ぶ場合が多い．

5.3.2 宇宙における星生成史

紫外線から探る星生成史

　銀河からの紫外線放射の起源は，活動銀河核を除けば，おもに O 型星や早期
B 型星などの紫外放射である．すなわち，生まれたばかりの若い星からの放射が
おもな起源である．したがって，紫外光度[*16]はその銀河における星生成の規模
の大きさの指標になっている．これをモデルを使って定式化すると，星生成率は
紫外光度に比例するという関係になる．つまり，紫外光度が分かれば星生成率が
推定可能である．5.3.1 節で述べた紫外線での光度関数の進化は，すなわち星生
成率関数の進化でもあるということである．そこで，紫外光度関数を積分すれ
ば，単位体積あたりに銀河が放つ紫外光度が計算でき，これを星生成率に換算す
ることが可能である．こうして，単位体積あたりの星生成率，すなわち星生成率
密度の赤方偏移進化を調べることができる．

　銀河はガスを星に変換していくシステムであり，宇宙における星生成史は銀河
の成長の歴史と言ってよいだろう．図 5.8 に，宇宙の星生成史に関する最近の研
究成果を示す．横軸は赤方偏移であり，縦軸は宇宙の単位共動体積あたりの星生
成率である星生成率密度を示している．現在（赤方偏移 $z = 0$）の値（-1.8）に
対して，約 105 億年程前（$z \sim 2$）での値は約 -0.8 である．縦軸は対数目盛な
ので，約 105（または 100）億年前には，宇宙の星生成率密度が約 10 倍高かっ
たことが分かる．つまり，赤方偏移 $z \sim 2$ の時代では，宇宙全体として現在の
10 倍程度の勢いで活発に星が作られていたことを意味する．これより高赤方偏
移では星生成率密度がだんだんと小さくなっていることが見てとれる．図では示
されていないが，現在のところ約 134 億年前（$z \sim 12$）まで調べられつつある
が，まだそれほどよく決まっていない．このようにして観測によって得られた宇

　[*15]（173 ページ）非常に狭い波長範囲の光だけを透過するフィルター（狭帯域フィルター）を通
して撮像すること．銀河観測の分野では波長範囲が 10 nm 程度より狭い場合を狭帯域，50 nm 程度
より広い場合を広帯域と呼ぶ．中間の場合は中間帯域と呼ぶこともある．

　[*16] 正確には，単位波長あたり，または単位周波数あたりの光度密度．

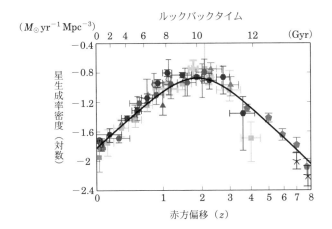

図 **5.8** 星生成率密度の赤方偏移進化．横軸下は赤方偏移，横軸上は現在から何年前かを示す．縦軸は各赤方偏移での星生成率密度の対数である．星間ダストによる吸収は，紫外線でのスペクトルの傾き等から推定して補正してある（Madau and Dickinson 2014, $ARAA$, 52, 415）．

宙における星生成の歴史は，ダークマターハローの合体とともにどのように星生成が進行していくか，活動銀河核によるフィードバックがどのような効果を持つかといった理論的なモデルとの比較検討が行われているところである．これにより，銀河における星生成のメカニズムや個別の銀河の星生成史等への制限がつき，より具体的な銀河進化の描像ができつつある．

ただし，星生成史の観測的な導出には不定性がいくつもある．一つは，光度関数を積分して単位体積あたりの紫外線放射エネルギー（紫外光度密度）を出そうとすると，観測で検出できないような非常に暗い銀河まで外挿して計算する必要がある点である．図5.8では各時代での $0.03L^*$ より明るい銀河からの寄与のみを示しているが，紫外光度密度に対する暗い銀河からの寄与は暗い銀河がどれだけ存在するかに依存し，全紫外光度密度を推定する際の大きな不定要因になる．

もう一つは，星の初期質量関数の不定性である．星が誕生するときにはいろいろな質量の複数の星がほぼ同時に生まれるのが一般的である．紫外線を出しているのは重い星だけであるが，導出されている星生成率は同時に生まれているであろう軽い星も含んでいる．たとえば，太陽系近傍の銀河円盤部で平均的とされて

いるサルピーターの初期質量関数（4.1.4 節参照）を用いることがあるが，まった
く環境の違う場所でも，これが適用できるかどうかはまだよく分かっていない．
　さらに，紫外線はダストによる吸収が大きく，我々が観測している紫外線は，
星によって放射された紫外線の一部でしかない可能性が考えられる．通常は，吸
収量を推定してこれを補正しているが，その不定性は大きい．この点については
次節以降で触れる．

Hα 輝線から探る星生成史

　銀河からの Hα 輝線は，活動銀河核を除けば，おもに星生成領域の電離ガスか
ら放射されている．電離は星から放射された電離光子によって起こり，電離と再
結合がつりあった状態になっている．したがって，放射される Hα 輝線の光度
は，星からの紫外光度に比例していると考えられ，Hα 輝線光度も星生成率の指
標として利用できる（4.1 節参照）．紫外線と異なり，可視光域の長めの波長であ
るため，ダストによる吸収が軽減されており，星生成率の推定という意味では紫
外線よりも信頼性が高い．このような観点から，Hα 輝線光度関数の導出も行わ
れている．銀河の分光サーベイを行い，Hα 輝線強度を測定してその光度関数を
導出するのである．可視域での観測では，赤方偏移 $z \sim 0.3$ までしか探査できな
いが，最近では近赤外域での探査も進み，$z \sim 2$ の銀河に対して Hα 光度関数，
そして星生成率密度が得られている．

ダストに隠された星生成

　爆発的な星生成を行っているような銀河ではダストが多く，吸収が非常に大き
い可能性がある．ダストによって吸収されたエネルギーは，ダストの出す熱放射
として再放出される．ダストの温度は吸収するエネルギーと熱放射のバランスで
決まり，その温度に応じた熱放射をしている．したがって，ダストからの熱放射
をとらえることによって，星生成率の推定を行えば，ダストによる吸収の分を補
うことができる．ダストの温度は数 10 K 程度なので，その放射は遠赤外線やサ
ブミリ波が主になる．衛星からの中間–遠赤外線観測や地上でのサブミリ波観測
等によって，赤方偏移 $z \sim 1$ 以下の銀河のダストによって隠された星生成量の推
定がされたり，赤外線で非常に多くのエネルギーを放射する $z \gtrsim 2$–3 の銀河が
発見されたりしている．

5.3 銀河進化論 | 177

これらの結果によると，紫外光度密度から推定される値は全星生成の半分程度という推定もあり，ダストに隠された星生成をきちんと調べることの重要性が明らかになってきた．ただし，遠赤外線の放射の起源としては星生成以外の要因もある．たとえば，ダストを含むガス雲にうずもれたクェーサーがあると，そのエネルギー源は星ではないので，注意が必要である．特に赤外光度の大きいものでは，スターバーストとクェーサーが共存しているケースが考えられ，クェーサーからのエネルギー寄与が大きい場合も多いので，特に注意が必要である．

5.3.3 銀河進化モデル

ここで，銀河進化モデルについて簡単に触れておく．銀河進化モデルといっても，5.2 節で詳しく述べたような，宇宙に存在するガスがどのように冷えて収縮しその中でどのように星が形成されるのか，といったモデルではなく，観測されるスペクトルあるいは SED [*17]との比較をおもに念頭においたスペクトル進化モデルである．5.2.6 節で述べたように，銀河における星生成史を仮定すると [*18]任意の時刻におけるこれらの星のスペクトルの和として銀河スペクトルを導出することができる．これを観測されるスペクトルあるいは SED と比較することによって，その銀河の星生成の年齢やできている星の質量を推定することができる．また，星の金属量，銀河内でのダストによる吸収量（赤化量）をモデルに入れておけば，金属量の推定やダストによる減光量も推定できる．

星生成率は仮定として与えてしまうケースが多いが，ガスの量を計算してそこから自律的に星生成率を決めていくタイプのモデルや，金属量を一定値として与えてしまわないで星の進化を考慮してモデルの中で金属量進化を計算するというタイプのものもある．また，モデルスペクトルのカバーする波長範囲は，紫外線から可視，近赤外線までのものが多いが，ダストによって吸収されたエネルギーをダストからの熱放射のかたちで再放射することを取り入れたようなモデルもあり，その場合はサブミリ波まで及ぶものもある．

[*17] 1.2 節脚注 18 参照.

[*18] 初期質量関数等も仮定する必要がある．最近では連星系の存在を考慮した初期質量関数を使うこともある.

5.3.4 銀河の星質量関数と星質量密度の進化

宇宙における星生成率は作られた星の質量と直接関係しているはずである[*19].
そこで，銀河の星質量の進化を探るという研究もここ 10 数年で急速に進展している．遠方銀河の中に含まれる星質量は，5.3.3 節で述べたような方法で推定されることが多い．すなわち，いろいろなパターンの星生成史を考えたモデルスペクトルを用意し，これらを観測される SED と比べ，もっともよく一致するモデルを採用するわけである．このような推定をサーベイ領域内の銀河に対して行えば，各時代における銀河の星質量関数を求めることができる．このような研究の結果の例を図 5.9（上）に紹介する．赤方偏移 z が大きくなるにつれ，だんだんと星質量関数がシフトしていく様子が見てとれる．小さい質量の銀河と大きい質量の銀河では進化の様子が異なり，大質量の銀河は赤方偏移 $z \sim 2$ までもどってもあまり数密度が変わらないが，軽いものは大きな違いが見られる．重いものの方が昔に成長をしてしまって，最近ではあまり成長をしていないことが示唆される（5.3.10 節参照）．

銀河の星質量関数をある質量まで積分して，宇宙の単位体積あたりの星質量密度の進化を調べることもできる．現時点での結果をみると（図 5.9（下）），赤方偏移 $z \sim 1$ では現在の宇宙にある星質量の約 50% の星が，$z \sim 2$ では約 25% の星が存在しているが，$z \sim 6$ では 1% 程度しかできていない．

5.3.5 星生成銀河の主系列

ここまで，個別の銀河における星生成率と星質量の導出とその積分量について見てきたが，両者の間によい相関があることもわかってきた．すなわち，多くの星生成銀河に対して，星質量が大きい銀河ほど星生成率が大きいという相関である．横軸に銀河の星質量の対数を取り，縦軸に星生成率の対数をとると，直線状に近い分布となることから，これを星生成銀河の主系列と呼ぶ（3.2.3 節参照）．直線状といっても，主系列の幅は $\pm 0.2\,\mathrm{dex}$（$\pm 10^{0.2}$）ほどあるようである．この相関は，単に銀河の規模を示すだけという見方もあるかもしれないが，星生成率は必ずしも星質量に完全に比例しているわけではない．星生成率を星質量で割った量を比星生成率というが，星質量の大きい銀河で比星生成率がやや小さいとい

[*19] 正確には，両者とも単位体積あたりの星生成率密度と星質量密度で考える．

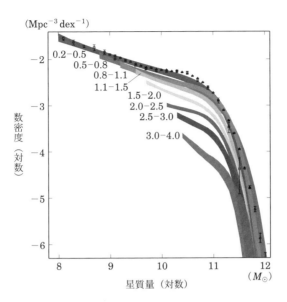

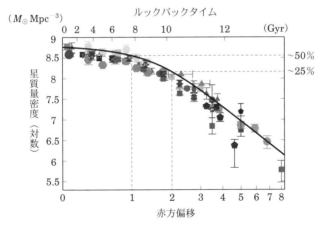

図 5.9 （上）星質量関数の進化．各帯についている数字は赤方偏移 z の範囲を示している．帯の幅は信頼度に対応する．点列は近傍（$z = 0$）銀河の星質量関数．（下）星質量密度の赤方偏移進化（Madau and Dickinson 2014, *ARAA*, 52, 415）．

う傾向がみられる．また，超高光度赤外線銀河やサブミリ波で明るい遠方の爆発的星生成銀河を観測すると，主系列にはのらず，比星生成率が主系列銀河より約10倍大きい領域に存在していることがわかった．このことから星生成のモードに違いがあるのではないかと考えられている（図 3.14 参照）．

銀河の主系列は，赤方偏移とともに進化することも明らかになってきた．昔に遡ると平均的な比星生成率が大きくなり，赤方偏移 5 付近では，現在の宇宙におけるそれの数 10 倍程度になっていることがわかりつつある．また，主系列銀河の面輝度分布を特徴づけるセルシック指数（1.3.1 節の（1.5）式）は，調べられているどの時代でも多くが約 1 を示すという特徴もある．

一方，星生成を行っていない銀河は，比星生成率が非常に小さく主系列よりずっと下の方に分布する．これらの銀河は，なんらかの原因で星生成が止った銀河で主系列から離脱した銀河であると考えられる．こういった銀河の多くは，セルシック指数が 3–4 程度の値を示し，赤方偏移が小さい時代においては楕円銀河と考えられるが，赤方偏移が大きい時代では，単純に楕円銀河とみなしてよいかどうかは自明ではない．赤方偏移 1–2 程度以上のこういった銀河は，サイズが非常に小さく，コンパクトで静かな銀河と呼ばれている．これらは銀河合体等を経て現在の楕円銀河になるのではないかと考えられているが，その祖先や子孫については今後の研究が必要である．

星質量と星生成率のこのような主系列の進化と個別の銀河のこれらの量がどのような関係にあるのか，星生成のモードの違いで主系列から離れるのか，何が主系列の幅を作る要因になっているのか，星生成停止の原因と主系列からの離脱の際に何が起こっているのか，それが形態や構造の進化と関係があるのか，といった問題は現在のところ研究途上である．

5.3.6 分子ガス量の進化

銀河はもともとは星がなくガス（とダークマター）の集団であったとされているが，そのガス量の進化はどうであったのであろうか？　星生成のもとになる水素分子ガスの量は，電波領域の一酸化炭素（CO）輝線による観測から導出することが一般的であるが（3.1 節参照），遠方の主系列星生成銀河のガスの量を観測的に導出することは困難であった．アルマ望遠鏡の登場等によって，赤方偏移が

2–3 付近までの CO 観測が可能となってきた. その結果, 星質量が $10^{10-11}M_\odot$ くらいの主系列銀河における水素分子ガスの量は, $10^{10-11}M_\odot$ 程度であり, 現在の銀河における分子ガス量の 10 から数 10 倍の分子ガスが存在していたことがわかってきた. また, 星質量に対する割合 (分子ガス質量/ (星質量＋分子ガス質量)) は, 30%程度から数 10%に達し, 近傍宇宙における星生成銀河での割合である 10%程度以下と比べて非常にガスが多い状態であったことが明らかになってきた. また, 星質量の大きな星生成銀河ほど分子ガスの割合が小さいという傾向も見られるようである. これらの観測結果をもとに, $z \sim 4$ 付近までの共動単位体積あたりの分子ガス量をいくつかの手法で推定すると, その赤方偏移進化は, 5.3.2 節で見た星生成率密度の進化 (図 5.8) と似た挙動を示すこともわかってきた. このことは, 宇宙の星生成率密度の進化が, おおまかには宇宙の分子ガス密度の進化に関連していることを示唆していると考えられる. ただし, CO 輝線強度から水素分子ガス量を推定する際には, (3.2) 式の変換係数 (X) が必要であり, この係数の不定性が大きいことには注意が必要である. なお, 残念ながら中性水素ガスの量についてはまだこのような赤方偏移での観測はできていない. 1 平方キロメートル電波干渉計 (Square Kilometre Array (SKA)) の稼働を待つ必要がある.

5.3.7 化学進化

5.2.5 節で述べたように, 宇宙に存在する重元素は, 星の内部あるいは超新星爆発時等に作られる. したがって, 宇宙の重元素量進化は, 星生成の歴史と直結しており, 宇宙における星生成史は重元素の進化史であるともいえる. 5.2.5 節では, この化学進化の簡単なモデルを紹介したが, 近年の観測の進歩によって, 赤方偏移 $z \sim 3$ から現在に至るまでの銀河における化学進化の様子が分かってきた. また, 赤方偏移 5 付近の重元素量の測定も試みられている. 銀河における重元素の水素に対する比率は, 一般に, 銀河のスペクトルに見られる吸収線または輝線スペクトルの解析から得られる. 吸収線は, 星の大気からの放射に起源がある場合 (この場合は星の重元素量を測定することになる) と, 星間物質による吸収の場合 (星間ガスの重元素量) がある. 輝線は電離ガスが起源であり, この場合は電離ガスの重元素量を測定することになる. 遠方の銀河のような暗い天体

の場合，吸収線スペクトルをよい信号雑音比で取得するのは困難であるので，輝線を利用することが多い．輝線を用いる場合でも重元素の推定方法にはいくつかの手法があるが，電離された酸素や窒素の輝線と水素の輝線強度比から推定されることが多い．

近傍の宇宙では，明るいあるいは星質量の大きい星生成銀河ほど重元素量が大きいという粗い相関がみられる．星質量と重元素量（金属量ともいう）の相関は星質量–金属量関係と呼ばれている．さらに銀河の星生成率を3つ目のパラメータとして導入すると，星質量–金属量関係の分散が小さくなり，この3つのパラメータで記述される曲面を中心に銀河が分布するという見方もあり，これは基本金属量関係と呼ばれている．図5.10に，赤方偏移2付近までの星質量–金属量関係を示す．過去にさかのぼると，同じ星質量に対する電離ガスの重元素量が減少し，星質量–金属量関係が進化していく様子が見られる．ただし，同じ星質量に対する重元素量の減少は，星生成率をパラメータに入れた基本金属量関係から見ると進化はないという結果もあり，現在のところどちらの見方が正しいのかはっきりしていない．銀河化学進化モデルとの比較によって，ガスの流入・流出過程に制限をつける研究もなされているが，重元素量の導出の手法による違いや，近傍宇宙で校正された経験的な重元素量導出方法が適切かどうかという問題もあり，まだ不定性が大きく，今後の研究が必要である．

5.3.8 輝線診断と星間ガス

近赤外線の多天体分光器の発展により，赤方偏移1–2付近の銀河の静止系可視域での輝線の性質が分かってきた．近傍宇宙に存在する星生成銀河からの輝線比（[NII]λ658.3 nm と Hα の輝線比と [OIII]λ500.7 nm と Hβ の輝線比）を示した図（4.5.1節の図4.13）を見ると，通常の星生成銀河は，左上から右下への系列を作って分布していることがわかる．その分布のピークはこの系列の右下の方で，左上に分布する銀河は少ない．ところが，赤方偏移が1–2付近の星生成銀河は，この図の系列の左上付近に存在していることが分かってきた．しかも，この系列の左上にちょうどのるのではなく，この系列をやや右にシフトした領域（図4.13のセイファート銀河やライナーと書かれた領域に近い領域）に存在している．これは銀河内の星間物質の物理状態が現在の銀河内のそれと異なっている

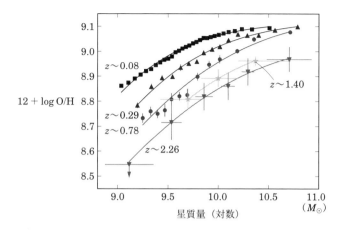

図 5.10 星質量–金属量関係の赤方偏移進化．横軸は銀河の星質量（対数）．縦軸は酸素の水素に対する量で表した電離ガスの金属量．上から $z \sim 0.08$（11億年前），~ 0.29（34億年前），~ 0.78（69億年前），~ 1.4（93億年前），~ 2.26（109億年前）．重元素量推定手法の違いは補正してある．Zahid *et al.* 2013, *ApJ*, 771, L19 を元に改変（矢部清人氏提供）．

ことを示す顕著な例と考えられる．原因としては，金属量，金属量同士の比，電離パラメータ，電子密度の違い等が考えられているが，そもそもなぜこのような量が異なるのかという物理的な原因（たとえば，初期質量関数の違い，活動銀河核の影響，といった原因）もはっきりしていない．

5.3.9 銀河形態の進化

形態別光度関数

遠方宇宙の銀河の形態を見ることは，地上望遠鏡では一般に困難である．近年，補償光学[20]の発展により，近赤外域では地上からでも高い角分解能での観測が可能になりつつあるが，可視域ではまだスペースからの観測の方が有利である．スペースで観測するハッブル宇宙望遠鏡は，遠方の銀河の姿をとらえるのに適している．光度関数を導出した天域において，ハッブル宇宙望遠鏡による形態分類を行って，形態別にみた光度関数がどう進化するかを調べることができる．

---

[20] 地球大気のゆらぎによる星像の劣化をリアルタイムで補正する技術．第15巻参照．

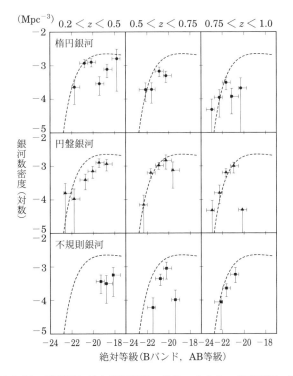

図 5.11 形態別に見た光度関数の進化.上から,楕円銀河,円盤銀河,不規則銀河.左から右へと赤方偏移が増え,左から,25–52 億年前,52–68 億年前,および 68–79 億年前の宇宙における形態別の光度関数.破線は基準として用いた,カナダ–フランス赤方偏移サーベイから得られた 25–52 億年前のすべての形態の銀河の光度関数(Brinchmann *et al.* 1998, *ApJ*, 499, 112).

その結果によると(図 5.11),サンプル数はまだ非常に少ないが,現在から赤方偏移 $z \sim 1$(宇宙年齢約 59 億年,今から約 79 億年前)までの間では,楕円銀河には大きな進化は見られない.すなわち,楕円銀河は $z \sim 1$ まで戻っても,数密度は 2 倍程度の不定性内で現在のそれと同じであると見るべきであろう.円盤銀河では,光度関数のゆるやかな進化が見られる.これが光度の進化だとすると,約 1 等級の進化に対応する.別の観測から,円盤銀河の構造(質量分布やスケール長)は現在から赤方偏移 $z \sim 1$ までの間で大きな進化はないという報告も

あり，この進化は実際に光度進化であると考えてよいだろう．また，赤方偏移が0.5より昔は，不規則銀河が非常に多かったことが分かる．不規則銀河が現在どうして少ないかはよく分かっていないが，一つの可能性として，大きな銀河に合体してのみこまれたということがあり得る．

銀河形態の進化

赤方偏移 $z \sim 1$ の宇宙では，円盤銀河や楕円銀河といった，現在の宇宙に見られる銀河に対する形態分類が適用できる．しかし，さらに昔にさかのぼると，もはやこのような分類自体が成り立たないようである．赤方偏移が2–3程度以上の銀河を対象とした場合，可視光で観測すると静止系紫外線での形態を見ることになる．このような形態には不規則なものが多い．特に，銀河内と考えられる領域にぶつぶつした構造がいくつも見えるクランピー（clumpy）な銀河が多く存在している．これらのクランプは合体途上の銀河であるかもしれないが，銀河中の巨大な星生成領域・若い星団であると考えられることも多い．こういったクランプは，ガス円盤の重力不安定で形成され，これらが徐々に銀河中心部に落ちてきてバルジを形成するというシナリオも提唱されているが，今後のさらなる検証が必要である．また，不規則な形態を示す銀河以外にも楕円銀河のような丸い形状のものもある．しかし，これらは現在の楕円銀河とはかなり性質が異なるものであり，単純に形だけで楕円銀河と呼ぶわけにもいかない．たとえば，サイズ的に小さいものが多いので，いずれ円盤銀河のバルジに進化する可能性もある．また，銀河合体を経験して楕円銀河になる可能性もある．特に明るい銀河については，その分布の群れ方を解析すると，将来銀河団中の大きな楕円銀河になることが示唆されている．

このように，宇宙初期における銀河に対して，現在の宇宙にみられる銀河の形態分類をそのまま適用することは意味がないかもしれない．また，形態はどの波長の光で見るかによって異なることに注意を払う必要がある．近傍の銀河でも可視でみた形態と紫外線でみた形態が大きく異なる例も存在する．したがって，静止系可視光での形態を見ることは非常に重要である．

ハッブル宇宙望遠鏡に近赤外線域（Hバンドまで）の撮像装置が搭載され，赤方偏移2–3付近までの銀河に対して静止系可視光での形態がわかるようになっ

てきた．また，地上からの補償光学によって例は少ないながらも赤方偏移3付近の銀河の静止系可視光での形態もわかってきた．

遠方銀河の形態分類の方法には，目視，非対称性・中心集中度等を定量化したパラメータによる方法や面輝度分布（セルシック則，1.3.1参照）を用いる方法などがある．パラメータを用いた分類では，近傍宇宙における銀河の形態分類方法をそのまま適用するのが難しい面がある．目視による分類によると，$z \sim 3$にはすでに楕円銀河は存在しており，特に星質量の大きい銀河には星生成があまり見られない楕円銀河の割合が大きい．一方，星生成銀河では，$z > 2$では円盤銀河が少ない．しかし，これらの銀河のセルシック指数（n）を調べると$n \sim 1$のものが多く，一見円盤銀河が多いようにみえる．ただ，nが1程度であるから円盤形状であるということは自明ではなく，実際近傍宇宙でも矮小楕円銀河には$n \sim 1$のものが多い．また，$z \sim 2$付近でこれらの星生成銀河の軸比分布を用いて統計的に形を調べると，真の形状は比較的平たい三軸不等であることが最近，示唆されている．こういった$z \sim 2$の星生成銀河の面分光観測によって，銀河内で回転運動が卓越するものがかなりあることも分かってきた．これらの銀河は円盤銀河に進化する可能性もあるが，合体して楕円銀河に進化する可能性も高い．

5.3.10 反階層的進化（ダウンサイジング）

以上見てきたように，宇宙全体を大局的に見た星生成の歴史（つまりは銀河進化）の様子が明らかになりつつある．それでは，銀河による違いはあるのだろうか．星生成率の指標になる紫外光度や輝線光度を，銀河の大きさや質量の指標である明るさ（特に赤いバンドでの明るさ）で規格化した値は，銀河の成長率を反映している．このような量を銀河の大きさや質量と比べてみると，赤方偏移$z \sim 1$から現在にかけて，質量の大きい銀河から先に成長率が下がり，現在でも高い成長率を示すものは質量の小さな銀河のみである．この事実は，大きな銀河ほど昔に大きく成長してその後はほとんど進化せず，小さな銀河ほど最近まで活発に星を作っていたということを意味すると考えられる．これは，図5.9でも見られた傾向である．この現象は銀河のダウンサイジング，あるいは，反階層的進化と呼ばれている．

冷たいダークマターモデルによる階層的構造形成理論（5.2節）では，昔に小

さな銀河ができそれらが合体しながら，やがて大きな銀河ができるというシナリオが描かれている．しかし，これまで述べたような星生成史の観測事実を，このシナリオだけで説明することはむずかしい．そのため，銀河形成進化は宇宙の密度ゆらぎの高い部分から選択的に進むといったバイアスシナリオが考えられたり，星生成に伴う超新星爆発がその後の星生成を抑制するといったフィードバック効果を考慮したり（5.2.4 節参照），あるいは活動銀河中心核の放射が星生成を抑制する可能性等も議論されている．

5.4　高赤方偏移銀河

　前節で見たように，銀河の形成と進化に関する研究は，ここ 20 年の間に大きな進展を見た．特に，ライマンブレーク法による遠方銀河探査は成功を収め，多数の若い（赤方偏移 $z \sim 10$）銀河が発見され，その統計的な性質が研究されるようになった[*21]．しかし，もう一つ高赤方偏移銀河を探査する非常に重要な方法がある．それは高赤方偏移銀河の放射する水素原子のライマン α 輝線を捉える方法である．1967 年，パートリッジ（R.B. Partridge）とピーブルス（P.J.E. Peebles）は，銀河形成期に最初の大規模なスターバーストが発生した場合に，紫外線から赤外線域において，銀河が放射するスペクトルを計算した．その結果，大質量星の放射する電離光子によって銀河内のガスが電離され，水素原子の放射する再結合線が強く放射されることが分かった．再結合線の中でもっとも強く放射されるのがライマン α 線（静止波長 121.6 nm）である．高赤方偏移銀河の場合，このライマン α 線は大きな赤方偏移のために可視光から近赤外線域で観測される．このライマン α 線を探針（プローブ）として用いれば，可視光帯（400 nm–1000 nm）では赤方偏移 $z \sim 3$–7 の銀河が，また地上観測における近赤外域（1000 nm–2300 nm）では赤方偏移 $z \sim 7$–18 の高赤方偏移銀河の探査が可能になる．とりわけ非常に大きな等価幅を持つライマン α 輝線銀河は，きわめて若い生まれたての銀河である可能性が高く，この意味でも非常に重要な天体である．

　この種の輝線銀河探査には，2 種類の方法がある．一つの方法は分光観測であ

[*21] 2018 年 5 月時点で（やや粗いが）分光的に確認された最遠方銀河は GN–z11（$z = 11.1$）である．ライマンブレーク法でみつかっている候補銀河も $z = 11$–12 である（口絵 5）．

る．たとえば，シュミット望遠鏡に対物プリズムを装着して行うものがある．もう一つは，狭帯域フィルターを用いて撮像観測を行い，目的の輝線天体候補を選び，その後通常の分光観測で確認を行う方法である（詳しくは 172 ページのコラム参照）．ライマン α 輝線を探針として高赤方偏移銀河を探す場合，天体そのものが暗いため，後者の方法が用いられる[22]．たとえば，500 nm を中心に ± 10 nm の帯域幅の狭帯域フィルターを用いてライマン α 輝線銀河を探すと，赤方偏移 $z = 3.0$–3.2 の候補天体が見つかる．原理は簡単であるが，口径 8–10 m 級の光学赤外線望遠鏡ができるまで，この種のサーベイは成功しなかった．

現在ではこの方法によって，赤方偏移 $z \sim 7$ のライマン α 輝線光度関数が得られるようになってきており，これらの結果にもとづき銀河進化の議論が行われつつある．この手法は近赤外線域でも用いられ，$z \sim 10$ の候補天体も見つかってきている．

前景に銀河団があると，重力レンズ効果によって背景にある高赤方偏移銀河が大きく増光されるケースがある．口絵 7 は，ハッブル宇宙望遠鏡によって撮像された $z = 0.55$ の非常に重い銀河団である．銀河の周辺に短い弧状の天体がいくつも見える．これらは銀河団の背後に存在する銀河が強い重力レンズ効果を受けたもので，一般に大きく増光されている（8.5 節参照）．これを利用すれば，ライマンブレーク法でもライマン α 輝線探査法でも，非常に遠方の銀河を検出することが可能となるであろう．このような自然の増光効果を利用する方法で，赤方偏移 $z \sim 10$ の銀河を探す試みも行われており，すでに候補天体がみつかっている．

今後，この分野の探査が進めば，銀河形成初期の星生成の様子とその歴史が明らかになってくるであろう．究極的には宇宙に生まれた最初の銀河とでもいうべき天体が見つかってくるかもしれない．さらに，このような研究は，銀河間ガスの物理状態の進化の解明にも重要であり，宇宙の再電離がいつどのように起こり，どのような過程を経て進んできたかを探る手がかりにもなると考えられている．

その他，赤方偏移 $z \sim 7$ 以上の宇宙における星生成の歴史や銀河間ガスの物理状態を探る手段として近年注目されている現象に，ガンマ線バーストがある[23]．

---

[22] 撮像分光観測はいろいろな方向から来る空からの放射がノイズとなり，あまり深いサーベイはできない．

[23] ガンマ線バーストの詳しい説明は第 8 巻 5 章を参照．

これは，天空の一点から数秒間だけ突然ガンマ線がふりそそぐ現象である．ガンマ線が観測された後，X線や可視で残光（アフターグロー）がみられ，数時間から数週間かけて徐々に暗くなっていく．その一つのタイプである長いガンマ線バーストでは，明るい可視残光がよく見られる．その光度は非常に大きく，銀河の光度をはるかに上回る．実際，赤方偏移 $z = 0.94$（約 77 億光年）に出現したガンマ線バーストの可視残光が 6 等以下（肉眼でも見える明るさ）で観測された例もある．また，赤方偏移 $z = 6.3$ のガンマ線バーストの可視残光は口径 25 cm の望遠鏡でもとらえることができたほどである．

このタイプのガンマ線バーストは，非常に重い星の最期の爆発現象であることが最近の研究で明らかになってきた．したがって，ガンマ線バーストを探針として初期の宇宙における星生成の歴史を探ることができる．ある赤方偏移でガンマ線バーストが出現すれば，少なくともその時代にはすでに星生成があったことの証拠となる．たとえば，もし赤方偏移 $z = 15$ 以下ではガンマ線バーストが観測されるが，それより昔の宇宙では出現しないということがあれば，初代の星が $z \sim 15$ で誕生した可能性が示唆される．

ガンマ線バーストは，宇宙初期で銀河がまだ非常に小さくて暗い段階にあったとしてもその中で爆発すればきわめて明るい光を放つので，これをとらえることができる可能性がある．このような観点から，非常に遠方のガンマ線バーストを検出して初期宇宙における星生成の歴史，銀河間ガスの物理，再電離，重元素の起源等に迫ろうという研究が始まりつつある．2018 年 5 月時点では，$z = 9.4$（測光赤方偏移）のガンマ線バーストが最遠であるが，今後の研究の発展が期待される．

第 **6** 章

銀河の距離測定

　本章では，星や銀河などの天体までの距離を決める方法を紹介する．天体の多くの性質に関してその「真の量」を知るためには，天体までの距離を知ることが必要である．天体の観測から直接求めることができるのは「見かけの量」である．たとえば，見かけの明るさや，天球上の見かけの速度（角速度）*1などである．天体までの距離が分かれば，これら「見かけの量」を「真の量」に換算することができ，天体の物理的性質を正しく知ることができる．また，遠方銀河の距離測定はハッブルの法則を通して宇宙の大きさや年齢を決定するハッブル定数の測定にもつながる．さらに，遠くの天体までの距離が分かるということは，それだけ人類が認識できる宇宙のサイズが広がることと同じである．つまり，人類の宇宙観の拡大にもつながる．

　以上のように天体の距離測定は非常に重要な天文学の観測研究分野である．本章では，我々に近い天体からはじめて，順により遠い天体へと距離測定方法を解説する．

---

　*1 天球上の位置は角度で表されるので，天体の見かけの大きさや天球面上の 2 点間の距離も角度で表される（詳細は本シリーズ第 1 巻 2.4 節参照）．

192 | 第 6 章 銀河の距離測定

6.1 銀河系内の星と星団の距離決定

星や銀河などの天体までの距離を決めることは，天体の真の明るさや運動速度を知るために重要であるが，距離の測定は天文学上の難問の一つである．宇宙にある天体までの距離は広範囲に広がっているため，すべての天体に応用できる距離測定法はないからである．そこで，天体までの距離と，さらには天体の種類にも応じて異なった方法を用いる．実際には，近傍の天体までの距離測定結果を用いて，さらに遠方までの距離を導出する．このような近傍から遠方へと手法をつないでいく方法は「宇宙の距離はしご」と呼ばれている（第 1 巻 2.4.3 節参照）．その距離はしごの土台となるべき銀河系（天の川銀河）内の天体までの距離測定法に関してまず説明する．

6.1.1 年周視差法

地球から太陽までの距離は 1 天文単位（au）と呼ばれ，天文学での距離の単位の一つである．つまり，太陽のまわりの地球の楕円軌道の長半径[*2]である．（測定方法に関しては，第 1 巻 2.4.3 節参照）．

星までの距離を直接測定する方法として，もっとも単純な原理にもとづくのが年周視差を用いる方法である．この方法の原理はよく知られた三角測量である．つまり，地球が太陽のまわりを公転し，地球が大きく場所を変えることを利用し，異なった時期ごとの星の位置変動を測定する．すると，星を見る位置が変わるため天球上の星の位置が一般には楕円を描いて変動していく（実際には星は独自に運動しているので，この楕円運動に星の運動が加わる）．この楕円の長半径が年周視差と呼ばれるものであり（図 6.1 参照），年周視差の大小によって距離を測定する方法が年周視差法である．

[*2] 厳密に言えば，天文単位は，国際天文学連合（IAU）によって，別の定義により定められている．その定義は以下のように変遷してきた．1976 年の IAU 総会では，質量が無視できるほどの粒子が摂動を受けずに太陽の周りを完全な円軌道で周期 $2\pi/k$ ($k = 0.01720209895$) 日 〜 365.2568983日で回る半径と決定された．この場合，地球の楕円軌道の長半径 a との関係は，$a = 1.00000261\,\mathrm{au}$ となる．2009 年の IAU 総会では，「1 天文単位 = 1495 億 9787 万 700 ± 3 メートル」（±3 は誤差）と発表された．さらに，2012 年の IAU 総会では，1 天文単位は 1495 億 9787 万 700 メートルと定義して，数値を固定することが決定された．つまり今後，1 天文単位のメートル単位での数値は，変わらないこととなった．

6.1 銀河系内の星と星団の距離決定

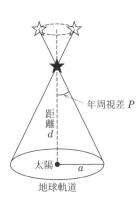
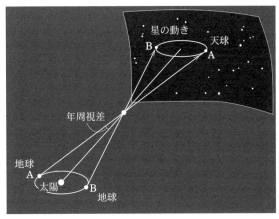

図 **6.1** （左）年周視差 P, 星までの距離 d, 天文単位 a との幾何学的関係を表す．（右）地球から星をながめると，（仮に星が静止しているとすると）地球の公転運動により，星は天球上を楕円運動するように見える．この楕円の長半径に相当する角度が年周視差である．

星の年周視差を P ラジアン，太陽と地球の距離を a とすると，星までの距離 d は，

$$d = a/P \tag{6.1}$$

で与えられる（図 6.1 参照）．ちなみに，この年周視差が 1 秒角になる場合の星までの距離を 1 パーセク (pc) と定義している．そこで，式 (6.1) において，a に 1 天文単位の長さ (km 単位)，P に $1''$（秒角）に相当する $\pi/(180 \times 3600)$ ラジアンを入れて計算すると，1 pc はおよそ 3.09×10^{13} km $(= 3.26$ 光年 $= 2.06 \times 10^5$ 天文単位) に相当することが分かる．また，年周視差が P 秒角の天体までの距離 r は，$r = 1/P$ [pc] で与えられることが分かる．この年周視差法を用いて，太陽系近傍の星々までの距離を測定することができる．

ヨーロッパ宇宙機関 (ESA) は，1989 年に世界で初めての位置天文観測衛星であるヒッパルコス衛星を打ち上げた（1993 年に観測を終了）．従来の地上での観測に比べて精度が格段に向上し，見かけの等級で 9 等級より明るい星に対して，年周視差の誤差として約 $0.''001$ を達成している．ところで，年周視差を用

いて信頼できる距離を求めるには，年周視差の誤差が約 10% 以内[*3]．であることが必要である．誤差がこれより大きいと，距離を求める際にさまざまな系統誤差が入るため，年周視差から推定する距離のもっともらしい値が統計分布上，単純には分からなくなる．したがって，ヒッパルコス衛星の場合，約 100 pc 以内（年周視差が $0''.01$ 以上）の星に対して，距離が精確に求められていることになる．しかし，銀河系全体（30 kpc 程度）に比べれば，年周視差法で距離が精確に測定できるのは，まだまだ我々の近傍の星々だけであった．さらに高精度な位置天文観測による年周視差測定が期待されていた．

そこで，ヒッパルコス衛星の後継機として，ESA は 2013 年 12 月に可視光による大型位置天文観測衛星ガイア（Gaia）を打ち上げた．約 5 年間の観測運用の後，データ解析を経て，2022 年頃に観測データがすべて公開される．見かけの等級が 21 等程度より明るい恒星に対して，ヒッパルコス衛星よりも約 2 桁も精度が向上して 10 万分の 1 秒角レベルの高精度で年周視差を測定する．なお，最終カタログが公開されるまでに，対象天体は限定され，また精度は最終的な精度よりは悪いが，段階的に観測データが順次公開されていく．先ず 2016 年 9 月に初回のデータが公開され，さらに，2018 年 4 月に 2 回目のデータ公開が行われた．ヒッパルコス衛星の観測と比べて星の個数，精度とも圧倒的に向上した結果がすでに得られてきている．具体的には，約 13 億個の星の年周視差が測定され，その精度は 15 等級より明るい星に対しては 40 マイクロ秒角（$0''.00004$）程度，20 等級の暗い星でも 700 マイクロ秒角（0.7 ミリ秒角 $= 0''.0007$）程度の精度がある．さらなる精度と信頼度の向上が今後のデータ公開で期待されている．

年周視差法以外にも太陽系近傍の星の距離を測定する方法がある．星の固有運動（天球上を星が横断する角速度）の測定結果を用いる運動星団の収束点法や統計視差法といった方法であり，年周視差法と併用されることもある．ただ，これらの方法では，銀河系の運動モデルなどについての仮定が必要なので，年周視差法に比べれば直接的ではないことは注意すべきである．また，分光視差法と呼ばれる恒星の特徴を用いた方法もよく用いられる．以下では，これらの方法について解説する．

[*3] 従来の地上からの観測では 500 星にも満たなかったが，ヒッパルコス衛星は 2 万星以上に対してこれを実現した．

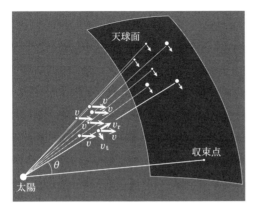
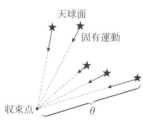

図 **6.2** 運動星団の収束点法．左図は，星の速度の向きと収束点の向きとの関係を表す．右図は天球上での運動星団の星々の固有運動の向き（矢印）と収束点を示す．

6.1.2 収束点法

 生まれてまもない星団に属する星は，空間内を集団としてまとまって運動している．このような空間運動が共通の星々の集団を運動星団と呼ぶ．この星団の固有運動のベクトルは，天球上の一点に収束するように見え，この点を収束点という．収束点の位置が分かると，個々の星の固有運動と視線速度の測定値から幾何学的関係にもとづいて計算すれば，星までの距離が求まる．最終的には，複数の星の距離を平均して星団の距離が求まる．この方法を収束点法という．以下で，その実際的な方法を説明する．

 ある星の速度をベクトル v で表し，速度方向と視線とのなす角度を θ とする（θ は天球上でその星と収束点との間の角距離であることに注意）．すると，視線速度 v_r と視線に垂直方向の速度成分 v_t との関係は，$v_t = v_r \tan\theta$ で与えられる（図 6.2 の左図参照）．一方，この星の固有運動を μ とし，星までの距離を d とすると，$v_t = \kappa \mu d$ となる．ここで，κ は定数であり，距離を pc，固有運動を $''\mathrm{y}^{-1}$，速度を $\mathrm{km\,s^{-1}}$ で表す単位系を用いるときは，$\kappa = 4.74$ となる．この式から，星までの距離は，

$$d = v_r \tan\theta / 4.74\mu \quad [\mathrm{pc}] \tag{6.2}$$

で与えられる．角度 θ は，天球上で収束点の位置と星の位置から知ることができる（図 6.2 の右図参照）．そこで，視線速度と固有運動が測定できれば，式（6.2）より星までの距離が求まる．これが，収束点法の原理である．実際には，θ を精度良く求めるために，星団に属する星々を多数選び出し，それらの固有運動方向に対して，最小二乗法を用いることによって，収束点の方向を決める必要がある．最終的には，用いた星々の距離の平均値として，星団の距離が求まる．

6.1.3 統計視差法

太陽は，比較的近傍の星々に対して独自に移動している．そのため，我々から見たこれらの星々の天球上の位置は，時間とともに太陽の運動方向の反対方向に系統的に変化する．その変化量（固有運動）は，星の太陽からの距離に反比例する．この現象を利用し，さらに星それぞれの固有運動の効果も考慮しながら，見かけの明るさやスペクトル型が類似している星々のグループの固有運動のデータを統計的に解析すると，星の距離や絶対等級を推定することができる．この方法を統計視差法と呼ぶ．

まず，簡単な場合として，星は独自には運動せず，太陽運動の影響のみで見かけ上運動していると仮定する．つまり，すべての星が，太陽運動（速度 $\boldsymbol{S}$）の反対方向に速度（$-\boldsymbol{S}$）で見かけ上運動しているとする（図 6.3 参照）．さて，i 番目の星の見かけ上の運動方向と視線方向のなす角度を θ_i とすると，視線速度に垂直な速度成分 $v_{\mathrm{T}i}$ と視線速度 $v_{\mathrm{R}i}$ は，$v_{\mathrm{T}i} = -S\sin\theta_i, v_{\mathrm{R}i} = -S\cos\theta_i$ となる．一方，この星の固有運動 $\mu_i\,['' \, \mathrm{y}^{-1}]$ と $v_{\mathrm{T}i}\,[\mathrm{km\,s^{-1}}]$ は，星までの距離を $d\,[\mathrm{pc}]$, $\kappa = 4.74$ とすると，$v_{\mathrm{T}i} = 4.74\mu_i d\,[\mathrm{km\,s^{-1}}]$ の関係があるので，以下の 2 式を得る．

$$\mu_i = -\frac{S}{4.74d}\sin\theta_i \tag{6.3}$$

$$v_{\mathrm{R}i} = -S\cos\theta_i. \tag{6.4}$$

θ_i は i 番目の星の位置と，太陽運動の反対方向（太陽反向点）の天球上での位置の関数で与えられることが幾何学的考察より分かっている．また，同じスペクトル型の星で，さらに見かけの等級が等しい星のグループをなるべく多数選べば，距離 d はとりあえず共通としてよい（6.1.4 節の分光視差を参照）．そこで，このグループに対して，固有運動を観測する．それを，式（6.3）の左辺に代入し，

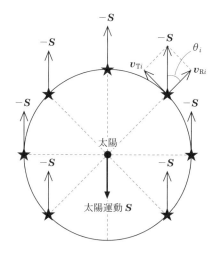

図 **6.3** 太陽が銀河系内でまわりの星団に対して移動する結果，我々から見たまわりの星々の天球上の位置が時間とともに，太陽の運動方向の反対方向に系統的に変化する．

おのおのの星の位置の情報も θ_i に代入すると，最小二乗法により，観測結果をもっともうまく説明できる $S/4.74d$ と（θ_i の中に未知のパラメータとして含まれる）太陽反向点の位置が求まる．次に，こうして求まった太陽反向点の位置の情報を式（6.4）の θ_i に代入し，さらに左辺に視線速度の測定値を代入すると S が求まる．先ほど求まった $S/4.74d$ と組み合わせれば，星までの距離 d が求まる．以上が，統計視差法の原理である．

実際には，星は系統的な運動（銀河回転などによるもの）だけでなく，その系統運動に加えて，ある種の速度分布関数に従う固有の速度をもっている．これらの運動については未知の場合が多いため，運動をモデル化する必要がある．選び出したグループの星に対して，統計学でよく用いられる最尤推定法により距離と運動モデルのパラメータを同時に解いて距離を求めることになるが，モデルにパラメータが入っていることに注意が必要である．

6.1.4　分光視差法

年周視差によって距離が分かっている恒星のデータから，主系列星には真の明るさ（絶対等級）と星の色（正確にはスペクトル型）に密接な関係があることが

198 第 6 章 銀河の距離測定

知られている（第 1 巻 2.4.3 節参照）．したがって，星の色（スペクトル型）が分かれば，その真の明るさが推定でき，それを見かけの明るさと比較すれば距離が分かる．この方法は分光視差法[*4]と呼ばれる．見かけの等級を m，スペクトル型から推定される絶対等級を M とすれば[*5]，その星までの距離 $d\,[\mathrm{pc}]$ は，絶対等級と見かけの等級の関係（第 1 巻 2.4.1 節参照）の定義を用いると，

$$\log d = 1 + (m - M)/5 \tag{6.5}$$

で与えられる．

以上のようないくつかの視差法を用いて銀河系内の星の距離が求められる．観測が続いているガイア衛星やその他の観測の進展により，さらに高精度な年周視差や固有運動が測定できるようになって，より遠方の星の距離や運動速度を信頼できる精度で直接的に評価することが可能となるであろう．それは以後の各節に述べる銀河の距離測定と宇宙モデルの検証の基礎となるものである．

6.2 標準光源による距離測定の原理

6.2.1 原理

6.1 節で見たように，天体の距離を測るさいに，純粋に幾何学的な三角測量の原理に基づく年周視差法が使えるのは，ヒッパルコス衛星による観測でも距離 100 pc 程度までのごく近傍の天体に限られていた．2018 年時点では，ハッブル宇宙望遠鏡（HST）の Fine Guidance Sensor による観測で 500 pc まで，Wide Field Camera 3（WFC3）の空間スキャンによる観測で 3 kpc までのセファイドの年周視差が測定されている．2022 年頃に予定されているガイア衛星の最終データ公開時には 10 kpc までの 10 億個を超える恒星の年周視差が精密に決定されると期待されている（6.1.1 節参照）．

年周視差法が届く距離より遠くでは，標準光源法と呼ばれる天文学特有の方法が用いられる．この方法では，真の明るさ，または大きさが既知の天体（この天体のことを標準光源と呼ぶ）があるとすると，宇宙論的な効果が効かない距離で

[*4] 天文学では，角度だけでなく，天体の距離測定の指標になる量はすべて視差と呼ぶ．

[*5] スペクトルからその星が主系列星か巨星かなどの情報も得られるので，分光視差法は主系列星以外にも適用できる．

は，その見かけの明るさは距離の2乗に反比例して暗くなり，見かけの大きさは距離に反比例して小さくなる性質を利用して距離を推定する．標準光源および銀河の距離を知るために使えるものを，広い意味で距離指標と呼ぶ．本節では「宇宙の距離はしご」を銀河系内から系外銀河へと伸ばしていくことにする．

6.2.2　1次距離指標

脈動変光星であるセファイドとこと座RR型変光星はもっとも精度の高い基本的な距離指標であるので，1次距離指標と呼ばれる[*6]．セファイドは種族Iの脈動変光星であり（第7巻参照），変光周期の長いものほど真の明るさが明るいという周期–光度関係を有する（図6.4）．セファイドはきわめて明るい星なので（$-6 < M_V < -2$），銀河系内ばかりでなく，近傍の銀河でも観測することができる．そのため，セファイドの周期–光度関係に絶対等級の目盛りを入れる絶対校正[*7]を確立することは，銀河系内と銀河系外の距離をつなぐ非常に重要なステップとなる．一方，種族IIでセファイドに対応する役目を果たす変光星がこと座RR型変光星（$M_V \sim 0$）である．球状星団の距離決定とその年齢の推定に重要な役割をはたしている．

セファイドの周期–光度関係の絶対校正は従来は以下の手順で行われていた．年周視差などの方法で距離の求められた太陽近傍の星や散開星団から個々の星の絶対等級を求めて，色–絶対等級図を作成し，主系列を決定しておく．銀河系内のセファイドを含む散開星団の測光観測から，星間吸収を補正した色–等級図を作成し，その主系列と太陽近傍の星で求めた主系列の等級差から星団の距離を求める．この方法は，主系列フィットと呼ばれ，星団の主系列を一種の標準光源とみなすものである（第1巻2.4.3節参照）．

この主系列フィットをセファイドを含む散開星団ごとに行い，個々のセファイドの絶対等級を求め，それを変光周期に対してプロットすることで周期–光度

[*6] セファイドはケフェウス座δ（星）型変光星，こと座RR型変光星はRRライリとも呼ばれる．

[*7] ここで用いている「校正」という語の英語はcalibrationである．英語のcalibrationは，「（温度計などの）計器の目盛りを正しくつける」という意味である．この意味は「校正」という言葉の通常の意味とは異なるので，天文学分野では長い間calibrationに対しては「較正（こうせい）」という訳語をあてて来た．しかし最近は「校正」が広く使われて来たので，本巻でもこの語を用いることにする．

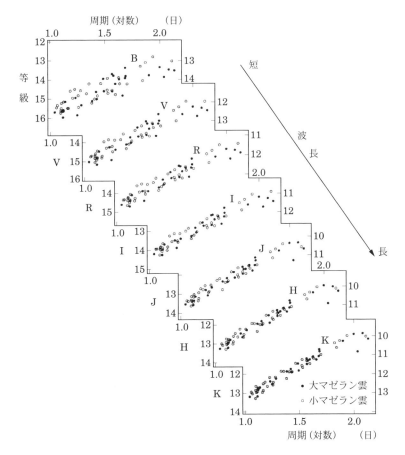

図 **6.4** マゼラン雲のセファイドの可視から近赤外にわたる七つのバンド（B, V, R, I, J, H, K）での周期—光度関係．波長が長いほど分散が小さくなり，傾きが急になる（Madore and Freedman 1991, *PASP*, 103, 933）．

関係を決定できる．最近ではマゼラン雲中の多数のセファイドの観測から，マゼラン雲の距離は別の方法により既知として（大マゼラン雲（LMC）の距離指数[*8]は $m - M = 18.48 \pm 0.03\,\mathrm{mag}$)，その絶対校正を行っている．

ヒッパルコス衛星以前は，年周視差法で測定できる距離にはセファイドがなかったので，このような間接的な方法で絶対等級を求めていた．ヒッパルコス衛

星の年周視差から決めたセファイドの周期–光度関係のゼロ点は，従来の距離尺度と約 10%違っていると考えられたが，その後データ解析が更新されている．HST による年周視差を含めて約 20 個の銀河系内のセファイドの年周視差が測定されているが，ガイア衛星では数百個の銀河系内のセファイドの年周視差が測定されると期待されている．しかし LMC のセファイドは金属量が銀河系内のセファイドと違っており，金属量の違いを考慮するかどうかで結果が少し変わるため，別の銀河でセファイドの絶対校正をする試みもある*9.

近傍銀河中にセファイドが見つかれば，絶対校正された周期–光度関係を用いて，その銀河までの距離を決めることができる．セファイドによって距離の決められた近傍銀河は，より遠い銀河の距離決定の基準となるため校正銀河（local calibrator）と呼ばれることがある．1990 年代前半までは，地上からのセファイドの観測は約 4 Mpc の銀河までしか届かなかったので，校正銀河は 10 個足らずしかなかった．しかし，ハッブル宇宙望遠鏡により約 40 Mpc までセファイドが観測可能になったため，現在では約 50 個の近傍銀河の距離がセファイドで決められている．

6.2.3　2次距離指標

セファイドが単独の星として観測できないほど遠い銀河では，H II 領域，球状星団，新星，超新星などのセファイドより明るい天体を標準光源として距離を推定する．これらは 2 次距離指標と呼ばれる．超新星は，出現の予測がつかないという難点があるが，銀河本体に匹敵するほど明るくなるので有用な標準光源である．

さらに遠方になると，銀河内の個々の天体はどれも見えなくなるので，銀河全体を標準光源とせざるをえない．このためには，1000 倍以上も規模の違う銀河の真の明るさや大きさを知るための手段が必要になる．これが距離指標関係である．1980 年代の終わりには，観測技術の進歩により，惑星状星雲や面輝度ゆらぎを用いるものなどいくつかの新しい距離決定法が開拓された．これらのいくつかについては 6.3 節で詳しく述べる．

---

*8　(200 ページ) 天体の絶対等級 M，見かけの等級 m，および距離 r [pc] の間には，$m - M = 5 \log r - 5$ の関係がある．$m - M$ のことを距離指数と呼ぶ．単位は等級 [mag] である．見かけの等級 m には星間吸収の補正をしておく必要がある．

*9　ただしこれらの 1 次距離指標の不定性はそれほど大きくはなく，10%以下と推定されている．

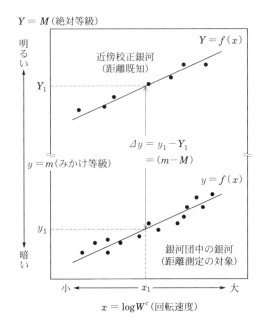

図 **6.5** 距離指標関係の概念図．タリー–フィッシャー関係の例．

6.2.4 距離指標関係

　銀河を標準光源として使うには，真の明るさや大きさを推定する必要がある．このために使える経験的な相関関係が距離指標関係である．距離に依存して変わる観測量 y（見かけの明るさ，大きさなど）と距離に依存しない観測量 x（回転速度，色など）の間に強い相関関係が見つかれば，それを距離指標関係として使うことができる．距離の分かっている校正銀河でその相関 $y = f(x)$ を調べておく．距離を知りたい銀河の x_1 と y_1 (y の見かけの値) を測り，校正銀河に対する関係から $x = x_1$ に対応する $Y_1 = f(x_1)$ を求める（Y_1 は y の真の値）．距離に依存する量 y の差 $\Delta y = y_1 - Y_1$ からその銀河までの距離を知ることができる（図 6.5 参照）．

　有名な距離指標関係としては以下のものがある．渦巻銀河の明るさと H I 輝線（中性水素の出す波長 21 cm の電波輝線）の速度幅の間には強い相関があり，タリー–フィッシャー（Tully–Fisher）関係と呼ばれる．一方，楕円銀河の場合

は，その光度と中心の速度分散の間に強い相関があり，フェイバー–ジャクソン（Faber–Jackson）関係と呼ばれる．その改訂版は楕円銀河の大きさと速度分散の間の D_n–σ 関係である（2.3 節参照）．

6.3 近傍銀河の距離決定

1980 年代終盤から新しい方法が開拓され銀河の距離決定は大きく発展した．ここでは，そのいくつかの方法を紹介する．

6.3.1 惑星状星雲光度関数法

一つの銀河内にある惑星状星雲の明るさの頻度分布（光度関数）を調べると，図 6.6 に示すように，明るい惑星状星雲の個数が急激に減少する特徴的な形をしている．この光度関数の形はどの銀河でもほぼ一定になることを利用して銀河の距離を測る方法を，惑星状星雲光度関数（PNLF; planetary nebula luminosity function）法と呼ぶ．惑星状星雲の光度関数に用いられる光度は [O III]λ5007 Å の輝線強度である．惑星状星雲を作る中心星の質量はごく狭い範囲にあり，また星雲の明るさがガスの金属量にあまり依存しないため，いろいろ

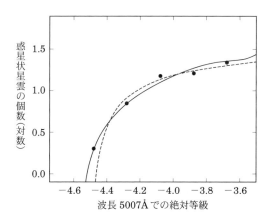

図 **6.6** M 81 の惑星状星雲の光度関数．横軸は絶対等級に直してある．実線は理論計算による予想．破線は経験的に求められた解析的表現（$N(M) \propto e^{0.307M}[1 - e^{3(M^* - M)}]$, $M^* = -4.48$ mag）（Jacoby *et al.* 1989, *ApJ*, 344, 704）．

な銀河に対して共通して用いることができる.

この方法の利点は，セファイドなどの変光星の観測のように複数回の観測は必要なく，1回の観測で完結すること，惑星状星雲の場合は明るい側の端が標準光源となるのであまり暗いところまで観測しなくても良いことなどが挙げられる[*10]．また，惑星状星雲は [O III] の輝線を出している天体として狭帯域フィルターによる撮像観測で容易に選択することができる．実際には，H II 領域や背景の銀河などが混入する可能性もあるので，注意を要する．

6.3.2 面輝度ゆらぎ法

銀河の面輝度の滑らかさを距離の指標とする方法を面輝度ゆらぎ（SBF; surface brightness fluctuation）法と呼ぶ．簡単のために，まったく同じ絶対等級の星ばかりからなる銀河を考える．面輝度は，ある単位立体角（たとえば 1 平方秒）に入る星の光度 f の総和である．平均的に N 個の星が入るとすると，平均の面輝度は $I = Nf$ となる．星の個数はポアソン分布にしたがうとすると，面輝度のゆらぎは $\Delta I = N^{1/2} f$ となる．ここで，N は距離の 2 乗に比例し f は距離の 2 乗に反比例するので平均の面輝度は距離によらないが，ゆらぎは距離に反比例する．つまり遠い銀河ほど滑らかに見えることになる．ゆらぎの 2 乗と平均面輝度の比は $(\Delta I)^2 / I = f$ となる．実際の銀河では，赤色巨星分枝[*11]の最上端にある星が光度にほとんど寄与している．したがって，何らかの形でこの種の星の f を校正すれば，$(\Delta I)^2 / I$ を使って銀河の距離を測定することができる．実際の解析は少し複雑で，フーリエ変換を使ったパワースペクトル解析が用いられ，実際に個々の星の f を測定するわけではない．

6.3.3 赤色巨星分枝先端法

赤色巨星分枝の明るい側の先端は，星の進化の過程で，コアヘリウムフラッシュ[*12]が発生する段階に対応している．このときの星の明るさはコアの質量に

[*10] 銀河に付随する球状星団の光度関数も距離測定に用いられるが（GCLF 法），球状星団の場合，光度関数の形がほぼ正規分布である．標準光源として使えるのはその平均の明るさであるため，もっとも明るいものより 2 等級以上暗いものまで観測する必要がある．

[*11] H–R 図上で主系列星より進化の進んだ赤色巨星の分布する帯状領域．

[*12] 炭素，酸素でできた中心核（コア）のまわりを取り巻く薄いヘリウム殻で不安定なヘリウム核燃焼が起こる現象．

対応しており，その質量には限界値がある．この限界値は金属量の関数だが，I
バンドで見たときの明るさは，金属量が [Fe/H]< −0.7 の種族 II の星について
は，金属量や年齢によらず $M_I \sim -4.0 \pm 0.1 \, \text{mag}$ と一定であることが知られて
いる．この明るさを標準光源として利用するのが赤色巨星分枝先端（TRGB; tip
of red giant branch）法である．実際には，色–等級図上で赤色巨星分枝の天体
を選び出し，その光度関数の明るい側の端を検出する．その方法から分かるよう
に個々の星が分解されないといけないので，近傍の銀河にしか適用できない．

これまでに述べた各方法（PNLF, SBF, および TRGB）で決められた近傍銀
河の距離はお互いによく一致しており，セファイドやこと座 RR 型変光星を使っ
て決めた距離とも一致している（ばらつきは距離指数で 0.1 等程度）．したがっ
てこれらの方法の信頼性はかなり高いと考えられている（図 6.7 および 6.5.1 節
参照）．

6.3.4 II 型超新星の膨張光球法

II 型超新星は太陽質量の 8 倍以上の質量を持つ星が重力崩壊して起こる爆発
現象である．膨張光球法は，爆発して膨張するガスの視線方向の速度を観測し，
明るさの観測から推定した光球の広がりと比較して視差を直接測るもので，標準
光源とは異なる原理にもとづいた方法として注目を集めている．

いま，距離 r の位置にある半径 R の II 型超新星を考える．この超新星からの
光度は，

$$f_\nu = \frac{\pi R^2 B_\nu(T) \zeta^2(T)}{r^2} \tag{6.6}$$

と書ける．ここで $B_\nu(T)$ は温度 T のプランク関数，$\zeta^2(T)$ は II 型超新星の放射
と黒体放射のずれを表す因子である．II 型超新星の放射が完全な黒体放射なら
$\zeta^2(T) = 1$ である．視差 θ は直接測定するのではなく，観測できる量（f_ν, T）
と $\zeta^2(T)$ を用いて，

$$\theta = \frac{R}{r} = \left[\frac{f_\nu}{\pi B_\nu(T) \zeta^2(T)} \right]^{1/2} \tag{6.7}$$

として計算する．ここで，f_ν と T は多色測光観測から得られ，$\zeta^2(T)$ は理論モ
デルから得られる．光球は自由膨張していると仮定すると，時刻 t の関数として

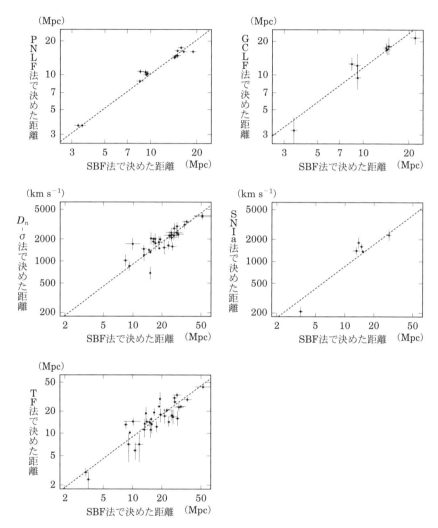

図 **6.7** SBF 法で求めた近傍銀河の距離を他の 2 次距離指標や距離指標関係で求めた近傍銀河の距離と比較した．上段左から PNLF 法，GCLF 法，中段左から D_n-σ 関係，SNIa 法，下段タリー – フィッシャー（TF）関係（Jacoby et al. 1992, *PASP*, 104, 599）．

$$R = v(t - t_0) + R_0 \tag{6.8}$$

と書ける．ここで，t_0 は爆発の起こった時刻であり，$R_0 = R(t_0)$ である．$R \gg R_0$ と仮定すると，

$$t = r\left(\frac{\theta}{v}\right) + t_0 \tag{6.9}$$

を得る．膨張速度 v はスペクトルから得られる．いくつかの時刻 t における観測データを用いて t を (θ/v) の関数としてプロットするとほぼ直線となる．この直線の傾きが距離 r を与え，切片が t_0 を与える．この方法の信頼性は，$\zeta^2(T)$ を推定するモデルの良否にかかっている．それぞれに特徴の異なる II 型超新星に対して，適切なモデルを作るのは容易ではない．経験則的な方法であるが，爆発後50 日（プラトー期）の Fe II λ5169Å から決めた膨張速度と明るさの相関を利用した Standard Candle Method，プラトー期の光度曲線の傾きと超新星の色などの測光データだけを利用する Photometric Color Method なども提案されている．

6.3.5 水メガメーザーによる距離測定

距離 D にある銀河の活動銀河核の中心にあるブラックホールから実距離 r 離れた場所でブラックホールの周りを速度 v で円運動しているガスが，見かけの距離（天球上で銀河中心からの角度）θ の位置で観測されたとする．この銀河までの距離 D は

$$D = \frac{r}{\theta} \tag{6.10}$$

と書ける．一方，このガスの運動方程式から，その加速度は，

$$a = \frac{v^2}{r} \tag{6.11}$$

と書けるので，ガスの運動面の視線方向への傾き i を考慮して，銀河までの距離は，

$$D = \frac{v^2}{a\theta}\sin i \tag{6.12}$$

と書くことができる．一方，銀河中心からのみかけの距離 θ の時間変化 $\dot{\theta}$ から，

$$D = \frac{v}{\dot{\theta}} \tag{6.13}$$

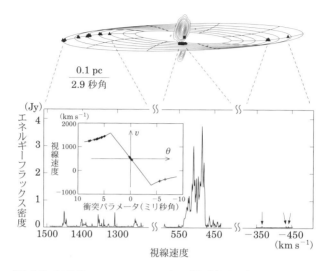

図 6.8　NGC4258 の VLBI による観測結果．水メーザーの位置が▲と■で示されている（原図は Herrnstein *et al.* 1999, *Nature*, 400, 539 による）．

としても距離を求めることができる．

渦巻銀河 NGC4258 の VLBI による水メーザーの観測では，個々のメーザー源を分離して観測することができ，数年間にわたるモニター観測により $v, \theta, \dot{\theta}, a$ が精度よく決められている．図6.8 にそれが示されている．上図にはディスクモデルと観測された水メーザーの位置が示されている．中心のコントアは 22 GHz の電波で観測されたジェット．下図はこの領域の電波スペクトルで，横軸は視線方向の速度に変換している．下図に埋め込まれているのは個々のメーザーの位置と速度から描いた回転曲線で，横軸が銀河中心からの距離，縦軸が視線速度を表す．

ガスの円運動の回転速度 v はガスの回転曲線から測定することができる．半径は θ のモニターデータから求められる．ガスの加速度 a は銀河中心の手前にあるガスの速度を時間の関数としてプロットしたグラフの傾きから測定する．実際にはより詳細な回転ディスクモデルを使い，中心のブラックホールの質量などもパラメータとして，データ点すべてをフィットすることで，NGC4258 の距離は $m - M = 29.39 \pm 0.06$ mag と非常に精度よく決められており，セファイドの周期–光度関係のゼロ点の校正に使われている．

6.3.6　分離食連星の距離測定

　分離食連星は互いの星の大きさが連星系のロッシュローブより十分小さい食連星である．その光度曲線と視線速度曲線の観測から連星系をなす星の物理量（質量，大きさ）を測定できることが知られている．簡単のために軌道傾斜角が 90 度で円運動をしているとする．二つの星の質量を M_1, M_2，軌道長半径を a，公転周期を P，万有引力定数を G とすると，視線速度の観測から，ケプラーの法則

$$\frac{a^3}{P^2} = \frac{G}{4\pi^2}(M_1 + M_2) \tag{6.14}$$

をもとにして，軌道長半径と星の質量を

$$a = \frac{P}{2\pi}(v_1 + v_2) \tag{6.15}$$

$$M_1 + M_2 = \frac{P}{2\pi}\frac{(v_1 + v_2)^3}{G} \tag{6.16}$$

のように，視線速度 v_1, v_2 と周期 P から求めることができる．一方，光度曲線の解析，特に，食の進行にかかる時間の長さから星の大きさ R_1, R_2 を，食が起こったときの明るさの比から星の表面輝度の比 F_2/F_1 などを求めることができる．実際の観測では精密なモデルによりこれらの星のパラメータを決定する．観測される観測波長 λ でのフラックス S_λ は，この連星系までの距離を d として

$$S_\lambda = \frac{\pi}{d^2}(R_1^2 F_1 + R_2^2 F_2) \tag{6.17}$$

と書ける．ここで S_λ を観測すれば，この連星系までの距離 d は

$$d^2 = \pi R_1^2 F_1 [1 + (R_2/R_1)^2 F_2/F_1]/S_\lambda \tag{6.18}$$

と書け，主星の表面輝度 F_1 を知ることができれば，距離を求めることができる．
　早期型の星の連星系の場合は，この表面輝度は星の分光測光観測から星の大気モデルを介して見積もられているが，大気モデルの不定性が大きく誤差が大きい．一方，晩期型の星では，干渉計による星の大きさの直接測定により，星の色と表面輝度の間の関係が非常に精度よく（2%）決められている．この関係を晩期型の巨星の連星系に適用して表面輝度を求め，LMC の距離が測定されている．

6.4 遠方銀河・銀河団の距離測定

前節までは，宇宙論的な効果が無視できる，比較的近傍にある天体や銀河の距離測定について述べてきた．本節では，宇宙論的な効果が効いてくる遠方銀河の距離測定について述べる．

遠方の銀河や銀河団までの距離として提示される値は，実際に測定した距離ではなく，宇宙膨張のモデルに基づいて赤方偏移 z から計算で求めたものであることが多い．そこでは標準 ΛCDM モデル（5.1 節参照）が用いられるのが一般的である．宇宙モデルのパラメータを決めたり，モデルそのものの妥当性を吟味するためには，宇宙モデルとは独立に遠方の銀河や銀河団までの距離を測定することが必須である．ここではそのような距離決定法の代表的なものを説明する．

6.4.1 Ia 型超新星による方法

超新星は，その可視光帯のスペクトルに水素のスペクトル線が見られない I 型と，見られる II 型に大別される．I 型はさらにシリコンのスペクトル線が見られる Ia 型，ヘリウムのスペクトル線が見られる Ib 型，シリコンおよびヘリウムのスペクトル線ともに見られない Ic 型に分類される．Ia 型以外の超新星は質量の大きい恒星の終末に起こる重力崩壊による爆発現象であるが，Ia 型超新星だけは起源が異なり，白色矮星の熱核暴走による爆発に起因する．中小質量の恒星が進化してできる白色矮星は，太陽質量の約 1.4 倍に近づくと電子縮退圧で重力を支えきれなくなり爆発する．この質量をチャンドラセカール限界質量と呼ぶ．単独の星の進化では Ia 型超新星の爆発を説明することは難しいが，連星系の場合は伴星から質量をゆっくりと得たり，白色矮星同士が合体することで，チャンドラセカール限界質量に近づき，Ia 型超新星現象が発生する．超新星については第 1 巻および第 7 巻 7 章に詳しい解説がある．

Ia 型超新星の特徴は，スペクトルや光度曲線が互いに非常によく似ていることである．特に可視光の光度曲線の形は図 6.9 に示すように，時間方向に定数をかけてスケーリングするだけで互いに大変よく一致する．また最大光度（ピーク）時の真の明るさ（絶対等級）を調べると，速く暗くなる超新星は暗く，ゆっくり暗くなる超新星は明るいという関係がある．光度曲線の形や色などを使う精密な解析法によって現在では，ピーク時の光度のばらつきは，10%程度にまで抑

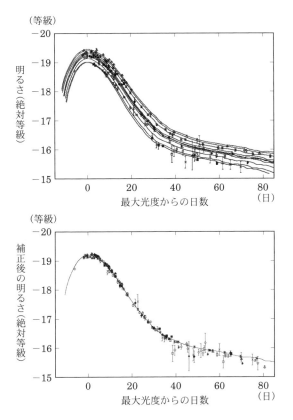

図 **6.9** Ia 型超新星の光度曲線. (上) ゆっくり暗くなるほど明るいという関係がある. (下) 暗くなる速さと明るさの関係を補正した後の光度曲線. 明るさのばらつきが大変小さくなっていることが分かる (高梨直紘氏提供).

え込まれている.

　以前はセファイドなどで距離が精度よく測定された銀河に出現した Ia 型超新星の観測が少なかったため, ピーク時の絶対等級に関しては不定性が大きかったが, 近年系統的な観測が進められて高い精度が達成された (6.5.5 節参照). また, Ia 型超新星は超新星の中でもっとも明るい部類であり, ピーク時には絶対等級にして $V \sim -19$ よりも明るくなる. したがって赤方偏移 z が 1 を越える遠方においても観測が可能であり, 遠方宇宙の距離を測る第一級の標準光源となった.

Ia 型超新星のこれらの特徴をうまく利用し，比較的近傍と遠方の宇宙で発生した Ia 型超新星の観測を組み合わせると，宇宙膨張のモデルに制限を与えることができる（6.5 節参照）．ただし明るい Ia 型超新星といえども観測には限界があるため，ハッブル宇宙望遠鏡や地上の口径 8 m 級の望遠鏡を用いても，赤方偏移 $z > 1.5$ の超新星を観測するのは容易ではない．

Ia 型超新星の明るさ決定の精度を決めている大きな要素として，母銀河における塵による減光があげられる．現在のところ塵による減光の影響は，超新星の色の情報を使うことで補正されている．しかし，Ia 型超新星の母銀河の塵の性質にばらつきがある可能性も報告されており，より精度の高い測定を行うには，塵の少ない楕円銀河で発生する Ia 型超新星のみを用いるなどの工夫をしていく必要がある．

なお，Ia 型超新星の出現率の最近の観測結果によると，Ia 型超新星は従来考えられてきた楕円銀河などの古い恒星系に出現するものと，渦巻銀河や不規則銀河など星生成活動の盛んな銀河で星生成活動に応じて出現するものと，2 種類あるらしいことが分かってきた．一般に楕円銀河などに出現するものはやや暗めで光度の減衰も速いものが多いが，距離指標として性質が異なるのか，などの詳細については現在研究が進められている．

6.4.2 銀河団プラズマのスニヤエフ–ゼルドビッチ効果を利用した方法

銀河団には高温プラズマが大量に存在しているが，この高温プラズマが宇宙マイクロ波背景放射（以下では宇宙背景放射と表記）と相互作用をするスニヤエフ–ゼルドビッチ効果（S–Z 効果）と呼ばれる現象を用いて銀河団までの距離を推定することができる．これは宇宙背景放射のスペクトルが銀河団の高温プラズマによる逆コンプトン散乱のため，黒体放射からずれる現象である（9.3 節参照）．ここでは距離指標という観点から説明する．

いま，電子密度 n_e および電子温度 T_e のプラズマが銀河団内で直径 L の球状領域に分布しているとする．このとき，宇宙背景放射のスペクトルが視線方向の S–Z 効果により，銀河団中心で温度が見かけ上 ΔT だけ下がるとすると，

$$\Delta T \propto n_e T_e L \tag{6.19}$$

となる．一方，プラズマからの X 線の強度 F は，銀河団までの光度距離を d_L

とするとき

$$F \propto \frac{n_e{}^2 T_e{}^{1/2} L^3}{d_L{}^2} \tag{6.20}$$

と表せる．ここでプラズマの空間分布が球対称であると仮定しているので，プラズマの見かけの広がり θ と角直径距離 d_A の間には

$$L = \theta d_A \tag{6.21}$$

の関係がある[*13]．上の3式より n_e を消去すると，

$$\frac{d_L{}^2}{d_A} \propto \frac{\theta \Delta T^2}{T_e{}^{3/2} F} \tag{6.22}$$

を得る．この式の左辺は宇宙モデルパラメータ H_0 と Ω_0，および赤方偏移 z を使って表され，$d_L = d_A(1+z)^2$ である．一方，右辺はすべて観測から求めることができる．したがって宇宙モデルを決めると距離（光度距離と角直径距離）を求めることができる．あるいは，観測結果からハッブル定数 H_0 等を逆に求めることも可能となる．

この方法の長所は，距離はしごを使うことなく，原理がよく理解されている物理現象をもとに距離やハッブル定数が求められることである．一方，短所としては現実の銀河団のプラズマガスの非対称性や非一様性に起因する誤差がどうしても入ってしまうことである．また，ΔT を精度よく測定することも簡単ではない．

6.4.3　重力レンズ像の時間差を利用する方法

銀河団や銀河の重力ポテンシャルによって，一般相対論の効果で光が曲げられる現象を重力レンズ現象という．この重力レンズ現象によって，背後にある天体が二つ以上に分かれて見える場合，光の辿る行路が異なることを利用して，重力レンズまでの距離を測ることができる．

図 6.10 に示すように，重力レンズの背後の天体（たとえばクェーサー）の光が違った方向から地球に届くように見えるとする．ここで θ_A と θ_B はそれぞれの像が実際とずれて見える見かけの角度，D_S，D_L，および D_{LS} はそれぞれ地球から重力レンズ効果をうけた天体までの距離，地球から重力レンズ源までの距

[*13] 光度距離と角直径距離については 5.1 節を参照．

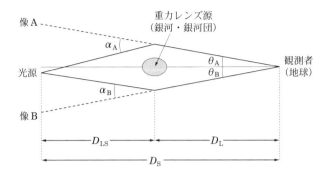

図 **6.10** 重力レンズ像と時間差の関係.

離,および重力レンズ源と重力レンズ効果をうけた天体までの距離である.

図のように角度 α_A と α_B をとると,A と B から光が地球まで届く時間差 Δt は

$$\Delta t = -\varepsilon(1+z_L)(\theta_A - \theta_B)\frac{(\alpha_A + \alpha_B)}{2c}\left(\frac{D_L D_S}{D_{LS}}\right) \qquad (6.23)$$

で表される.ここで $\varepsilon\,(0 < \varepsilon < 1)$ はレンズの形状に依存するパラメータで,z_L はレンズの赤方偏移である.

ここで右辺最後の $D_L D_S/D_{LS}$ の項は H_0 および Ω_0 の宇宙モデルパラメータを含んでいるが,それ以外はすべて観測から決められる量である.長時間(1年のオーダー)のモニター観測から Δt が求まると,図に示した全体のスケールが決まり,宇宙モデルのパラメータを決めることができる.

この方法の精度を上げるには,長期間にわたる時間的に密なモニター観測によって時間差 Δt を精密に測定することと,詳細な撮像・分光観測に基づいた精密な重力レンズモデルの構築により ε の不定性を減らすことが重要である.地上の小口径望遠鏡で 20 個あまりの重力レンズクェーサーを長期詳細モニターするプロジェクト COSMOGRAIL が進行中であり,さらにそれから 5 個の観測精度の高いクェーサーを選び出し,ハッブル宇宙望遠鏡(HST)や地上の大口径望遠鏡で補助データを収集し宇宙モデルを検証するプロジェクト H0LiCOM も成

6.5 ハッブル定数 215

果を出し始めている [*14].

6.5 ハッブル定数

5.1 節に述べられているように，ハッブル定数 H_0 はもっとも重要な宇宙論パラメータの一つである．それは現在の宇宙の膨張率を表し，その逆数（H_0^{-1}）はハッブル時間と呼ばれ宇宙年齢の目安となる．また，万有引力定数を G として，$3H_0^2/(8\pi G) = \rho_{c,0}$ で表される値は，宇宙膨張の時間変化の様子を判定する基準となる臨界密度である．観測的にはハッブルの法則 $v = H_0 r$ における銀河の後退速度 v（2 章の脚注 3 参照）と銀河までの距離 r の比例定数であるので，H_0 は，与えられた v に対する r，すなわち宇宙の大きさを決める数値でもある．観測から精密に H_0 の値を決めることは宇宙の理解に欠かせない．

6.5.1 ハッブル定数決定の歴史

宇宙膨張を発見した 1929 年の論文でハッブル（E. Hubble）は，24 個の銀河の距離と後退速度の解析から H_0 の概略値として $500\,\mathrm{km^{-1}Mpc^{-1}}$ を求めた（以後簡単のため，本節の文中に現れる H_0 の数値には単位を付さない）[*15]．1944 年にバーデ（W. Baade）が星には二つの種族があることを発見し，その後セファイドの周期–光度関係が二つの種族で異なるため，距離推定が 2 倍変わることを示した．さらに距離推定の基準とした近傍銀河中の最も明るい星の明るさの推定値が改訂されるなどして，1960 年頃までには $H_0 \sim 100$ が学界のコンセンサスとなった．ハッブルの当初の推定より宇宙は 5 倍大きかったことになる．

ハッブルの後継者であったサンデイジ（A. Sandage）はパロマー天文台の 200 インチヘール望遠鏡の完成後，1954 年からハッブル定数を決めるための観測に取り組んだ．サンデイジはセファイドが観測できなくなる距離では，銀河中の HII 領域の大きさを基準として「宇宙の距離はしご」を延ばしていった．このプロジェクトには後にドイツ人のタマン（G. Tammann）も加わり，1976 年に $H_0 =$

[*14] COSMOGRAIL は the COSmological MOnitoring of GRAvItational Lenses, H0LiCOM は H_0 Lenses in COSMOGRAIL's Wellspring の略である．

[*15] v の単位が $\mathrm{km\,s^{-1}}$，r は Mpc を単位とすることが一般的なので，$H_0 = v/r$ の単位は慣用的に $\mathrm{km\,s^{-1}Mpc^{-1}}$ である．物理次元としては $\mathrm{s^{-1}}$ である．

50.3 ± 4.3 という結論を出した．宇宙の大きさがさらに 2 倍になったのである．

これに対してアメリカで活動したフランス人のドゥ・ボークルール（G. de Vaucouleurs）は，セファイドとこと座 RR 型変光星に限らず使えそうなきわめて多くの標準光源の校正を精密に積み上げて距離はしごを延ばし，1979 年の論文で $H_0 = 100 \pm 10$ という値を求めた．宇宙の大きさと年齢が 2 倍異なる二つの値が大きな影響力を持つ研究者から提示されたのである．彼らの主張はそれぞれ long/short distance scale（長い/短い距離尺度）と呼ばれ，以後ほぼ 20 年間にわたって学会で論争が続いた[*16]．

1980 年代の終わり頃から，6.3 節に述べられている惑星状星雲光度関数法，面輝度ゆらぎ法，II 型超新星の膨張光球法などの新たな距離決定法が開拓され，新進の研究者がこの分野に参入し始めた．ハッブル定数の値が 50 か 100 かという議論の前に，同じ銀河の距離をさまざまな方法で測定し距離決定法の精度を検証することが重要だと考えたジャコビー（G. Jacoby）ら 9 人の専門家は，1992 年に，「銀河の距離決定法に関する批判的レビュー」と題した記念碑的な論文[*17]を書いた（図 6.7 参照）．その論文の結論は以下のようになっている．

$$H_0 = 80 \pm 11 \quad \text{あるいは} \quad 73 \pm 11\,\mathrm{km\,s^{-1}Mpc^{-1}}.$$

手法の違いから推定された誤差は ±11（∼15%）であるが，基準にしたおとめ座銀河団の距離に不定性があるので，H_0 の中心値は 80 あるいは 73 である．ハッブル定数の決定精度が 30%（75±25）から 15% に向上したのである．図 6.11 に，1995 年頃までのハッブル定数の主な測定値が示されている．

6.5.2 ハッブル宇宙望遠鏡キープロジェクト

ハッブル定数を 10% 以下の精度で決めることは，1990 年に打ち上げられたハッブル宇宙望遠鏡（HST）の 3 つのキープロジェクトの一つであった[*18]．そこでは銀河の距離を HST を用いた新たなセファイドの観測から求めて，それを

[*16] サンデイジ，タマンとドゥ・ボークルールは，同じ研究会で互いの主張を戦わすことはなかったので，誤差棒をはるかに超える H_0 の違いの原因は完全には理解できなかった．

[*17] 論文中に，「この 10 年以内に宇宙の距離尺度に関する論争が解決し，研究者がもっと重要な天体物理学の問題に取り組めるようになることを我々は心から願っている」との記述がある．

[*18] 他の二つは「クェーサーの吸収線系」と「深い宇宙探査（Medium-Deep Survey）」である．

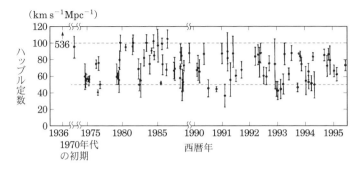

図 **6.11** 1995 年頃までのハッブル定数決定の歴史.誤差棒が重なり合わないデータが $H_0 \sim 50$–100 の間に散らばっている(岡村定矩『銀河系と銀河宇宙』(東京大学出版会)より).

もとに既存のさまざまな手法を校正し,距離はしごを延ばしてゆく手法がとられた.多数の銀河のセファイドの観測は 1994 年から約 30 編の論文に順次出版された.最終結果を報告した 2001 年の論文では

$$H_0 = 72 \pm 8 \,\mathrm{km\,s^{-1}Mpc^{-1}}$$

となり,ハッブル定数の決定精度は 11%に向上した.誤差の大部分を占める系統誤差の要因は,アンカー(二つの距離はしごをつなぐときの基準として使う両者に共通の天体)とした大マゼラン雲(LMC)の距離の不定性,ハッブル宇宙望遠鏡の広視野カメラの測光精度,金属量の違いがセファイドの周期–光度関係に及ぼす影響などが挙げられているが,いわゆる宇宙論的分散[*19]も議論されている.またこの論文では,宇宙年齢と古い星の寿命の考察から,$H_0 = 72$ は宇宙項のある平坦な宇宙(加速膨張する宇宙)を支持すると述べられていることも注目に値する.この後,距離はしごによるハッブル定数の測定はさらなる高精度を求めて,近赤外線によるセファイドの観測へと進むことになる.

6.5.3 オンデマンドの Ia 型超新星

1990 年代には,ハッブル定数の精密測定に関する大きな進展がもう一つあった.それは「オンデマンドの Ia 型超新星」と呼ばれた観測戦略である.超新星

[*19] 宇宙のある領域内で観測された観測量が宇宙全体の平均値からずれていること,あるいはそのずれの大きさ.密度の宇宙論的分散はハッブル定数のばらつきにつながる.

のなかで Ia 型は，連星系をなす白色矮星に伴星から物質が流れ込んでチャンドラセカール限界質量を超えたときに起きる爆発である（6.4.1 節）．その最大光度がほぼ一定であるために良い標準光源となるが，一つの銀河における発生頻度は100 年に 1 個程度なので，特定の銀河の距離決定には利用できない．そこで従来Ia 型超新星は，それが（たまたま）出現した銀河の距離を測定し，後退速度のデータと合わせてハッブル定数を決めることに使われてきた．

　観測性能の向上に伴い超新星の観測が遠方銀河まで届くようになると，超新星の出現を「待つ」のではなく，出現を必ず捕らえることが可能になった．図 6.12に概念図が示されている．新月期に広視野カメラで遠方の暗い銀河が 1000 個程度入る視野の写真を 50–100 視野撮影する[20]．約 1 か月後の次の新月期に同じ視野を再び撮影して，前の写真と比較すれば，数万個の銀河を調べることができるので，かなりの数の超新星が見つかる．問題はさまざまなタイプの超新星の中で Ia 型を探すことである．このためには超新星のスペクトルを撮影することが必要だが，それには大口径の望遠鏡が必要である．大口径の望遠鏡は半年ごとに観測プログラムの事前割り当てが行われているので，超新星を発見したとしてもすぐにスペクトル観測を行うことはできなかった．従来の Ia 型超新星観測のこの大きな障壁を，遠方の多数の銀河をモニターすることで取り払ったのである．決められた時期に必ず観測対象の超新星が見つかるので，あらかじめ大望遠鏡に観測提案を出しておけるのである．

　アメリカのパールムッター（S. Perlmutter）とオーストラリアのシュミット（B. Schmidt）がそれぞれ率いる二つのチーム[21]がこの方法で Ia 型超新星の観測を始めた．ハッブル宇宙望遠鏡も動員された．この方法は遠方銀河を対象にするので，そのデータ解析には，ハッブル定数だけでなくいろいろなパラメータを含む宇宙モデルが必要となる（5.1 節参照）．1998 年に二つのチームは独立に，「遠方の Ia 型超新星は宇宙膨張が現在（減速ではなく）加速していることを示している」という驚くべき結論を発表した．このことは 6.5.4 節に述べる宇宙マイクロ波背景放射の観測からも確認され，パールムッターとシュミットは，リース（A. Riess）（6.5.5 節参照）とともに 2011 年のノーベル物理学賞を受賞した．

---

[20] 現在第一線の広視野カメラである Subaru/HSC や CTIO/DECam などでは 1 視野で数万個の銀河を観測することができる．

[21] Supernova Cosmology Project と High-z Supernova Search.

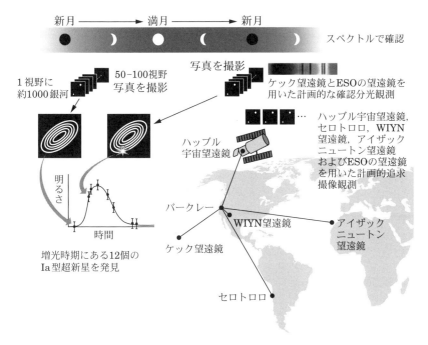

図 6.12 オンデマンドの Ia 型超新星を発見するプログラムの概念図.『パリティ』2003 年 12 月号の図を改変.

6.5.4 宇宙マイクロ波背景放射

宇宙マイクロ波背景放射 (Cosmic Microwave Background Radiation: CMB) は,「ビッグバンの名残」ともいわれ, 宇宙誕生から約 37 万年後の宇宙の姿を伝える放射である. 1965 年にペンジアス (A. Penzias) とウィルソン (R.W.Wilson) によって発見されビッグバン宇宙論の基礎となったが, 1989 年に NASA が打ち上げた COBE 衛星によってそのスペクトルが温度 2.725 K の黒体放射のスペクトルときわめてよく一致していることが示され, 宇宙初期に物質と放射 (電磁波) が熱平衡状態にあったことが確実となった[22].

初期の高温・高密度の宇宙はプラズマ状態にあり, 電子と陽子はばらばらに激しく運動していた. 電磁波は頻繁に電子に散乱されてまっすぐに進めなかった.

---

[22] COBE 衛星チームのマザー (J. Mather) とスムート (G. Smoot) は 2006 年にノーベル物理学賞を受賞した.

この時期の宇宙は，霧がかかってものが見えないような状態であった．宇宙の膨張につれて温度と密度が下がり，温度が約 3000 K になった頃に，電子は陽子に捕らえられ中性の水素原子となる．これ以降電磁波はまっすぐ進めるようになった．ちょうど霧が晴れたように，ものがはっきりと見えるようになったのである．これを「宇宙の晴れ上がり」と呼んでおり，ビッグバンから 37 万年後，宇宙の大きさが現在の約 1000 分の 1 であったときの出来事である．電磁波が最後に散乱された後まっすぐに進んで我々に届いたものが CMB なのである．宇宙では遠くを見ることは過去を見ることだが，最も遠くに見えるのが CMB の最終散乱面であり，それより遠くは霧の中で見えないのである．

宇宙の晴れ上がりは宇宙のどこでもほぼ同時に起きたと考えられ，実際に空の上でどの方向を見てもほぼ同じ温度の CMB が観測される．しかし精密に観測すると CMB の温度が場所ごとにごく僅かに異なっていることがわかる．これを CMB の温度ゆらぎと呼んでいる．この温度ゆらぎの細かな構造は物質と電磁波が混ざり合ったプラズマ流体の中を伝わる音波振動に対応するもので，当時の宇宙の状態に関するさまざまな情報を含んでいる．COBE 衛星以降，地上とスペースの両方から CMB の温度ゆらぎを精密に観測する努力が積み重ねられてきた．なかでも 2001 年に NASA が打ち上げた WMAP 衛星は，2010 年まで観測を行いハッブル定数を含む宇宙論パラメータの改訂を行った（6.5.5 節参照）．さらに 2009 年には，ヨーロッパ宇宙機関が WMAP をしのぐ性能のプランク（Planck）衛星を打ち上げた．図 6.13 はプランク衛星による最新の観測結果である．

CMB の温度ゆらぎが含む情報とその解析方法についてはシリーズ第 3 巻 4 章に詳しく解説されているので，ここでは要約と結果のみ述べる．まず観測された温度ゆらぎ（図 6.13）を球面調和関数で展開し，図 6.14 に示すようなパワースペクトルを計算する．パワースペクトルは，信号がどのような波長（周波数）成分から構成されているかを表している．図 6.14 の上図の横軸はゆらぎの空間波長の逆数に対応し，縦軸はその波長を持つ波の強さ（パワー）を表している．横軸で l が 30 より大きいところにいくつかのピークが見られるが，これらのピークの位置と強さが宇宙モデルのパラメータによって変化する．実線はこの観測データに最も合う宇宙モデルであり，下図はモデルとデータの残差を表している．

このように CMB の温度ゆらぎの解析は，いくつかのパラメータを含む宇宙モ

図 **6.13** プランク衛星による宇宙マイクロ波背景放射（CMB）の温度ゆらぎのマップ（2015 年 2 月）．モルワイデ図法で全天球面が楕円に表されている．色の違いを示す棒は平均温度（2.7 K）から $\pm 300\,\mu\mathrm{K}$（$\pm 1/10000$）の範囲を示している．
https://www.cosmos.esa.int/web/planck/picture-gallery

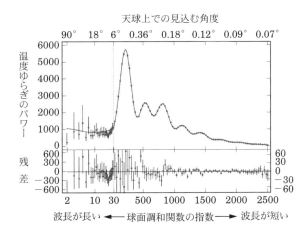

図 **6.14** プランク衛星による宇宙マイクロ波背景放射（CMB）の温度ゆらぎのパワースペクトル（2015 年 2 月）．横軸はゆらぎの空間波長の逆数に対応し，左側が波長が長い．https://www.cosmos.esa.int/web/planck/picture-gallery の図を改変．

デルに基づいて行われ，観測データに最もよく合うようにパラメータを決める．基本となるのは 5.1 節に述べられている，宇宙定数（Λ）と冷たいダークマター（Cold Dark Matter: CDM）を含むいわゆる標準 ΛCDM モデルである．空間は平坦であると仮定されることが多いが，モデル作りのもとになっている物理は，すべてが証明されたものというわけではない．また，パラメータの中には，CMB の温度ゆらぎだけからは決まりにくいものもあるので，温度ゆらぎを種にして作られた銀河分布の情報などを合わせて最終結果とすることが多い．ちなみに，プランク衛星データの最終解析では，CMB 温度ゆらぎのみからの結果に加え，他の観測結果を含めた合計 6 通りの解析結果が示されている．ハッブル定数は $H_0 = 67.27$–67.90 の範囲にあるが，対応する誤差はいずれの場合も ± 0.9（1.3%）程度以下であり，宇宙モデルを前提にすると形式上ハッブル定数の決定精度は ~1% に到達したことになる．

6.5.5　ハッブル定数のもたらす緊張

スペースからの CMB 温度ゆらぎの観測が画期的に進む一方で，距離はしごを利用したハッブル定数の決定にも大きな進歩があった．アメリカのフリードマン（W. Freedman）達は，スピッツアー宇宙望遠鏡を使って中間赤外線（波長 $3.6\,\mu$m）で年周視差で距離が測られた銀河系内のセファイドを観測し，LMC にあるセファイドの観測と合わせてセファイドの周期–光度関係を精密に校正した．中間赤外では星間吸収の影響が小さいこと，セファイドの重元素量の違いの補正がしやすいこと，周期–光度関係の周りの分散が可視光より小さいこと，などの効果が重なって，精度が高められたのである．HST のキープロジェクト（6.5.2 節）のデータを新しい校正結果に基づいて再解析してフリードマン達は

$$H_0 = 74.3 \pm 1.5 \,(\text{統計誤差 2\%}) \pm 2.4 \,(\text{系統誤差 3\%})\,\mathrm{km\,s^{-1}Mpc^{-1}}$$

を得た．ついに精度 ~5% に到達したのである．

一方アメリカのリース（A. Riess）[23]率いる SH0ES チーム[24]は，HST を使ったハッブル定数の決定に精力的に取り組んだ．彼らは改良された HST のカ

---

[23]　Adam Riess は High-z Supernova Search チーム（6.5.3 節）の主要メンバーだった．

[24]　SNe, H_0, for the Equation of State of dark energy の頭文字を取った．

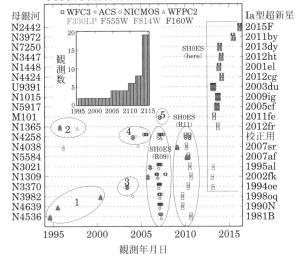

図 **6.15** HST による好条件の Ia 型超新星の観測記録. 楕円と数字/名称は観測プロジェクト同定のためのもの（Riess *et al.* 2016, *ApJ*, 826, 56 による）.

メラ[*25]を使ってセファイドの精密観測を行った．対象とした銀河は，標準光源に適した好条件の Ia 型超新星が出現した銀河に限定し，セファイドの距離はしごと Ia 型超新星の距離はしごをしっかりとつないだのである．新たなアンカーとしてメーザーによって距離が精度良く決まった NGC 4258 も対象に含められた．

図 6.15 は 19 個の対象銀河と Ia 型超新星に対する HST による 20 年間の観測記録である．左縦軸のラベルは母銀河の名称，右縦軸は観測した Ia 型超新星の同定番号である．NGC 4258 は校正のためのアンカー銀河である．図 6.16 には観測結果の例として，NGC 2442 と M 101 の二つのフィールドを示した．HST キープロジェクトの時代と比べるとデータの質が格段に向上している．

図 6.17 に SH0ES チームの新たなデータに基づく宇宙の距離はしごを示す．セファイドの距離はしごの基礎となる幾何学的距離（Geometry）として彼らは，年周視差が測定された銀河系中の 15 個のセファイド，LMC 中の 8 個の分離食

[*25] 当初は Advanced Camera for Surveys（ACS），後には Wide Field Camra 3（WFC3）.

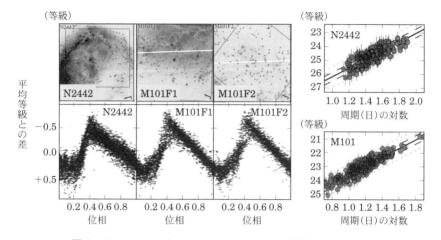

図 **6.16** SH0ES プロジェクトによる Ia 型超新星の母銀河のセファイドの観測結果．(左上) ハッブル宇宙望遠鏡による画像．点が観測したセファイド．(左下) 観測した複数のセファイドに対して，平均等級からの差を変光の位相に対して示した図．(右) セファイドの周期–光度関係 (Riess *et al.* 2016, *ApJ*, 826, 56 にある図から抜粋して再構成).

連星，アンドロメダ銀河 (M 31) の 2 個の分離食連星，およびメーザーにより距離が測られた NGC 4258 の 4 種を用いた．幾何学的距離 (Geometry) からセファイド (Cepheid) の距離はしご，さらに Ia 型超新星の距離はしご，そして宇宙モデルに基づく赤方偏移 z に対応する距離指数 $\mu(z)$ の間で距離はしごがきれいにつながっていることがわかる．すべての誤差を考慮したハッブル定数の最良推定値は，

$$H_0 = 73.24 \pm 1.74\,(2.4\%)\,\mathrm{km\,s^{-1} Mpc^{-1}}$$

となり，2.4％という驚くべき精度が実現された．

表 6.1 は HST キープロジェクト以降の主なハッブル定数の決定値をまとめたものである．一番下の 2 列には，CMB の温度ゆらぎから求められたハッブル定数 $H_0 \sim 70.3 \pm 0.8$（精度 1.1％）と，セファイドを基準とする距離はしごの方法で求められたハッブル定数 $H_0 \sim 73.4 \pm 0.4$（精度 5.4％）の平均値と標準偏差 (σ) が示されている．前者はおもに宇宙の晴れ上がり時点での観測に基づく宇

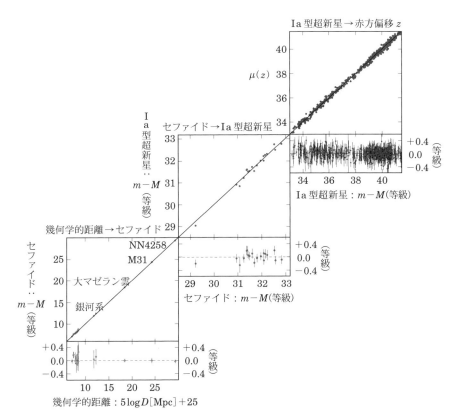

図 6.17 SH0ES チームの新たなデータに基づく宇宙の距離はしご．図の縦軸と横軸は距離指数 $m - M$ ($= \mu$)（等級）である．距離はしごが近傍から遠方宇宙まできれいにつながっている（Riess *et al.* 2016, *ApJ*, 826, 56 の図を改変）．

宙モデルの現時点での推定値であり，基本的に初期宇宙の物理が基礎になっている．一方，後者はセファイドや超新星など恒星の物理を基礎にしており，宇宙の中で銀河系を取り巻く領域内での観測に基づく値である．その意味で後者を局所値（local value）と呼ぶことがある．

表 6.1 のデータを発表年の関数として示したものが図 6.18 である．CMB から求めた値 $H_0 = 70.3$ と局所値 $H_0 = 73.4$ の間には $73.4 - 70.8 = 2.6 \sim 3\sigma$ 程度の違いがある．局所値を求める距離はしごの中にまだ未知の不確かさが潜んでい

第 6 章　銀河の距離測定

表 6.1　近年のハッブル定数 H_0 の測定値（Beaton *et al.* 2016, *ApJ*, 832, 210 による）

プロジェクト	手法	ハッブル定数 H_0	不確かさ σ	出典
			$(\mathrm{km\,s^{-1}Mpc^{-1}})$	
HST KP	セファイド	72	8	(1)
WMAP1	CMB	72	5	(2)
WMAP3	CMB	73.2	+2.1, −3.2	(3)
WMAP5	CMB	71.9	+2.6, 2.7	(4)
SH0ES	セファイド	74.2	3.6	(5)
SH0ES	セファイド	73.8	2.4	(6)
WMAP7	CMB	70.4	2.5	(7)
CHP	セファイド	74.3	1.5 (ran), 2.1 (sys)	(8)
WMAP9	CMB	70.0	2.2	(9)
P2013	CMB	67.3	1.2	(10)
P2015	CMB	67.8	0.9	(11)
SH0ES	セファイド	73.00	1.75	(12)
CMB の平均	CMB	70.3	0.8	
セファイドの平均	セファイド	73.4	0.4	

(1) Freedman *et al.* 2001, *ApJ*, 553, 47, (2) Spergel *et al.* 2003, *ApJS*, 148, 175, (3) Spergel *et al.* 2007, *ApJS*, 170, 377, (4) Dunkey *et al.* 2009, *ApJS*, 180, 306, (5) Riess *et al.* 2009, *ApJ*, 699, 539, (6) Riess *et al.* 2011, *ApJ*, 730, 119, (7) Komatsu *et al.* 2011, *ApJS*, 192, 11, (8) Freedman *et al.* 2012, *ApJ*, 758, 24, (9) Benett *et al.* 2013, *ApJS*, 208, 20, (10) Planck Collaboration *et al.* 2014, *A&A*, 536, A1, (11) Planck Collaboration *et al.* 2016, *A&A*, 594A, 13, (12) Riess *et al.* 2016, *ApJ*, 826, 56

るのか，そうでなければ標準 ΛCDM モデルの仮定に何か間違いがあり，新しい物理が拓ける可能性があるのか，この違いを巡って現在緊張が高まってきている．

　すでに新しい取り組みも始まっている．カーネギー研究所とシカゴ大学の研究者によるカーネギー–ハッブルプログラムでは，これまで種族 II のセファイドに基礎をおいてきた距離はしごを，種族 II のこと座 RR 型変光星と赤色巨星を使って構築し直して両者の整合性を確認しようとしている．2018 年 4 月にはガイア衛星の第 2 次データ公開が行われ，13 億個の星の年周視差が報告された．最終結果に基づいて，多数のセファイドや赤色巨星の距離が精密に決まれば距離はしごの精度はさらに高まるであろう．

　重力レンズ像の時間差を利用する方法とバリオン音響振動を用いる方法はハッブル定数の決定だけでなく標準 ΛCDM モデルの妥当性の検証も視野に入れてい

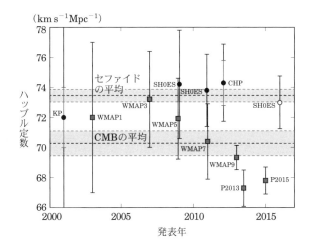

図 **6.18** ハッブル定数の近年の決定値. セファイドに基づく距離はしごによるものは丸印, 宇宙マイクロ波背景放射から宇宙モデルによって決められた値は四角印で示してある (Beaton *et al.* 2016, *ApJ*, 832, 210 による).

る. 2015 年に初めて観測された重力波も今後観測数が増えれば重要なハッブル定数の決定法となるだろう. 南極望遠鏡 (South Pole Telescope: SPT) とアタカマ宇宙論望遠鏡 (Atacama Cosmology Telescope: ACT) による CMB の精密観測も計画されている. HST の後継である JWST の打ち上げも控えており, しばらくは目が離せない分野である.

第II部

宇宙の階層構造

第 **7** 章

宇宙の階層構造と銀河相互作用

　銀河は宇宙の中で一様に分布しているのではなく，さまざまな集団（銀河集団）を作って階層構造をなしている．たとえば，近傍宇宙の銀河の約 70%は，なんらかの集団に属している．このような階層構造の中で，銀河を取り巻く環境（銀河環境）はさまざまである．銀河がその環境から受ける影響は，おもに他の銀河との重力相互作用と，銀河団ガスとの相互作用である．その結果，銀河の形成と進化は銀河環境と密接な関係をもつことになる．この章では，階層構造をなすさまざまな銀河集団の種類と特徴をまとめ，銀河の相互作用を解説する．

7.1　宇宙の階層構造

7.1.1　階層構造の概観

　単独で存在している銀河を孤立銀河，2 個の銀河が重力的に結びついた系を連銀河という．そして構成銀河数が 3 個以上数 10 個以下の銀河集団を銀河群と呼び，これよりも巨大な銀河集団は銀河団と呼ばれる（7.2 節，8 章，9 章参照）．
　銀河群や銀河団はさらに互いに結びついてフィラメント状に分布し，サイズにしておよそ数 10 Mpc から 100 Mpc 以上の構造を作ることがある．その中で複数の銀河団を含む巨大集団は超銀河団と呼ばれる．一方，超銀河団と同じ程度のスケールで，銀河がほとんど存在しないボイドと呼ばれる空洞領域がある．超銀

232 | 第 7 章　宇宙の階層構造と銀河相互作用

表 **7.1**　階層構造の典型的な規模.

階層構造	銀河数	スケール	質量	速度分散
孤立銀河	1	50 kpc	$10^{11}\,M_\odot$	–
連銀河	2	200 kpc	$10^{11}\,M_\odot$	$50\,\mathrm{km\,s^{-1}}$
銀河群	10	500 kpc	$10^{12}\,M_\odot$	$100\,\mathrm{km\,s^{-1}}$
銀河団	500	5 Mpc	$10^{14}\,M_\odot$	$1000\,\mathrm{km\,s^{-1}}$
超銀河団	1000	50 Mpc	$10^{15}\,M_\odot$	–

河団，ボイド，フィラメント構造が織りなす数 10 Mpc を越える銀河の分布を宇宙の大規模構造と呼ぶ（10 章参照）．このように，銀河はさまざまなスケールの集団を階層的に形成している．表 7.1 に階層構造をなすこれら銀河集団の典型的な規模を表す諸量を掲げる[*1]．銀河団，超銀河団やボイドなど銀河の集中や欠乏の度合いが強い領域以外で，銀河がほぼ一様に分布すると見なせる領域をフィールドと呼ぶ[*2]．フィールドでは銀河団に比べて有意に銀河の個数密度が低い．

7.1.2　銀河集団の力学的物理量

　本章では，さまざまな階層構造を取り扱う．その際，各階層構造を作る銀河集団の力学的性質が分かっていると見通しがよい．そこでここでは，ビリアル質量，横断時間，および崩壊時間を導入する．また簡単のため，銀河集団の 3 次元的な形状が球対称でかつメンバー銀河の質量がほぼ等しく，銀河集団全体の重力とメンバー銀河のランダム運動が力学的につりあっていると仮定する．

　ビリアル質量 M_V は，ビリアル平衡条件[*3]から，

$$M_\mathrm{V} = \frac{3\pi}{2G}\sigma_\mathrm{r}^2 R \tag{7.1}$$

と表される．ここで R は銀河集団の半径，σ_r はメンバー銀河の速度分散の平均的な視線方向成分，G は万有引力定数である．ビリアル質量は銀河集団内に存在するダークマターを含むすべての物質の質量を反映しており，典型的な銀河群で

　[*1] ここに掲げた数値はあくまで目安であり，実際には相当の幅があることに注意.

　[*2] ただし，宇宙にはあまねく階層構造が存在するので，フィールドの定義にはある程度の不定性が伴っている.

　[*3] 力学的な平衡状態にある条件．詳しくは第 5 巻 8 章参照.

10^{12}–$10^{13} M_\odot$，銀河団で $10^{14} M_\odot$ 程度になる．

横断時間はメンバー銀河が銀河集団を横切るのに要する平均的な時間である．銀河集団内における銀河の平均的な運動速度は統計的に $\sqrt{3}\sigma_{\mathrm{r}}$，直径は $2R$ であるため，横断時間 t_{x} は，

$$t_{\mathrm{x}} = \frac{2R}{\sqrt{3}\sigma_{\mathrm{r}}} \tag{7.2}$$

と表される．横断時間が短いと，メンバー銀河が銀河集団内を移動するのに時間をあまり要しないため，銀河同士の衝突や，銀河と銀河団ガスとの相互作用を引き起こす機会が頻繁にあることになる．

速度分散がゼロで，平衡状態にない銀河集団は，重力収縮することになる．崩壊時間 t_{c} は，この重力収縮に要する時間を表している．銀河集団全体の質量によって，メンバー銀河に生じる重力加速度は $GM_{\mathrm{V}}R^{-2}$ で表される．初速ゼロの銀河はこの加速度によって，銀河集団の中心までの距離 R を落ちていくことになるので，崩壊時間は，

$$t_{\mathrm{c}} = \sqrt{\frac{2R^3}{GM_{\mathrm{V}}}} \tag{7.3}$$

となる．このような系では崩壊後，$1.5\,t_{\mathrm{c}}$ 程度の時間でビリアル平衡に達すると考えられている．

ビリアル質量，横断時間，および崩壊時間はいずれも，可視光域の撮像観測から銀河集団のサイズを，そして分光観測からメンバー銀河の視線速度を測定することで導出できる．またこれらとは別に，X 線波長域の観測によって，銀河集団の重力ポテンシャルに捉えられた高温プラズマ（1 千万–1 億 K）の温度と空間分布が分かれば，静水圧平衡条件の下で，銀河集団の質量を算出することができる（8 章参照）．こうして求められた銀河群や銀河団のビリアル質量は，前述したように，銀河集団の全質量を表している．一般にこの値は，可視光で確認できる銀河内の恒星の全質量の数倍から 10 倍程度にもなり，銀河集団内にはダークマターが満ちていることが確認できる．

7.1.3　孤立銀河

銀河が単独で存在している場合が，銀河からなる階層構造のもっとも規模の小さいものと考えることができる．このような銀河は孤立銀河（またはフィールド

銀河）と呼ばれる．銀河どうしが近接して存在していると，多かれ少なかれ潮汐作用が働き，銀河の進化に影響を与えるため，孤立銀河は単体としての銀河の進化について，貴重な情報を与えてくれる．ただし，我々の銀河系に大マゼラン銀河や小マゼラン銀河[*4]のような矮小銀河が付随しているように，孤立銀河のように見えても，実際にはその周辺に矮小銀河が分布していたり，またかつて周辺部に存在した矮小銀河がすでに落ち込んでしまっている可能性があるため，注意が必要である．

孤立銀河のカタログとしてはカラチェンツェヴァ（V.E. Karachentseva）が1973 年に発表した「孤立銀河カタログ」とその改訂版（1997 年）や，スローンデジタルスカイサーベイ（SDSS，10.2 節参照）のデータを用いたアラム（S.S. Allam）等によるカタログなどがある．

7.1.4　連銀河

銀河 2 個からなる系は連銀河（またはペア銀河）と呼ばれる．連銀河はおもに二つの観点から我々に有益な情報を与えてくれる．まずは，連銀河を力学的につりあった 2 個の銀河の系と捉えることで，銀河の質量を推定できることである．この場合には，天球上に投影された銀河間の距離と，視線速度しか測定できないことに注意する必要がある（銀河の固有運動は測定できないほどに小さい）．次は，潮汐作用が銀河の形態や性質にどのような影響を与えるかを調べることができることである．銀河どうしの重力相互作用は，銀河の形態のみならず，銀河内のガス雲の衝突や重力的擾乱を誘発して星生成を活性化させることもあるが，反対にガス雲を奪い去ることで星生成を抑制する効果がでる場合もある．

しかし天球面上で 2 個の銀河が接近しているだけでは，物理的にはまったく無関係な 2 個の銀河が，偶然同じ方向に見えている可能性がある．一方，連銀河の中でも，子連れ銀河の通称で知られる M 51（図 7.1）などは，銀河どうしの重力相互作用によって，潮汐腕と呼ばれる腕状の構造が形成されており，明らかに重力的に結びついた連銀河であることが分かる例である．

一般的には，2 個の銀河が重力的に結びついた連銀河であることを確認するには，分光観測でそれぞれの銀河の視線速度を測定し，その違いがあまり大きくな

[*4] 大マゼラン雲や小マゼラン雲ともいう．

図 7.1　連銀河 M 51 の可視光画像．M 51 は連銀河全体に対する名称で，親銀河は NGC 5194，伴銀河は NGC 5195 と呼ばれる（東京大学木曽観測所）．

いことを調べる必要がある．2 個の銀河の視線速度の差があまりに大きい場合（たとえば $1000\,{\rm km\,s^{-1}}$ を超える場合）は，連銀河ではないと判断するべきであろう．この問題は連銀河のみに限らず，後述する銀河群や銀河団にも当てはまる．

連銀河のカタログとしては，カラチェンツェフ（I.D. Karachentsev）が 1972 年に発表した「北半球孤立連銀河カタログ」が知られているが，レデュッジ（L. Reduzzi）とランパッゾ（R. Rampazzo）は 1995 年にこのカタログの南天拡大版を発表している．また 1997 年にはド・メロウ（D. de Mello）ら，2005 年にはド・プロプリス（R. de Propris）らによる連銀河のカタログも発表されている．

7.1.5　多重銀河と銀河群

銀河 3 個が比較的接近して存在している場合，これを 3 重銀河と呼ぶことがある．同様に 4 個の銀河であれば 4 重銀河，5 個であれば 5 重銀河と呼ばれる．

236　第 7 章　宇宙の階層構造と銀河相互作用

図 7.2　しし座銀河群の可視光画像（東京大学木曽観測所）．

このように数個の銀河が天球上で集まって見える際，これらをまとめて多重銀河と呼ぶ．多重銀河は，メンバー銀河が重力的に結びついた銀河集団であることが多い[*5]．3 個から数 10 個程度の銀河が重力的に結びついた銀河集団は，一般に銀河群と呼ばれる．銀河群よりも大きく，かつ重力的に結びついた銀河集団は銀河団と呼ばれるが，銀河群と銀河団の境界はあいまいである．図 7.2 に代表的なしし座銀河群の可視光画像を掲げる．

　銀河群のカタログは多数存在し，1975 年のド・ヴォークルール，1979 年のマテルネ（J. Materne），1982 年，1983 年のハクラ（J. Huchra）とゲラー（M.J. Geller），1987 年のタリー，1989 年のマイア（M.A.G. Maia）ら，1993 年のガルシア（A.M. Garcia）と彼の研究グループによるもの，同年のノルセニウス（R. Nolthenius），1997 年と 1999 年のラメラ（M. Ramella）らのものなどがある．

　銀河群の中でも，特に銀河同士が互いに触れ合わんばかりに近接しているものは，コンパクト銀河群と呼ばれる．コンパクト銀河群は集団としても周辺の銀河

[*5] しかし多重銀河という言葉自体には，必ずしもすべての銀河が重力的に結びついて一つの系を成している，という意味が含まれているわけではない．これは恒星の 2 重星や 3 重星という言葉が，必ずしも重力的に結びついた連星系を意味しないのと同様である．

図 **7.3** コンパクト銀河群 HCG 40 の近赤外線画像.

から孤立しており,その銀河数は少ないものの,局所的な銀河数密度は銀河団中心部に準ずるほど高いものになっている.図 7.3 に,典型的なコンパクト銀河群 HCG 40 の近赤外線画像を示す.平均的なコンパクト銀河群は半径が約 40 kpc,視線方向の速度分散が約 $200\,\mathrm{km\,s}^{-1}$ であり,その横断時間は数億年のタイムスケールになる.この横断時間からも分かるように,コンパクト銀河群では頻繁な銀河衝突が起こっていると考えられる.そのため,孤立銀河と銀河団の特徴を併せ持つ銀河衝突の系として,銀河の性質と銀河環境の関連性を調べる格好の研究対象となっている.

コンパクト銀河群のカタログとしては,1973 年のシャクバジアン (R.K. Shakhbazyan),1977 年のローズ (J.A. Rose),1982 年のヒクソン (P. Hickson) のものが有名である.これらはいずれもパロマー天文台の全北天撮像観測で得られた写真乾板から眼視によって選ばれている.近年はデジタルスキャンされた写真乾板データや大規模サーベイ観測のデータベースを使用してコ

ンパクト銀河群を選び出すケースが多く，1994 年にはプランドニ（I. Prandoni）らが UK シュミット南天銀河カタログのデジタルデータを，1996 年にはバートン（E. Barton）らが第二次 CfA サーベイ（10.2 節参照）と SSRS2 赤方偏移サーベイのデータを，2000 年にはアラムとタッカー（D.L. Tucker）がラスカンパナス赤方偏移サーベイ（10.2 節参照）のデータを，そして 2004 年にはリー（B.C. Lee）らが SDSS のデータベースを用いたコンパクト銀河群のカタログを発表している．上記の中でもヒクソンによるコンパクト銀河群は，合理的かつ定量的な定義によってカタログに収録されたものであり，それ以降のコンパクト銀河群選出の参考となっている[*6]．

　一方，天球上での銀河間離角がそれほど小さくない銀河群は，ルーズ銀河群と呼ばれる．図 7.2 に示したしし座銀河群はルーズ銀河群に分類される．ルーズ銀河群の平均的なサイズは数 $100\,\mathrm{kpc}$，速度分散は数 $100\,\mathrm{km\,s^{-1}}$ なので，横断時間は十億年のオーダーとなる．これらをコンパクト銀河群のものと比較すると，ルーズ銀河群では，コンパクト銀河群に比べて銀河衝突の頻度は少ないと考えられる．一般に銀河衝突が起こると，銀河中のガスは剥ぎ取られたり，活発な星生成に消費されることで，その量は減少する．実際に，$21\,\mathrm{cm}$ 電波輝線による研究から，コンパクト銀河群中の渦巻銀河の中性水素ガス含有量が，ルーズ銀河群中の渦巻銀河の半分程度であることが報告されている．

　しかし，激しい銀河衝突の痕跡を残すルーズ銀河群も存在する．M 81 銀河群では銀河間相互作用によって，おもなメンバー銀河である M 81，M 82，そして NGC 3077 の 3 銀河を一つに結ぶような環状の中性水素ガスの分布が見つかっている．また M 82 は激しいスターバースト活動性を示しており（4.2 節参照），銀河衝突の影響を大きく受けているものと考えられる．

　ルーズ銀河群に注目して作成されたカタログというものは存在しないが，本節最初に掲げた銀河群カタログに収録された銀河群のほとんどは，実際上ルーズ銀河群である（一部には銀河団も含まれている）．

[*6] ヒクソンによるコンパクト銀河群の選出条件は，必ずしも重力的束縛を満たすものではない．そのため，偶然同じ方向に重なって見えている偽（にせ）の銀河群が含まれている可能性に注意する必要がある．重力的に束縛されたコンパクト銀河群の選出には，後述するような広がった高温プラズマや中性水素ガスを利用する．

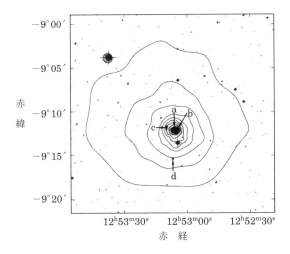

図 **7.4** コンパクト銀河群 HCG 62. グレイスケールは可視光強度，コントア（等輝度線）は X 線強度，アルファベットはメンバー銀河を表す（Ponman & Bertram 1993, *Nature*, 363, 51）.

7.1.6 銀河群と銀河団

　本節の最後に，銀河群と銀河団の関連性について述べておく．前述したように，銀河群や銀河団などの銀河集団は，それら巨大な重力ポテンシャル内に，高温のプラズマを捕捉している．この高温プラズマからは熱制動放射に起因するX線が放射されているため，X線観測を行うことで銀河集団の重力ポテンシャルを直接観測することができる（8.1 節参照）．図 7.4 にコンパクト銀河群 HCG 62 のX線観測の例を示した．銀河団の場合，高温プラズマの温度は 1 億 K にも達するが，それよりも規模が小さい銀河群では数千万 K 程度以下になり，X 線光度も銀河団より低くなる．

　また銀河群の X 線光度と，X 線温度（X 線の観測から評価した高温プラズマの温度）あるいはメンバー銀河の速度分散の間には，銀河団に見られるような正の相関関係があることが知られている．図 7.5 に銀河群と銀河団に対する X 線光度と X 線温度との相関関係を示す．これらの相関関係は銀河集団の重力ポテンシャルの進化と深く関係しており，相関関係をべき乗則で表したときのべき指数の値は重要な意味を持っている．コンパクト銀河群とルーズ銀河群の X 線光

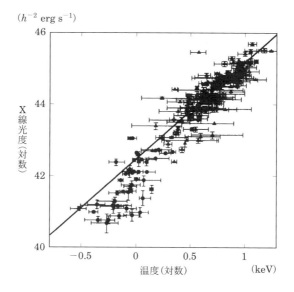

図 7.5 銀河群と銀河団の X 線光度 − 温度関係．三角形は銀河団，丸印は銀河群を表す．直線は銀河団データをフィッティングして得られたもの（Mulchaey 2000, ARA&A, 38, 289）．

度 − X 線温度 − 速度分散は，ほぼ同じ相関関係を示し，これら 2 種類の銀河群の重力ポテンシャルに本質的な違いがないことが示唆されている．さらに X 線光度 L_X と X 線温度 T_X の相関関係を，銀河群と銀河団で比較してみると，両者のデータが重なり合う高温側（$T_X > 1\,\mathrm{keV}$）では，$L_X \propto T_X^n$ と表したときのべき指数 n（傾き）がほぼ同じで $n \sim 3$ であることが分かる．しかし，低温側（$T_X < 1\,\mathrm{keV}$）の銀河群に対する相関関係では $n \sim 4.9$ となっており，銀河団に対する値よりも大きくなっている．これは，銀河群では銀河集団形成の初期に，メンバー銀河内の超新星爆発などによって，高温プラズマが加熱されたことを示唆している．

またコンパクト銀河群の形成と進化の間には興味深い問題がある．そもそも典型的なコンパクト銀河群は，数 10 億年のタイムスケールで銀河合体を繰り返して楕円銀河へと進化していくことが多くのコンピュータシミュレーションから分かっている．ところが観測からは，現在の宇宙でも多数のコンパクト銀河群の存在が確認されている．

この矛盾に対しては二つの解釈がある．まず，宇宙初期に形成されたコンパクト銀河群が，銀河合体にいたる軌道や銀河群内のダークマターの分布の影響で，その銀河合体までの時間が宇宙年齢程度かそれ以上にまで引き伸ばされているというものがある．もう一つは，本来孤立系として選出されたヒクソンのコンパクト銀河群の7割近くが，実際にはルーズ銀河群や銀河団の端に付随していることから，コンパクト銀河群の一部が，銀河団などのより大きな構造の周辺部で形成され，その中で銀河衝突によって銀河と銀河群の力学進化が進行していくというものである．後者の解釈に従えば，コンパクト銀河群が現在でも新たに生成されていることになる．

7.2 銀河団

7.2.1 銀河団とは何か

銀河団は力学的な平衡に達した天体としては宇宙で最大であり，その大きさは直径 10 Mpc に達するものがある[*7]．現在の宇宙における銀河団の数密度はおおよそ 10^{-5} 個 Mpc^{-3} である．図 7.6 に示すように，一つの銀河団には明るい銀河が 100 個程度以上含まれる．しかし，暗い銀河の個数の見積もりにまだ大きな不定性があるため，一つの銀河団に存在する銀河の総数はよく分かっていない．たとえば，我々にもっとも近いおとめ座銀河団には $M_B \sim -11$ より明るい銀河が約 2000 個見つかっているが，もっと暗い等級まで観測限界を伸ばせば新たに多数の銀河が見つかるかもしれない．

銀河団の規模を表すもっとも明快で定量的な指標は力学質量[*8]である．銀河団の力学質量はおおよそ $10^{14} M_\odot$ から $10^{15} M_\odot$ の範囲にある．これは銀河系の力学質量の 10^2 倍から 10^3 倍である．銀河団より小規模な系は銀河群と呼ばれるが，前節でみたように銀河団と銀河群は物理的に連続した天体であるため，両者に厳密な境界を設定することはできない．

[*7] 銀河団に属する銀河の大部分は，銀河団の中心から，エイベル（G.O. Abell）半径と呼ばれる $1.5h^{-1}$ Mpc の内側に存在する．ここで h はハッブル定数を $100\,\mathrm{km\,s^{-1}\,Mpc^{-1}}$ を単位として測った無次元量である．標準的なハッブル定数の値である $h = 0.7$ を採用すれば，エイベル半径は約 2 Mpc となる．

[*8] 1.3 節脚注 31 でも述べたように重力質量ともいうが，本巻では力学質量という用語を用いる．

図 7.6 かみのけ座銀河団の中心部の可視画像．中心にある明るい銀河は NGC 4889，その右にある明るい銀河は NGC 4874 で，いずれも巨大な楕円銀河である．それ以外の暗い天体も，星よりも広がりを持っているものはほとんどがかみのけ座銀河団に属する銀河である（東京大学木曽観測所）．

銀河団は，質量の寄与の大きい順に，ダークマター，X 線を放射する高温ガス，および星という三つの要素で成り立っており，それらの比率は約 85%，13%，および 2% と推定されている．星の大部分（約 9 割）は銀河の中に存在する．残りは個別の銀河には属さず，銀河団の中心付近に淡く広がって分布している．個別の銀河に属さない星は，何らかの原因で銀河から剥ぎ取られたものである可能性が高い．ダークマターも，個々の銀河に属する成分と銀河団内に滑らかに分布する成分があると考えられているが，両者の比率は分かっていない．一方，図 7.7 に示すように，高温ガスの大部分は銀河団内に滑らかに分布している．ガスの温度は数千万 K もあるため，原子はすべてイオン化してプラズマ状態になっており，X 線を放射している．高温ガスが銀河団全体を満たしていることは，X 線望遠鏡が打ち上げられて初めて明らかになったことである．

銀河団の内部の物質密度は宇宙の平均より 2 桁以上高い．銀河団には現在も

7.2 銀河団

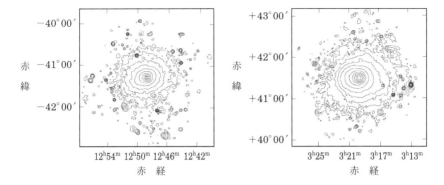

図 **7.7** ローサット衛星による銀河団の X 線画像．左はケンタウルス座銀河団（Abell 3526, 赤方偏移 $z = 0.0114$）で，高温ガスの温度は約 3.5×10^7 K，中心には cD 銀河 NGC 4696 がある．高温ガスに含まれる鉄が，銀河団の中心では太陽組成の 2 倍ほどと強く集中していることが「あすか」衛星によって発見された．右はペルセウス座銀河団（Abell 426, $z = 0.0179$）で，中心には cD 銀河 NGC 1275 がある．X 線では全天でもっとも明るい銀河団であるが，鉄の中心集中はケンタウルス座銀河団ほど強くない．高温ガスの温度は平均的には約 6×10^7 K だが，場所により 1.5 倍ほど変化しており，銀河団が衝突・合体によって成長してきたことの痕跡と考えられている（古庄多恵氏提供．関連論文は S.W. Allen and A.C. Fabian, *MNRAS*, 1994, 269, 409 および S. Ettori, A.C. Fabian and D.A. White, *MNRAS*, 1998, 300, 837）．

周囲の空間からガスや銀河が落ち込んでいるため，銀河団は厳密には孤立系ではない．我々の宇宙のような冷たいダークマターで支配された宇宙では，銀河団はボトムアップ的に作られる．すなわち，10 個程度以下の少数の銀河からなる銀河群がまず誕生し，それが周囲の銀河を取り込んだり近くの銀河群と合体して小規模な銀河団になる．そして，同様の過程を経て，より大きな銀河団に成長してゆく．大きな銀河団の形成には，100 億年という宇宙年齢に匹敵する時間がかかる．後に述べるように，銀河団同士の衝突や合体の証拠が X 線や電波の観測から得られている．銀河団の中では銀河自身も進化する．銀河の進化は，高温ガスの進化などに影響を与えることがある．このような過程の全体を銀河団の進化と

呼ぶことが多い.

7.2.2 銀河団のカタログ

銀河団の研究にはカタログが大きな役割をはたしている. 銀河団のカタログの多くは, 広い天域の撮像が可能な可視光と X 線の観測にもとづいて作られている.

可視光にもとづく, 統計的研究に堪える最初のカタログは, 1958 年にエイベルが発表した北半球の銀河団のカタログである. このカタログには, パロマー山天文台のシュミット望遠鏡で撮られた 879 枚の写真乾板を眼視検査して見つかった, 赤緯 $-27°$ 以北の 2712 個の銀河団が掲載されている. 眼視検査ではあるが, エイベルはいくつかの客観的な基準を設定して銀河団の検出を行った. このカタログが出るまでは数十個の銀河団しか知られておらず, しかも, 銀河団の定義もまちまちであった. したがって, 銀河団の本格的な研究はエイベルのカタログから始まったといえるだろう. 1968 年には, 同様な写真乾板の眼視検査によるカタログがツビッキー (F. Zwicky) らによって発表された[9]. ただし, ツビッキーのカタログは, 銀河団の同定基準の妥当性とカタログの完全性の点でエイベルカタログにやや劣る. 1989 年には, エイベルと共同研究者によって, エイベルカタログに南天の 1364 個を追加した, 合計 4076 個の銀河団のカタログ (ACO カタログ) が出版されている.

エイベルおよびツビッキーのカタログは長い間銀河団研究の基礎となってきた. しかし, これらのカタログは限界等級の明るい写真乾板にもとづいて作られたため, カタログされている銀河団のほとんどは近傍の銀河団である. また, 銀河団の検出が眼視にもとづいているため, カタログの客観性や一様性の評価が困難であり, 統計的研究に用いるのには限界がある. これらの問題を克服するために, 近年の銀河団のカタログの多くは, 写真乾板より 2 桁程度感度が高い CCD カメラの画像に, 銀河団を自動的に検出するソフトウェアを適用して作られている. たとえば, 2006 年に完了したスローンデジタルスカイサーベイ (SDSS) は, 約 8000 平方度という, CCD カメラによってなされたもっとも広い掃天観測である. 多くのグループが SDSS のデータを用いて銀河団の検出を行ってお

---

[9] Catalogue of Galaxies and Clusters of Galaxies. 全 6 巻からなり, CGCG と略されて呼ばれる.

り，すでに 1 万個以上の銀河団がカタログになっている．

　銀河団の自動検出にはさまざまな方法があるが，基本的な考え方は，天球面上で銀河の密集している場所を探し，密集の度合を定量化して，銀河団かどうかの判定をするというものである．調べる対象を赤い銀河（27 ページ参照）に限定することで銀河団の検出率を上げることもできる．楕円銀河や S0 銀河などの赤い銀河はほとんどが銀河団中に存在するからである．

　狭い天域を CCD で深く観測し，遠方の銀河団を探査する研究も行われている．それらの遠方銀河団を SDSS などで見つかった比較的近傍の銀河団と比較すれば，銀河団の進化を研究できる．

　すでに述べたように，銀河団の観測には X 線観測も非常に有用である．実際，エイベルカタログにある銀河団のほとんどは X 線源であり，個別の銀河団を X 線で調べる場合には，このカタログを指針にして観測対象を選ぶことが多い．ここで，X 線観測で銀河団の同定ができる理由について述べる．銀河団の X 線放射の第 1 の特徴は，光度が 10^{43}–$10^{45}\,\mathrm{erg\,s^{-1}}$ と非常に大きいことである．この値は，もう一種の明るい X 線天体である活動銀河（4.3 節）とほぼ同じレベルにある．第 2 の特徴は，銀河団の X 線放射は空間的に広がっているということである．そのため，点源である活動銀河とは区別しやすい．第 3 に，活動銀河の放射は数百 keV にまで伸びたべき関数型のエネルギースペクトルを持つのに対し，銀河団は 10 keV 程度までの熱的な放射であり，鉄以外に硅素，マグネシウム，ネオン等の元素の出す特性 X 線を数多く含んでいる．

　こうした特徴をもとに，X 線サーベイのデータから銀河団の候補が拾い出され，それを可視光で調べることで最終的に銀河団が同定されている．X 線望遠鏡の角分解能は，たとえばチャンドラ（Chandra）衛星の場合は 0.5 秒角と高い．これは地上にある可視光の大望遠鏡の角分解能に匹敵する．しかし，受光面の有効面積は，XMM–ニュートン（XMM–Newton）衛星でも $4000\,\mathrm{cm^2}$ 程度しかなく，可視光の大望遠鏡には遠く及ばない．したがって，データの光子数が少ないために，接近した二つの点源を 1 個の銀河団と見誤るなどの問題が避けられず，可視光による追観測は銀河団の同定に欠かすことはできない．それでも，X 線探査により多数の銀河団が発見されてきており，銀河団の光度関数やその進化といった統計的な研究も行われている．

246　第 7 章　宇宙の階層構造と銀河相互作用

　X 線独自の銀河団カタログとしては，これまでで唯一 X 線望遠鏡で全天サーベイ観測を行ったローサット（ROSAT）衛星によるものがもっとも完備している．ローサットの全天サーベイは約 19000 個の X 線源を検出した．これらを可視光で追観測することによって，X 線銀河団のカタログが作られている．代表的なものは REFLEX と呼ばれる 447 個の銀河団のカタログである．これは南天の 4.2 ステラジアン（sr）の天域に対する，ある検出限界までの完全サンプルになっているので，これをもとに銀河団の統計的な性質や進化を調べることができる．また，全天サーベイの他に，チャンドラ衛星や XMM‒ニュートン衛星では，やや狭い空の領域を深く観測して，すべての暗い天体を拾いあげるサーベイ観測を行っている．これらをもとに，赤方偏移 $z = 1$ を超えるような銀河団も数 10 個見つかってきている．2019 年に打ち上げられる eROSITA による X 線全天サーベイによって，この数が 1000 個以上に増えるだろうと期待されている．可視光と X 線以外の波長においても，高温ガスのスニヤエフ‒ゼルドビッチ効果（7.3.3 節参照）に注目した電波望遠鏡によるサーベイで，$z \sim 0.5$ を中心に数百個の銀河団が見つかっている．

　最後に，銀河団の名称について述べておく．通常，銀河団は，それが収録されているカタログの略称に通し番号もしくは座標の値を付けて呼ばれる[*10]．たとえば，エイベルカタログの 1656 番目の銀河団は，Abell 1656（あるいは A 1656）もしくは ACO 1656 と呼ばれる．ツビッキーカタログの銀河団は，ZwCl 1257.1 + 2806 のように，ZwCl の後ろにその銀河団の赤経・赤緯の座標が続く．よく使われる可視光のカタログの略称には，北半球の大規模な銀河団サーベイ The Northern Sky Optical Cluster Survey（2004 年，デジタル化された写真乾板のデータを使用している）を指す NSCS，ガン（J.E. Gunn）らの遠方銀河団のカタログ（1986 年）を指す GHO，ポストマン（M. Postman）らの遠方銀河団のカタログ（1996 年）を指す PDCS などがある．

　一つの銀河団が複数のカタログに含まれていることも多い．たとえば Abell 851 は，ZwCl 0939.8 + 4714, GHO 0939 + 4713 と同一である．なお，CL（あるいは Cl）で始まる名前の銀河団が多数存在するが，CL（Cl）はその天体が銀河団

――――――――――
[*10] 古くから知られているおとめ座銀河団やかみのけ座銀河団などは例外である．

（CLuster of galaxies）であることを示す記号であって[11]，CL（Cl）という名のサーベイがあるわけではない．たとえば，ZwCl 0024.0 + 1652, GHO 0939 + 4713 は，それぞれ CL 0024 + 1652, CL 0939 + 4713 とも呼ばれる．

X線銀河団でよく用いられる名前には，RXC（ローサットの全天サーベイで見つかった銀河団を意味し，REFLEX 銀河団が含まれる），RDCS（ROSAT Deep Cluster Survey という深探査で見つかった銀河団），MS（アインシュタイン（Einstein）衛星の Medium Deep Survey という探査で見つかった銀河団）などがある．なお，AX で始まる名前の銀河団は，あすか（ASCA）衛星が見つけた銀河団である[12]．

7.2.3 銀河団の分類

銀河団にはさまざまな光度と形態の銀河が分布している．その分布の様子を特徴づけたものが，可視光による銀河団の形態分類である．ここでは代表的な二つの分類を紹介する．バウツ（L.P. Bautz）とモルガン（W.W. Morgan）によるB–M 分類は，もっとも明るい銀河とそれ以外の銀河との明るさの対比にもとづいている．ルード（H.J. Rood）とサストリー（G.N. Sastry）による R–S 分類は，明るい 10 個程度の銀河の空間分布の仕方に注目した分類である．銀河団の形態は銀河団の進化の段階を表しているのかもしれないが，多くの銀河団はまだ力学的に進化している途上にあるので，詳細な分類には馴染まない．そのため，現在では B–M 分類や R–S 分類に言及されることはほとんどない．

しかし，銀河団の分類が力学的進化段階に即したものであれば，有用であろう．この観点で注目されているのが cD 銀河の有無である．ここで，cD 銀河とは，非常に明るい巨大楕円銀河のことであり，銀河団の中心に存在することが多い（図 7.8）．実は，cD 銀河の存在する銀河団は，上記のいずれの分類法でも，一つのタイプとして分類されているものである．つまり，可視光で見た銀河団の形態は cD 銀河の有無によって異なる．

銀河団から放射される X 線の性質も cD 銀河の有無によって系統的に異なる．

---

[11] 同様の目的の ClG という記号もある．

[12] AX という記号は，あすかで見つかった天体一般を指す．したがって AX で始まる天体は銀河団に限らない．同様に，RX はローサットで見つかった天体一般を指す．

図 7.8 おとめ座銀河団の中心部にある楕円銀河 M 87 (NGC 4486) の可視の画像 (約 8′ 幅) (Anglo Australian Observatory).

中心の銀河の付近が X 線で非常に明るい銀河団は，しばしば XD 銀河団と呼ばれる．これらの銀河団の中心銀河は大抵 cD 銀河である．XD 銀河団では，高温ガスの分布は球対称に近く，鉄やケイ素が銀河団の中心部に集まっている様子が見られる．中心から 200–300 kpc 以内のコアと呼ばれる領域では，放射による冷却のため，ガスの温度が周囲の半分程度にまで低下していることが多い．

X 線で明るい中心銀河を持たない銀河団は，nXD[*13]銀河団と呼ばれる．nXD 銀河団では，X 線の輝度分布にも重元素の分布にも，強い中心集中がほとんど見られない．また，温度も中心と周囲とであまり違わない．これらの銀河団のなかには不規則な形状をしたものも多い．

[*13] non XD の意味.

可視光と X 線の性質のこうした特徴から，cD 銀河のない銀河団（あるいは nXD 銀河団）は，進化の若い段階にある，まだ成長しつつある銀河団と考えることができる．衝突や合体から長い時間が経つと，銀河団は滑らかな形状になるとともに，中心に cD 銀河が形成され，そこで作られた重元素が中心に蓄積していくことになるのであろう．

7.3 銀河団の多波長観測

7.3.1 可視光による観測

可視光という波長は，銀河団の探査に加えて，既知の銀河団の詳細な観測にも不可欠である（図 7.8，7.9）．既知の銀河団の観測では，さまざまな波長帯（バンド）での撮像や，個々の銀河の分光が行われる．多波長の撮像データからは，銀河の光度，色，形態が分かる．銀河の光度と色からは，その銀河を構成する星の全質量，年齢，重元素量などが推定できる．色にもとづいて銀河の赤方偏移が概算できる場合もある．これを測光赤方偏移という（5.3 節参照）．分光観測で得られたスペクトルからは，正確な赤方偏移が求まるほか，その銀河の星生成率や内部運動を調べることができる．多くの場合，銀河の年齢や重元素量は，測光的に求めるよりもスペクトルから求めるほうが正確である．

撮像観測と分光観測を組み合わせれば，銀河団に属する銀河の詳細な研究ができる．たとえば，その銀河団には，どんな光度や形態の銀河がどのように分布しているか，また，それらの銀河がどのような進化を経てきたかを調べることができる．銀河の進化は，銀河団という環境に大きな影響を受ける．銀河団の中では，銀河同士の相互作用や合体，銀河団内部に充満している高温ガスによる銀河のガスの剥ぎ取り，銀河団の潮汐力による銀河の破壊などが起こる．一方で，高温ガスは銀河の運動や星生成活動の影響を受ける．したがって，銀河団と銀河の進化は切り離して考えることはできない．最近は，観測の対象を銀河団の周囲の領域にまで拡大し，銀河団の中心から宇宙の平均的な領域までの変化に富んだ環境の中で銀河の性質がどう異なるかという問題（銀河の環境効果問題）が，近傍のみならず遠方の銀河団に対しても研究されるようになっている（9.1 節参照）．

銀河団内での銀河の分布および速度分散から，銀河団の力学質量を見積もるこ

図 **7.9** 赤方偏移 $z = 0.83$ にある銀河団 RX J0152.7−1357 の中心部のすばる望遠鏡による可視の画像（約 $3'$ 四方）（色については口絵 7 参照）．黄色ないし赤っぽく見える天体の大半はこの銀河団に属する銀河．これらの銀河は北東（画像の左上）から南西（右下）に鎖状に連なっていることが分かる．中心の赤っぽい銀河の集団の周りに見られる青く細長く伸びた天体は，この銀河団の重力レンズ効果によって像が歪められた背後の銀河である（国立天文台提供）．

とができる．ただし，ビリアル平衡を仮定する必要がある．銀河団の力学質量は，銀河団による背景銀河の重力レンズ現象（図 7.10）からも推定できる．可視光による銀河団の観測で顕著な発展を見せているのが，この重力レンズ現象を利用した研究である（8.5 節参照）．銀河団は，その莫大な質量によって，光を曲げる巨大なレンズとして振舞う．銀河団の背後の銀河から出た光が銀河団の近くを通る際，銀河団の重力によってその進行方向が変わる．その結果，我々は，歪んだり拡大されたりした銀河の像を観測することになる．銀河団を高い空間分解能で撮像し，背景銀河の歪みの度合を測れば，銀河団の質量分布が分かる．この方

図 7.10 $z = 0.175$ にある銀河団 Abell 2218 の中心部のハッブル宇宙望遠鏡による可視の画像（約 $3' \times 1\rlap{.}'5$）．広がった楕円形の天体はこの銀河団に属する銀河である．一方，多数の弧のような天体は，この銀河団の重力レンズ効果によって像が歪められた背後の銀河である（NASA）．

法は，銀河の速度分散や X 線ガスから質量を求める方法とは異なり，銀河団のビリアル平衡を仮定する必要がないという利点がある．

通常では暗くてとても見えないような遠方の銀河でも，手前に銀河団があれば，その重力レンズ効果によって明るくなったり像が拡大されたりする．その意味で，銀河団は，自然が用意した巨大な望遠鏡である．このことを利用して，ハッブル宇宙望遠鏡により極めて遠方の銀河の性質を調べるハッブルフロンティアフィールド（HFF）などの大プロジェクトが行われており，大きな成果が上がっている（5.4 節，口絵 7 参照）．

赤外線の観測も可視光同様に銀河団の研究に重要な役割を果たしている．

近赤外線を使えば銀河の星の質量を正確に求めることができる．中間赤外や遠赤外線は，ダストに隠された星生成活動を探る上で欠かせない．赤方偏移による波長の伸びの大きい遠方の銀河団では赤外線はより重要になる．Spitzer, AKARI, Herschel などの宇宙赤外線望遠鏡や ALMA や JCMT などのサブミリ波望遠鏡によって，遠方銀河団の包括的な理解が進んでいる．現在の銀河団とは異なり，遠方銀河団にはダストに隠された星生成活動をする銀河がしばしば存在することなどが明らかになっている．

252 | 第 7 章　宇宙の階層構造と銀河相互作用

7.3.2　X線による観測

　銀河団が比較的強いX線を出すことは，1970年頃のウフル（UHURU）衛星
による観測から分かっていたが，X線の発生原因は当初は分からなかった．銀河
団の中の活動銀河の出すX線や，荷電粒子による逆コンプトン散乱なども考え
られていた．銀河団からのX線が数千万Kという高温プラズマからの熱放射で
あることが確立したのは，1970年代半ばに，OSO-8衛星とAriel-5衛星によっ
て，エネルギースペクトル中に鉄の放射する輝線が見つかったことによる．この
ことは，銀河の質量を上回る大量の高温ガスが銀河団に存在していることを示す
ものであり，銀河団のX線放射はX線天文学がもたらした発見の中でも特に重
要なものと考えられるに至っている．銀河団の研究をさらに大きく進展させたの
が，1978年に登場した，初のX線望遠鏡衛星アインシュタインである．アイン
シュタイン衛星により数多くの銀河団のX線像が得られ，高温ガスが数Mpcも
の範囲にわたって銀河団を満たしている様子が，はじめて明らかになった．その
後，あすか，チャンドラ，XMM-ニュートンなど日米欧のX線天文衛星により
銀河団が詳しく調べられ，高温プラズマの温度分布，重元素分布などが精度よく
求められてきた．

　個別の銀河団のX線観測は，アインシュタイン衛星，ローサット衛星による
撮像を主体とした観測がまず行われ，続いて，あすか衛星がエネルギースペクト
ルの能力を強化し，現在のチャンドラ，XMM-ニュートン，さらに，すざく
（Suzaku）衛星へと引き継がれている．銀河団の高温ガスは一般に光学的に薄
く，それから放射されるX線は，希薄なプラズマからの熱放射できわめてよく
説明できる．また，銀河団は形成に100億年程度かかっているため，一般にはよ
く電離平衡に達している．放射されるエネルギースペクトルは，熱制動放射，電
子の再結合による放射，そして輝線スペクトルからなっている．それを理論的な
モデルと比較すればプラズマの物理的な性質が求まる．銀河団のX線観測から
得られる情報を列挙してみると以下のようになる．

(1)　高温ガスの輝度分布（おもにこれにもとづいたガスの密度分布）
(2)　高温ガスの温度分布
(3)　重元素存在量の分布
(4)　力学質量分布（ガスの密度分布，温度分布から）

これらについては，8.1節，9.2節などで詳しく解説する．

7.3.3 電波による観測

広がった電波放射を示す銀河団が 100 個以上見つかっている．広がった電波放射のうち，銀河団中心から出ているものは電波ハロー，銀河団外縁部のものは電波リリックと呼ばれる．電波の光度は $1.4\,\mathrm{GHz}$ で 10^{31}–$10^{32}\,\mathrm{erg\,s^{-1}\,Hz^{-1}}$ の範囲に多く分布しており，周波数で積分しても X 線光度（10^{43}–$10^{45}\,\mathrm{erg\,s^{-1}}$）よりは相当暗いと考えられる．電波の放射機構は偏光の存在などからシンクロトロン放射と考えられており，電子が銀河団の広い領域で相対論的なエネルギーにまで加速されていると考えなければならない．ただ，加速された高エネルギー電子の総数は，高温プラズマ全体の電子数に比べてはるかに少ないと考えられる．

宇宙マイクロ波背景放射の光子は，銀河団の高温ガスを通り抜ける際に高温プラズマの電子に逆コンプトン散乱され，電子からエネルギーを受け取る．その結果，銀河団方向の宇宙マイクロ波背景放射の強度（見かけの温度）は，ある波長を境に，長波長側では低くなり，短波長側では高くなる．この現象をスニヤエフ–ゼルドビッチ効果（S–Z 効果）という（9.3 節参照）．

7.4　銀河相互作用

この章で見てきたように，銀河は孤立系として存在しているものより，連銀河，銀河群，および銀河団に属している場合の方が多い．そのような環境では，銀河の進化は銀河相互作用によって影響を受けることが多い．そこで，この節では銀河相互作用の物理過程について述べることにする．銀河群や銀河団などの銀河集団の中で起こる広い意味での相互作用は複雑である．銀河集団には，銀河のみならず，銀河団ガス（高温のプラズマ）も存在するからである[*14]．つまり，銀河は銀河団ガスなど周囲の環境とも相互作用を行う．しかし，銀河同士の重力相互作用はもっとも基本的な相互作用なので，本節で詳しく述べることにする．なお，銀河団ガスなどとの相互作用と区別するために，重力相互作用を特に銀河間相互作用と呼ぶことがある．

銀河は宇宙膨張に乗って運動しているのでそれらの多くは互いに離れつつある

[*14] 銀河群の中にも高温プラズマが存在することが多いが，ここではそれらもまとめて銀河団ガスと呼ぶ．

といって良い．しかし個々の銀河は宇宙膨張以外にそれ自身の特異運動を持っているので，2個あるいはそれ以上の銀河が互いに接近することがある．天球上で接近して観測される銀河（連銀河，またはペア銀河）は単に見かけ上同じ方向に見えるだけでなく，実際に接近している可能性がある．2個以上の銀河が接近すると互いに潮汐力を及ぼしあい形態が変化すると予想される．実際，ペア銀河の多くは正常な銀河とは違う異常な形態を示す．

カラチェンツェフ（I.D. Karachentsev）の1999年の統計によれば，形態の異常などから他の銀河と相互作用していると推定される銀河は全銀河の5–6%である．また，異常な形態を持つ銀河（特異銀河）の系統的なカタログとしてはアープ（H. Arp）が1966年に出版した写真集 *Atlas of Peculiar Galaxies* が有名であり，そこには338例の多様な特異銀河が収められている．図7.11にいくつかの例を示す．

図7.11 (a) では，下の銀河から上の銀河に向かって細長い橋（ブリッジ）と呼ばれる構造と反対側にやはり細長い尾（テイル）と呼ばれる構造がのびている．図7.11 (b) では中央の銀河から反対方向に二本のテイルが出ている．図7.11 (c) の銀河は中心に穴があき全体が環状になっている（リング銀河）．図7.11 (d) では楕円銀河らしき銀河の周囲に多数の同心円状の弧が見える．このような銀河はリップル銀河あるいはシェル銀河と呼ばれる．

7.4.1 特異銀河の形成

銀河相互作用の研究は，これらの形態的に特異な銀河を銀河間の重力（潮汐力）による相互作用の産物として解明しようとするところから始まった．トゥームレ兄弟（A. Toomre と J. Toomre）は1970年代初頭，当時実用化が始まった大型電子計算機を使って，銀河遭遇のシミュレーションを行い，テイルやブリッジが接近した円盤銀河の重力的相互作用のみで説明できることを明らかにした．図7.12はアンテナ銀河（NGC 4038/39）をシミュレーションで再現したものである．

シミュレーションによれば，銀河同士が接近すると互いに潮汐力を及ぼしあい，その結果銀河の形が歪んで相手銀河の方向に延びた長円形になる．ところが円盤銀河は一般に中心に近いほど短い周期で回転している（2.1節参照）ので細

7.4 銀河相互作用 | 255

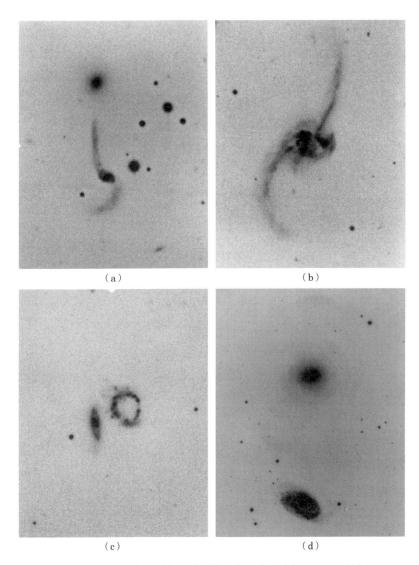

図 **7.11** 特異銀河（相互作用銀河）の例．(a) Arp 98, (b) Arp 243, (c) Arp 147, および (d) Arp 227（Arp 1966, *Atlas of Peculiar Galaxies*）.

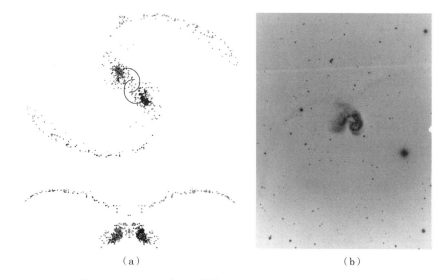

図 **7.12** アンテナ銀河の数値シミュレーション (a). 上の状態を横から見た様子を下に示す. (b) は実際のアンテナ銀河. 中心部の拡大写真はカバー表 4 参照(Toomre & Toomre 1972, *ApJ*, 178, 623).

長く突出した部分はやがて巻き込んでいき,渦巻構造ができる.渦巻腕の先端が延びたような構造がテイルやブリッジである.シミュレーションが銀河相互作用を研究する上で強力な手段となることが明らかになり,その後多くのコンピューターシミュレーションによってさまざまな形態の特異銀河が銀河の重力的相互作用で説明できることが確かめられた.たとえばリング銀河は,円盤銀河の中心付近を他の銀河がほぼ垂直につき抜けた場合に形成される.

7.4.2　銀河合体と棒状構造の形成

シミュレーションの技法はその後進歩した.トゥームレ兄弟のコンピューターシミュレーションは,銀河の質量を代表する一つの質点のまわりに同心円状に数百個のテスト粒子[*15]を回転させて円盤銀河のモデルとし,これがもう一つの質点(銀河)と遭遇したときにどのような変化が生じるかを調べる単純なもので

[*15] 質量を持たない仮想の粒子.

あった．つまり，銀河を構成する約1000億個の星を代表的に数百個のテスト粒子で表したといえる．テスト粒子同士は互いに重力は及ぼし合わず，質点の重力のみを受けて独立に運動する．この場合，テスト粒子の運動や分布は時間とともに変化していくが，2個の銀河の中心（質点）はケプラー運動によって同じ軌道をまわり続ける．

その後，コンピューターの能力が増大するにしたがって，より現実的なモデルが使われるようになってきた．実際の銀河ではすべての星は互いに万有引力を及ぼしあっている．いいかえれば星は自ら作り出した重力（自己重力）の作用を受けながら運動している．したがって，より正しい銀河のモデルを作るには，銀河を互いに万有引力を及ぼしあう多数の質点の集まりとして取り扱うべきである．このようなモデルを使ってシミュレーションを行うと，2個の銀河が互いに近くを通りすぎる場合，それらは接近後再び遠ざかることができず，一つに合体してしまう可能性があることが分かった．図7.11 (b) は実はこのような合体をしつつある銀河であると考えられる[*16]．

2個の銀河がすみやかに合体するためには，両銀河がお互いが触れ合うほどの近距離を脱出速度程度の低速で通過する必要がある．合体後の天体（銀河合体残骸）の構造や性質は，合体する2個の銀河の性質と銀河の相対運動の性質によって決まる．2個の楕円銀河同士の合体は楕円銀河を形成すると考えられる．2個の銀河の片方あるいは双方が渦巻銀河の場合，渦巻銀河の円盤は破壊され，銀河合体残骸はやはり楕円銀河的な天体になると考えられている（2.1.2節および図2.9参照）．またシェル銀河の弧状構造は，矮小銀河が巨大な楕円銀河に落ち込んだ際にその潮汐力によって破壊され細長く引き延ばされてできたと考えられている．

合体による楕円銀河の形成を考える上で，重要な制限となるのは，楕円銀河は一般に回転が遅いという観測事実である（2.1節参照）．合体前の2個の銀河の相対運動の角運動量（2個の銀河の重心に対する角運動量）は，合体後は銀河合体残骸の自転運動に転化される．したがって，たとえ合体前に双方の銀河がまったく回転していなかったとしても，合体後は速く回転する銀河合体残骸ができてしまうと考えられるのである．この問題はバーンズ（J. Barnes）のシミュレー

[*16] 合体をマージングあるいはマージャーと呼ぶ．合体銀河もマージャーと呼ばれる．

ションによる研究で巧妙に解決された（図7.13）．彼はそれぞれの銀河を恒星集団とそれをとりまく広がったダークマターから成る系としてモデル化し，合体のシミュレーションを行った．その結果，恒星集団の軌道角運動量は合体途中で大部分ダークマターに吸収され，合体後は，実際の楕円銀河のように回転の小さい恒星系ができることが分かった．

自己重力は合体だけでなく，銀河遭遇によって銀河の内側の部分がどのような影響を受けるかを調べる場合にも大切である．外部から及ぼされる潮汐力そのものは，銀河の内側に行くにつれて弱くなる．しかし内側では銀河円盤の自己重力が強いために，潮汐力によって生じた摂動が効率良く増幅され，より顕著な形態変化として現れるのである．相手銀河が比較的遠いところを通過する場合（したがって合体には到らない場合），円盤銀河の周辺部はトゥームレ兄弟のシミュレーションで示されるのと同じようにテイルとブリッジを形成するのに対して，銀河本体は棒渦巻銀河になる可能性があることが自己重力を取り入れたシミュレーションによって明らかにされている．この結果は，銀河遭遇により棒構造が形成される可能性を示唆するが，実際ペア銀河においては孤立銀河よりも棒渦巻銀河の割合が大きいことが観測的に報告されている．

7.4.3　銀河相互作用と活動現象

1980年代に銀河相互作用の研究は大きくその視野を広げる．銀河の形態的および力学的性質だけでなく，さまざまな活動性と銀河相互作用の因果関係がクローズアップされるようになってきたのである．ラーソン（R.B. Larson）とティンズリー（B.M. Tinsley）は1978年の論文で，銀河間相互作用により誘起されるスターバースト（4.1節参照）という斬新なアイデアを提案した．彼らは，特異な形態をもつ相互作用銀河の色を詳しく調べ，それらの銀河では数千万年という，銀河にとっては非常に短い間に，銀河全体の数パーセントに相当する星が生まれていると結論づけた（図7.14）．そして銀河遭遇がこのようなスターバーストの引き金になったと考えた．

スターバーストと銀河相互作用の因果関係はその後の観測的研究で確かめられた．スターバーストは合体銀河で特に顕著である．また，多くの場合，銀河中心部で発生している．また，セイファート銀河やクェーサーなどの活動銀河中心核

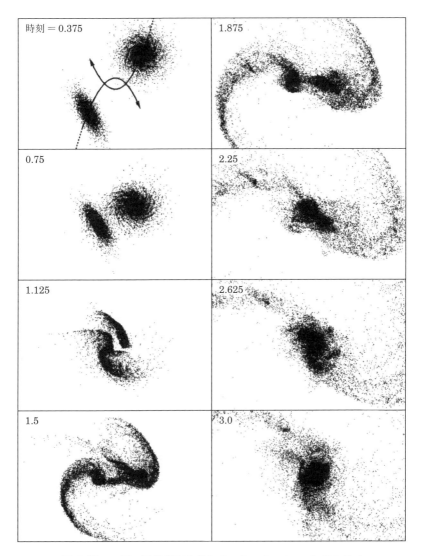

図 **7.13** 2 個の円盤銀河合体シミュレーション．2 本のテイルを伴った楕円銀河的な銀河合体残骸が形成される様子が分かる．左上の数字は時間の進行を示す（Barnes 1988, *ApJ*, 331, 699）．

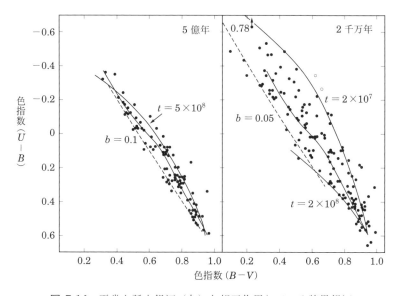

図 **7.14** 正常な孤立銀河（左）と相互作用している特異銀河（右）の 2 色図．各点はそれぞれ 1 個の銀河を表す．正常な銀河は $U-B$ と $B-V$ の間に強い相関があるが，特異銀河では散らばりが大きい．星生成に伴う銀河の色進化のモデル（実線）も示した．右の図では 2 千万年という短い時間に銀河全体の質量の 5 パーセントに相当する星が生成された場合が示されている．この場合，銀河の色分布は 2 千万年後には $t = 2 \times 10^7$ と示された曲線となるが，2 億年後には色分布は $t = 2 \times 10^8$ と示された曲線に移動する．このモデルでは，これら二つの曲線と $b = 0.05$ と示された曲線で囲まれた領域の銀河を説明できる（Larson & Tinsley 1978, ApJ, 219, 46）．

（AGN，4.3 節参照）が銀河相互作用と関連していると主張する研究者もいるが，スターバーストと異なりその因果関係は観測的に確証されていない．

このような観測面での進展と歩調を合わせるように，コンピューターシミュレーションによる銀河の数値的研究も複雑化，精密化の道をたどっている．1990年代以降のシミュレーションプログラムには銀河の構成成分として星以外に星間ガスが取り入れられ，星間ガスから新しい星が形成されるプロセスも組み込まれるようになった．その結果，銀河の形態変化だけでなく，銀河相互作用に伴う活動現象の発生メカニズムも調べることができるようになった．シミュレーション

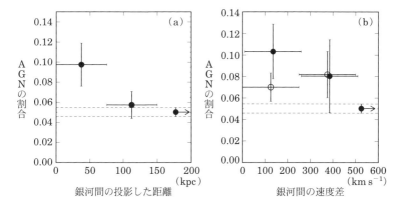

図 7.15 ペア銀河における，AGN の比率と銀河間の距離（a）および銀河の速度差（b）の関係．矢印のついたマークは孤立銀河に対する AGN の比率を示す．右図において黒丸は投影距離が 73 kpc より小さいサンプル，白丸は 143 kpc より小さいサンプルについての結果である（Silverman *et al.* 2011, *ApJ*, 743, 2）．

によれば，銀河遭遇では星間ガスも星と同じように渦巻構造やテイル，ブリッジをつくる．そこでは衝撃波が発生しガス密度が大きくなっているので星生成が活発になり，銀河全面にわたるスターバーストが引き起こされる．また，銀河の比較的内側に分布していた星間ガスは相手銀河からの重力や自分の銀河が変形することの影響によって角運動量を失うので銀河中心に落下する．中心に蓄積した多量のガスはスターバーストを引き起こすと考えられる．また円盤銀河同士の合体でも同様に銀河合体残骸の中心に落ち込んだガスから大量の星が形成される．

このようにスターバーストと銀河相互作用の因果関係は理論的にもよく理解されているといってよい．ただし，現在のシミュレーションは銀河中心の狭い領域（中心から数 100 pc 以内）に到達した星間ガスのその後の運命にはっきりした解答を与えられない．特に，ガスが最終的に銀河中心のブラックホールまで到達し，AGN 現象を引き起こすか否かはまったく分かっていない．観測的には，相互作用と AGN 現象の相関を主張する研究がある．一例を図 7.15 に示す．AGN の発現確率が，銀河同士が接近しているほど，あるいは，銀河間の速度差が小さいほど高いことが見て取れ，これは相互作用の強さと AGN の発生率が正の相関

も持つことを示す．ただし，これまで多数行われてきた観測的検証の結果は必ずしも一致しない．解析する銀河サンプルや解析手法が研究者によって異なり，結果を直接比較することが困難なこともその一因である．

　AGN 現象には，まだ解明されていないさまざまな銀河進化のプロセスが関連していると思われる．ここで詳しく論じた AGN 活動は円盤銀河に発生した棒状構造を媒介するものであった．最近の観測によって棒状構造は $z \sim 1$ 以前の時期にはほとんど見られず，$z \sim 1$ 以後に増加することが分かった．つまり棒状構造の形成は銀河進化の後期に特徴的な現象である．一方，宇宙全体で総合した AGN 活動のピークは $z \sim 2$–3 辺りにある．したがって，棒状構造の作用で誘起される AGN 現象は全体の一部であると考えられるのである．$z \sim 2$–3 の時期の AGN 活動は，この時期活発に起きた，ガスの豊富な銀河同士の合体が原因であり，その子孫の大半は現在楕円銀河となっている可能性が高い．

7.4.4　銀河団における相互作用

　以上銀河間相互作用について述べたが，銀河団ガスとの相互作用など広義の銀河相互作用についても観測と理論の両面から研究が進んでいる．古くは 1951 年にスピッツァー（L. Spitzer, Jr.）とバーデ（W. Baade）が，2 個の渦巻銀河同士が衝突したときに，星間ガス同士が衝突し母体銀河から剥ぎ取られる可能性を指摘した．星間ガスに限らず一般に流体の運動をせき止めたときには動圧（またはラム圧）と呼ばれる圧力が生じる．動圧は運動エネルギーの密度であり圧力そのものではないが，障害物に対し本来の圧力と類似の効果を及ぼす．動圧は銀河団ガスに渦巻銀河が突入したときに特に重要である．

　大規模な銀河団の中心部には 1 億 K 程度の高温ガスが充満していることが X 線観測などから分かっている（9.2 節参照）．このガスに渦巻銀河が突入すると，渦巻銀河中の恒星（バルジや銀河円盤部の星）はガスと相互作用しないのでそのまま軌道運動を続けるが，星間ガスは突入した銀河間ガスから動圧を受け軌道運動から取り残されると考えられる．つまり，星間ガスの剥ぎ取りが起こる．実際，おとめ座銀河団では，銀河団中心に近い渦巻銀河ほど星間ガスが孤立銀河に比べて大きく欠乏していることが分かっている．1 個の渦巻銀河を考えた場合，外側の星間ガスほど母銀河の重力が弱いので剥ぎ取られやすいと考えられる．実

際に，銀河団中にある渦巻銀河では，中心部に存在する水素分子ガスがほとんど影響を受けていないのに対し，もともと銀河の外縁部に分布していたと考えられる中性水素ガスは著しく減少している例が多く観測されており（H I 欠乏銀河），剥ぎ取りの有効な証拠である（3.1.4 節参照）.

ガスの剥ぎ取りの劇的な場面が最近 ESO137-001 と呼ばれる渦状銀河でとらえられた（口絵 8 参照，https://apod.nasa.gov/apod/ap150801.html）．この銀河は，Abell 3627 という銀河団の中を運動しているが，ハッブル宇宙望遠鏡で撮影された銀河本体から，帯状に流れ出る高温ガスがチャンドラ X 線観測衛星によって発見された．これはまさに，ESO137-001 の星間ガスが銀河団の高温ガスと衝突し，それによって生じる動圧の作用で剥ぎ取られる現場を目撃しているのだと考えられる.

7.4.5 銀河の形成過程における相互作用

従来，銀河相互作用は「完成した」銀河について考えられることが多かった．つまり，我々の近傍に見られる正常な銀河を比較の基準とし，相互作用銀河の特異性を議論した．しかし，現在はより広い意味での銀河相互作用が重要な研究テーマとなりつつある．宇宙のさまざまな天体の起源に関して現在主流となっている考え方は，小さな天体が順次合体を繰り返しながらより大きな天体を形成していくという仮説（階層的集団化モデル）である．これによれば銀河もいくつかのより小さな部分つまり「ビルディングブロック」が集まって形成されたことになる．その際には，ビルディングブロック間にさまざまな相互作用が生じたであろう．したがって，広い意味での相互作用は銀河進化の中心的メカニズムであるといえるのである．たとえば，楕円銀河は多くの合体を経験してきた銀河であるのに対し，円盤銀河は大規模な合体*17をほとんど経験せずに進化してきたと考えられる．つまり，銀河形態のハッブル系列は合体頻度の系列と解釈できることになる.

1990 年代後半になり，ハッブル宇宙望遠鏡や地上の新世代大型望遠鏡によって，遠方の銀河の詳しい性質を調べることが可能になってきた．遠方の銀河は過去の姿を見せているので，このことはさまざまな進化段階にある銀河を直接観測

---

*17 同質量程度の銀河同士の合体を指す．メジャーマージャーと呼ばれる.

できることを意味する．遠方銀河の形態的特徴の一つは，表面輝度分布が滑らか
でなく，ぶつぶつとしている（クランピー）ことである．つまり，銀河の内部に
数個の明るい塊（クランプ）が見られ，銀河全体としては不規則な形状を呈して
いる．

　個々のクランプは巨大な星の集団であると考えられるが，このような近距離の
銀河に見られない構造が，複数個の小さな銀河が合体しているために生じたの
か，それとも宇宙初期の単独銀河に固有の性質なのかは分かっていない．クラン
プ形成に関する一つの可能性として，宇宙初期の円盤銀河における重力的不安定
性が考えられている．若い円盤銀河は近傍の円盤銀河と比べはるかに多量の星間
ガスを含む．ガスは恒星の集団と異なり，放射により冷却する．したがって圧力
が低下し，重力による収縮を止めることができず，その結果，銀河円盤が多数の
塊に分裂するのである．この考え方は，クランプ銀河の割合が，現在に近づくに
つれ減少することや，クランプの星成分の色が，背景の恒星円盤と同様に銀河中
心に近づくほど赤くなるという傾向を説明でき，遠方銀河の進化過程の重要な側
面をとらえているかもしれない．さらに，クランプが動的摩擦（ダイナミカルフ
リクション）によって銀河中心に集まり，バルジを形成する可能性も考えられて
いる．

　今後さらに観測が進み，広い意味での銀河相互作用が，宇宙の長いタイムス
ケールの中で，クエーサーや銀河の進化にどのような影響を与えたのか，が解明
されていくことを期待したい．

第8章

銀河団の観測的性質

　第7章で見たように，銀河団は銀河を数百から数千個含む天体であり，重力平衡にある系として宇宙で最大である．現在の標準的な階層的構造形成モデルによると，宇宙では，初期密度ゆらぎが成長し，まず小さく軽い天体ができ，その後大きく重い天体ができたというように考えられている．したがって，宇宙で最大の天体である銀河団は最近，あるいは現在形成中の天体であると考えられる．銀河団を調べることで宇宙の天体形成についての情報を得ることができる．また，銀河団を構成する物質の大部分（質量で8割以上）はダークマターであり，銀河団の観測からダークマターの性質も調べることができる．本章では，銀河団を用いて，宇宙論やダークマターの研究がどのように進展してきているかを解説する．

8.1　銀河団の構造

　宇宙論への応用のために必要な，銀河団の基本的な構造についてまず説明する．

8.1.1　可視光で見た銀河団の構造

　銀河団は銀河の集団であるが，銀河の分布の仕方には特徴がある．図8.1はスローンデジタルスカイサーベイ（SDSS）で観測した銀河の形態–密度関係である．銀河の数密度が高い領域ほど早期型銀河（楕円銀河とS0銀河）が多いこと

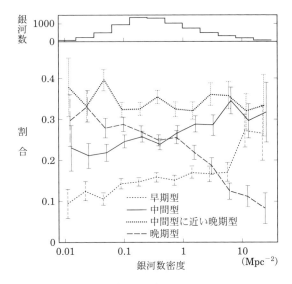

図 **8.1** 銀河の形態–密度関係（Goto et al. 2003, *MNRAS*, 346, 601）．

が分かる．銀河団においても数密度が高い銀河団の中心領域では赤い早期型銀河が多く観測されるのに対し，数密度が小さくなる外周部では青い晩期型（渦巻）銀河が多く観測されるようになる．ちなみに銀河団の外部では青い晩期型銀河がほとんどである．

このような銀河の分布の種類による違いの原因であるが，まず銀河団中心部ではもともと楕円銀河ができやすかった可能性がある．銀河団ができるような領域はもともと初期密度ゆらぎが大きいので，銀河の母体となる小さい天体ができやすく，それらが頻繁に衝突合体を繰り返して，比較的短時間に丸い楕円銀河になったというものである．

次に一部の早期型銀河は銀河団の外から落ちてきた晩期型銀河が変わったものだという可能性がある．晩期型銀河が銀河団の外から落ちてくると，他の銀河や銀河団からの潮汐力の影響を受ける．また銀河団ガスとの相互作用により銀河のガスが剥ぎ取られる効果もある．これらの効果により銀河が銀河団の中心部に達するにしたがって，晩期型から早期型に変わるというものである．これらのメカニズムについては7.4節や9.1節で説明されている．

8.1.2 X線で見た銀河団の構造

銀河団を X 線で見ると，その中に存在する銀河はあまり目立たず，その代わりに銀河団全体を覆う銀河団ガスがおもに観測される．銀河団ガスの音速は

$$c_{\rm s} = \sqrt{\frac{5\,kT}{3\,\mu m_{\rm p}}} \approx 1500 \left(\frac{T}{10^8\,{\rm K}}\right)^{0.5} \quad [{\rm km\,s^{-1}}] \tag{8.1}$$

となる．ここで k はボルツマン定数，T はガスの温度，μ は平均分子量，$m_{\rm p}$ は陽子の質量である．$\mu m_{\rm p}$ で電子，陽子その他各種イオンを含んだすべての粒子の平均質量となる．銀河団ガスは電離しているので $\mu \sim 0.6$ である．銀河団を音速で横断する時間，すなわち音速横断時間（sound crossing time）は銀河団の半径をビリアル半径 $r_{\rm vir}$*[1]で定義して，

$$t_{\rm s} = 2\,r_{\rm vir}/c_{\rm s} \approx 1.3 \times 10^9 \left(\frac{r_{\rm vir}}{1\,{\rm Mpc}}\right) \left(\frac{c_{\rm s}}{1500\,{\rm km\,s^{-1}}}\right)^{-1} \quad [{\rm y}] \tag{8.2}$$

となる．音速横断時間 $t_{\rm s}$ は宇宙年齢（$\sim 10^{10}$ y）に匹敵すると考えられる銀河団の年齢よりも短い．また大部分の銀河団では，その X 線での形状から，音速を超えるようなガスの運動は存在しないと考えられている．そのため銀河団ガスは銀河団の重力場に対しておおまかには静水圧平衡*[2]にあると考えられる．したがって銀河団が球対称だとすると，以下の関係式が成り立つ．

$$\frac{dP_{\rm gas}}{dr} = -\rho_{\rm gas}\frac{GM(r)}{r^2} \tag{8.3}$$

ここで $P_{\rm gas}$ と $\rho_{\rm gas}$ は銀河団ガスの圧力と密度，$M(r)$ は銀河団の中心からの距離 r より内側に含まれる力学質量である．$P_{\rm gas} = \rho_{\rm gas}kT/(\mu m_{\rm p})$ なので，$P_{\rm gas}$ は $\rho_{\rm gas}$ と T の積に比例することに注意しよう．銀河団ガスの単位体積あたりの X 線の放射率は，X 線の放射が制動放射の場合は $\rho_{\rm gas}^2 T^{1/2}$ に比例する．T は X 線のスペクトルの観測より求まる．銀河団ガスの温度 T の中心部と外周部での違いは，中心部と外周部で 3 桁ほど異なる $\rho_{\rm gas}$ の変化よりも十分小さいので（9.2.1 節，図 9.13），ほぼ一定とみなすと，X 線の表面輝度分布（図 8.2）は，

---

*[1] 力学的平衡状態にある系の大きさを代表する半径．第 3 巻 3.3 節の球対称崩壊モデル参照．

*[2] 収縮させる向きに働く重力と，膨張させる向きに働く圧力勾配がつりあっている状態．おもに流体に対して用いられる．

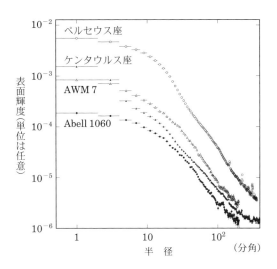

図 8.2 いろいろな銀河団の X 線表面輝度の半径に対する変化．1 分角は銀河団の実スケールでは 13–22 kpc に対応する．銀河団の中心へ向けて輝度は増大するが，コアと呼ばれる半径 10 分角（約 150 kpc）より内側では表面輝度は頭打ちになる．これらの銀河団では高温ガスは静水圧平衡にあると考えられ，ガスの密度分布と温度分布をもとに，ダークマターを含めた力学質量の分布を導くことができる（古庄多恵氏提供）．

ρ_{gas}^2 を天球面上の各点で視線方向に積分したものに対応することが分かる．したがって銀河団がほぼ球対称であると仮定すると，X 線の表面輝度分布から ρ_{gas} の分布を推定することができる（より正確には T の場所による違いも考慮する）．

以上より式 (8.3) から質量分布 $M(r)$ が求まる．こうして求められた質量分布は一般に NFW 分布（8.3 節参照）とは矛盾しない（図 8.3）．また，銀河団の半径をビリアル半径で定義し，その中にある質量を全質量とすると，ダークマターを含む物質の全質量は $M(r_{\text{vir}})$，銀河団ガスの全質量は $M_{\text{gas}}(r_{\text{vir}})$ で表され，$M(r_{\text{vir}}) \sim 10^{14}\text{–}10^{15} M_\odot$ となる．

ところで式 (8.3) で $r = r_{\text{vir}}$ とし，P_{gas} は銀河団の外側に行くほど小さくなることに注意して $dP_{\text{gas}}/dr \sim -P_{\text{gas}}/r_{\text{vir}}$ とすると，

$$\frac{kT}{\mu m_{\text{p}}} \sim \frac{GM(r_{\text{vir}})}{r_{\text{vir}}} \tag{8.4}$$

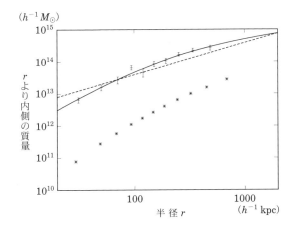

図 8.3 X線観測から求めた $M(r)$（†印）と NFW 分布（実線）との比較．破線は $M(r) \propto r$ となる分布．下の ＊ 印は銀河団ガスの分布（Andersson & Madejski 2004, *ApJ*, 607, 190）．

となる．この式から銀河団ガスの温度が重力ポテンシャルに対応していることが分かり，大まかな温度を見積もるのに便利である．

8.2 銀河団と宇宙論

銀河団の観測的性質から，宇宙論にどのような制約を与えることができるか見ていくことにしよう．

8.2.1 バリオンの割合と宇宙論パラメータ

銀河団は宇宙の十分広い領域が重力的に崩壊してできた天体であり，崩壊するときにその領域のダークマターとバリオンをそのまま持ち込んだと考えられる．また，銀河団が形成された後，バリオンの割合を大きく変えるほどの大規模な冷却や加熱現象は起きていないと考えてよい．したがって，銀河団中のバリオンの割合は宇宙全体の平均値と同程度であると仮定できる．この仮定のもとに，宇宙の質量密度におけるバリオンの割合を計算することができる．

宇宙の臨界密度 $\rho_{\rm cr}$ に対する，物質（ダークマター＋バリオン）の平均密度 ρ_0 の割合を宇宙の密度パラメータと呼び，$\Omega_{\rm m}$ で表す（$\Omega_{\rm m} = \rho_0/\rho_{\rm cr}$）．臨界密度と

は宇宙が閉じるのに最低限必要な密度のことである．一方，宇宙の臨界密度 ρ_{cr} に対するバリオンの密度 ρ_{b} の割合を，Ω_{b} で表す（$\Omega_{\mathrm{b}} = \rho_{\mathrm{b}}/\rho_{\mathrm{cr}}$）．ここでバリオンは銀河とガスをあわせたものである．銀河団の全質量（ダークマター＋ガス＋銀河）を M，ガスの総質量を M_{gas}，および銀河の総質量を M_{gal} とする．もし銀河団の中のバリオンの割合が，宇宙の中のバリオンの割合と同じであれば，

$$\frac{\Omega_{\mathrm{b}}}{\Omega_{\mathrm{m}}} = \frac{M_{\mathrm{gas}} + M_{\mathrm{gal}}}{M} \tag{8.5}$$

となる．たとえばかみのけ座銀河団の場合，観測で求められた各成分の質量は，$M_{\mathrm{gas}} = 6.8 \times 10^{13}\,h^{-5/2}\,M_{\odot}$，$M_{\mathrm{gal}} = 2.3 \times 10^{13}\,h^{-2}\,M_{\odot}$，および $M = 9.7 \times 10^{14}\,h^{-1}\,M_{\odot}$ である．ここでハッブル定数を $H_0 = 100\,h\,\mathrm{km\ s^{-1}\,Mpc^{-1}}$ とした．これらを式（8.5）に代入すると，$\Omega_{\mathrm{b}}/\Omega_{\mathrm{m}} \approx 0.024\,h^{-1} + 0.070\,h^{-3/2}$ となる．

　一方，Ω_{b} は宇宙初期の元素合成の理論から独立に決めることができる．それによると，宇宙の初期にできる元素の存在比は Ω_{b} に依存し，観測された現在の元素の存在比との比較から，$\Omega_{\mathrm{b}} \sim 0.022\,h^{-2}$ とされている．したがって現在得られているハッブル定数 $h \sim 0.68$ を使用すると，$\Omega_{\mathrm{m}} \sim 0.30$ となり，精密な観測や計算に頼らない非常に大まかな評価にもかかわらず，$\Omega_{\mathrm{m}} < 1$ であることが示せる．

8.2.2　銀河団の個数密度と宇宙論パラメータ

　一般的に宇宙の平均密度が高いほど，天体はできやすくなり数が増える．このことを利用して宇宙の密度パラメータを決めることができる．宇宙の天体の個数密度を表すものとして，プレス–シェヒター（Press–Schechter）関数がよく使われる（第3巻3.4節）．これによると質量 M から $M + dM$ までの天体の赤方偏移 z での個数密度は

$$n_{\mathrm{PS}}(M, z)dM = \sqrt{\frac{2}{\pi}} \frac{\rho_0}{M} \frac{\delta_{\mathrm{c}}(z)}{\sigma^2(M)} \left| \frac{d\sigma(M)}{dM} \right|$$
$$\times \exp\left[-\frac{\delta_{\mathrm{c}}^2(z)}{2\sigma^2(M)} \right] dM \tag{8.6}$$

となる．ここで ρ_0 は宇宙の平均密度，$\sigma^2(M)$ は質量 M を含む領域の密度ゆらぎの分散，$\delta_{\mathrm{c}}(z)$ は赤方偏移 z までに天体が形成されるのに必要な密度ゆらぎで

ある．また ρ_0 は Ω_m に比例する．

この関数を単純に観測と比較することはできない．観測では通常 M を直接求めることができないからである．銀河団の場合は M ではなく，銀河団に充満しX線を放射する銀河団ガスのX線温度 T とX線光度 L_X が観測で比較的容易に求まる．そこで T や L_X と M を結び付ける何らかのモデルが必要となる．よく使われるのは，X線温度 T は力学的なビリアル温度と等しいと仮定し，X線光度はガスの密度分布を適切な関数で仮定することで求める方法である．

ビリアル温度は

$$T_\mathrm{vir} = \frac{GM\mu m_\mathrm{p}}{3kr_\mathrm{vir}} \tag{8.7}$$

と定義される．ガスの密度分布は，たとえば近傍の銀河団でよくX線表面輝度分布を再現することが分かっている β モデルと呼ばれるモデルを採用し，

$$\rho_\mathrm{gas}(r) = \rho_\mathrm{gas,0}[1 + (r/r_\mathrm{c})^2]^{-3\beta/2} \tag{8.8}$$

を用いる．ここで r_c と β はパラメータで，観測や適当な理論モデルで決める必要がある．そうすると $\rho_\mathrm{gas,0}$ は式（8.8）を用いることで，

$$M_\mathrm{gas} \equiv \int_0^{r_\mathrm{vir}} 4\pi r^2 \rho_\mathrm{gas}(r) dr \approx M\frac{\Omega_\mathrm{b}}{\Omega_\mathrm{m}} \tag{8.9}$$

という関係式から M の関数として解ける．この式は式（8.5）と同じ意味であるが，銀河の質量は小さいので無視している．$\Omega_\mathrm{b}/\Omega_\mathrm{m}$ は理論モデルなどから仮定する．銀河団のX線はおもに制動放射によって出ているので，光度は

$$L_\mathrm{X} \propto \int_0^{r_\mathrm{vir}} 4\pi r^2 \rho_\mathrm{gas}^2(r) T^{1/2} dr \tag{8.10}$$

と表せる．T は式（8.7）を通じて，L_X は式（8.9），（8.10）を通じて M の関数となっている．

以上のようなモデルから，ある温度や光度の銀河団の個数密度を表す温度関数や光度関数が分かる．

$$n_\mathrm{T}(T,z) dT = n_\mathrm{PS}(M,z) \left.\frac{dM}{dT}\right|_{M=M(T,z)} dT \tag{8.11}$$

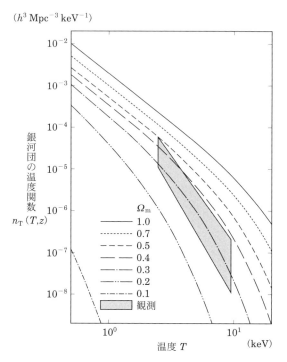

図 8.4 さまざまな宇宙論パラメータ (h, Ω_{m}, Ω_Λ) について計算した銀河団の温度関数を観測（矩形）と比較したもの (Kitayama & Suto 1996, *ApJ*, 469, 480).

$$n_{\mathrm{L}}(L_{\mathrm{X}},z)dL_{\mathrm{X}} = n_{\mathrm{PS}}(M,z) \left.\frac{dM}{dL_{\mathrm{X}}}\right|_{M=M(L_{\mathrm{X}},z)} dL_{\mathrm{X}} \tag{8.12}$$

これを観測と比較すればよい．ただこの方法では，その銀河団の観測した赤方偏移 z とその銀河団が誕生した赤方偏移 z_{f} が同じであると暗黙のうちに仮定している．プレス-シェヒターの個数密度関数には各天体がいつできたかという情報は含まれていない．ところが実際には，赤方偏移 z で複数の銀河団が観測された場合，それら銀河団の温度や光度はその銀河団がいつできたかによってばらつく可能性がある．この効果は赤方偏移 z に観測される天体があったとき，その天体が生まれた赤方偏移 z_{f} の確率分布関数を計算することで補正することができる．図 8.4 にそのような補正を行った温度関数の一例を挙げる．Ω_{m}，すな

わち宇宙の平均密度が大きいほど，銀河団の温度関数が大きくなる．観測と比較すると $\Omega_m \sim 0.3$ 程度であることが分かる．

最近は観測技術の進歩により，個々の銀河団のガスの分布やガスの総質量を β モデルを仮定せずに求めたり，ビリアル温度を仮定せず，銀河団ガスの温度分布を銀河団全体で精密に測定することが可能になりつつある．そのため，上で X 線光度 L_X と銀河団質量 M を結び付けたのと同様に，銀河団ガスの質量 M_{gas} や銀河ガスの総熱エネルギー Y_X を銀河団質量 M と結び付けて，ある質量の銀河団の個数密度を表す質量関数を求める試みがなされている．質量関数は式 (8.6) のように理論的に予想できるので，これと比較すると宇宙論パラメータを決めることができる．このような方法を用いることで，$\Omega_m = 0.27 \pm 0.04$ という値が求められている．

なお，M_{gas} や Y_X などが精密に求まるのは現時点では観測条件の良い一部の銀河団だけなので，これらの銀河団での M_{gas} と M の関係（M_{gas}–M 関係）や Y_X と M の関係（Y_X–M 関係）が他の銀河団でも成り立つという仮定が必要であったり，数値シミュレーションで M_{gas}–M 関係や Y_X–M 関係が銀河団一般で普遍的に成り立っているということを確認する作業が必要である．

8.3 銀河団の質量分布

7.2 節と 8.1 節で見たように，銀河団は宇宙最大の自己重力系であり，ダークマターが全質量の大部分を占めている．銀河団の形成過程およびダークマターの空間分布を理論的に調べる研究が近年活発になされており，また後で述べるように様々な観測（X 線，速度分散，重力レンズ）との詳細な比較検討も可能になってきている．ここでは，まず銀河団の質量分布モデルについて概観する．

銀河団のみならず宇宙の階層的構造の形成過程を理解することは最も重要な問題の一つであるが，現在の標準的なシナリオは，宇宙初期に生成された原始密度ゆらぎが重力不安定性で成長し，まず小さく軽い天体が形成し，それらが合体して次第に大きく重い天体を形成するという冷たいダークマターモデル（以下 では CDM モデルと呼ぶ）である．このため銀河団の形成と進化 の過程を調べるには，小さな天体の合体史，またより大きな構造からの重力の影響を正しく考慮する必要がある．また，ダークマターの候補としては，光子（電磁波）とは相互

作用しない，重力でのみ他の粒子と相互作用する，速度分散が小さい（このため冷たいと呼ばれる）未知の素粒子が有力と考えられている．

計算機の性能の向上に伴い，宇宙の階層構造の形成過程を調べるために近年代表的な手法になっているのが，N 体シミュレーション法である．これは，宇宙の質量密度の空間分布を，多数個の点粒子を空間にばらまくことによって近似しようというものである．つまり，初期条件として構造がまだできていない時期（たとえば 赤方偏移 $z = 50$）に，宇宙背景放射で観測されるような原始密度ゆらぎを再現するように粒子を分布させ，その後の成長を粒子間に働く重力を正確に計算して，粒子分布の進化を追跡する方法である．

このような N 体シミュレーション法で再現された銀河団領域の結果の一例として，口絵 11 を見てみよう．銀河団の質量分布の特徴として，全体になめらかに広がる成分（ハロー）と，個々のメンバー銀河のハロー成分と考えられている質量の小さな塊（サブハロー）が存在することが分かる．また，中心部には非常に大きな質量の塊があり，これはサブハローが力学的摩擦で中心に落ちこみ，それらが合体して形成されたものであり，cD 銀河のハロー成分と考えられている．

ナヴァロ（J.F. Navarro），フレンク（C.S. Frenk），およびホワイト（S.D.M. White）は，N 体シミュレーションで得られた銀河団の質量密度の動径プロファイルが，次のような関数形で表せることを提案している．

$$\rho(r) = \frac{\rho_{\rm s}}{r(r + r_{\rm s})^2} \tag{8.13}$$

このプロファイルは NFW モデルと呼ばれ，2 つのパラメータ，すなわち中心密度を特徴づけるパラメータ $\rho_{\rm s}$ と密度のべき指数が $d\ln\rho(r)/d\ln r = -2$ になるスケール半径と呼ばれるパラメータ $r_{\rm s}$ で，特徴づけられる．また，この質量モデルは，$r \to 0$ の極限では質量密度が r^{-1} で発散し，一方 $r \gg r_{\rm s}$ では $\rho \propto r^{-3}$ となる特徴を持っている．

銀河団の研究においては，理論的にも観測的にもビリアル質量 $M_{\rm vir}$ を用いるのが便利である．またシミュレーションの結果からビリアル半径までは少なくとも NFW モデルはよい近似になっていることが示されている．$M_{\rm vir}$ と NFW モデルの関係は，式（8.13）をビリアル半径 $r_{\rm vir}$ まで積分して得られる．

$$M_{\rm vir} = 4\pi\rho_{\rm s}\left[\ln(1 + c_{\rm vir}) - \frac{c_{\rm vir}}{1 + c_{\rm vir}}\right] \tag{8.14}$$

8.3 銀河団の質量分布

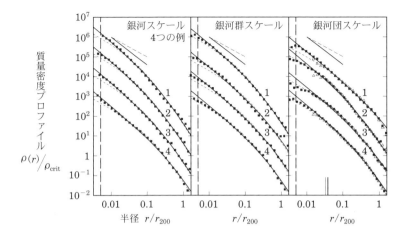

図 8.5 N 体シミュレーションによるハローの質量密度分布の動径プロファイル．3 つの図は，各々銀河スケール（左），銀河群スケール（中央），銀河団スケール（右）を示す．破線は NFW モデルによるフィットであり，実線は NFW モデルで内側のべき乗則を $r^{-1.5}$ に改良したモデルによるフィット．1, 2, 3, 4 はシミュレーションで作られたハローの同定番号．見やすさのために，縦軸方向に 10 倍ずつずらして描いてある（Jing & Suto 2000, *ApJL*, 529, 69）．

ここで，スケール半径の代わりにハロー中心集中度 $c_{\rm vir} \equiv r_{\rm vir}/r_{\rm s}$ を導入した．さらに，球対称崩壊モデルを用いると，$M_{\rm vir}$ と $r_{\rm vir}$ の関係も宇宙論パラメータで一意的に与えられるので，NFW モデルは 2 つのパラメータ（$c_{\rm vir}$ と $M_{\rm vir}$ あるいは $c_{\rm vir}$ と $r_{\rm vir}$）で決定される．注意すべきは，上式で $r_{\rm vir} \to \infty$（あるいは $c_{\rm vir} \to \infty$）の極限を考えると，質量が対数発散することである．これは，NFW モデルがビリアル半径内などの有限領域内でのみ適用可能な近似形であることを意味している．

特に，膨張宇宙モデルや密度ゆらぎの初期条件に依らず，また銀河スケールから銀河団スケールの広範囲なハローに渡り，それらのハローの質量プロファイルが普遍的に式 (8.13) の NFW モデルで表せるという提案がなされており，活発な論争を巻き起こしている．図 8.5 は銀河スケールから銀河団スケールに渡り，ハローの質量密度プロファイルが関数形 (8.13)（厳密にはそれを若干改良した関数形）でよく近似できることを示している．しかし，これらの結果は，自己重

力，無衝突粒子系が宇宙年齢内に平衡形状に落ち着くのは困難であり，無衝突系では初期条件の情報を何らかの形で保持しているのが自然である，という直観と一見矛盾する．そもそも，CDM 構造形成モデルでなぜ NFW モデルのような質量分布が現れるのかという問題に対する物理的な説明はいまだなされていない．ただ，その後の研究により，多数のハローの特徴を統計的に調べることで，中心部のべき指数や中心集中度パラメータ c_{vir} が特定の決まった値を取るのではなく，原始密度ゆらぎの統計的性質と関係した分散を持って分布していることが分かっている．また，c_{vir} の平均値は，質量の軽い天体ほど大きい（図 8.5）．

　以上のことから，NFW モデルは現時点では N 体シミュレーションから導出された経験的法則として認識するのが無難である．中心のカスプの形状（尖りぐあい）に関しては，数値計算の精度の問題が指摘されている．また，無衝突 CDM モデルの自然な帰結として，統計平均的な意味でもハローの形状は球対称よりはむしろ三軸不等の楕円体モデルのほうがよい近似になることが指摘されている．さらに，現実の宇宙ではバリオンが存在するが，バリオンは冷却できるため，星や銀河を形成するなどして，重力ポテンシャルの底にさらに落ち込むことができる．結果として，銀河団ではビリアル半径の数％以内ではむしろバリオンが全質量に対して支配的になっていると考えられ，質量プロファイルは修正を受けることになる．これらのことから，観測データに基づき，NFW モデルを定量的に検証することが強く望まれている．以下では，銀河団の質量分布を推定する方法について概観する（X 線観測を用いた方法については 7.2 節を参照）．

8.4　銀河団のメンバー銀河の速度分散

　観測される銀河団のメンバー銀河の赤方偏移には，宇宙膨張に起因するハッブル膨張速度に加えて，銀河自身の固有の速度（特異速度とよぶ）によるドップラー効果の成分が存在する．この特異速度は銀河団の重力によって引き起こされるが，その大きさは典型的に $1000\,\mathrm{km\,s^{-1}}$ にも及び，銀河団領域内（$\lesssim 1\,\mathrm{Mpc}$）でのハッブル膨張速度の違い（$\sim 70\,\mathrm{km\,s^{-1}}$）を凌駕している．すなわち，メンバー銀河の赤方偏移の分布の測定から特異速度の分布を推定し，重力ポテンシャルの強度分布つまり銀河団の質量分布を推定できることになる．実際に，すでに 1930 年代に，当時スイスの天文学者だったツヴィッキー（F. Zwicky）は，かみ

のけ座銀河団内のメンバー銀河の特異速度が，見えている銀河同士の重力から予想されるよりもはるかに大きいことを発見し，電磁波では見えない物質で銀河団が満たされていること，つまりダークマターの存在を指摘しているのは大変驚きである．

上述したようにダークマターが支配的である銀河団は無衝突系とみなせる．無衝突系の重力場は，無衝突ボルツマン方程式とポアッソン方程式で記述される（第12巻1章参照）．N体シミュレーションはこれらの方程式を近似的に解いている．無衝突ボルツマン方程式を速度空間で平均する（モーメントをとる）ことで得られるのがジーンズ方程式である．いま，問題を簡単化し，銀河団の重力場に対して定常，球対称を仮定すると，銀河団の重力ポテンシャルと速度分布の関係を与える式

$$M(r) = -\frac{\sigma_{\mathrm{r}}^2 r}{G}\left[\frac{d\ln\sigma_{\mathrm{r}}^2}{d\ln r} + \frac{d\ln\nu}{d\ln r} + 2\beta(r)\right] \tag{8.15}$$

が得られる．ここで，ν は数密度，σ_{r}^2 は速度の動径方向成分の分散，β は速度分散の非等方性を与えるパラメータ，$\beta(\equiv 1 - \sigma_\theta^2/\sigma_{\mathrm{r}}^2)$，$\sigma_\theta^2$ は速度の動径に垂直方向成分の分散，である．$\beta = 1$ の場合が動径方向のみの運動，$\beta = 0$ の場合が等方的運動，$\beta \to -\infty$ が円運動に対応する．また，半径 r の球内の重力ポテンシャル Φ が，

$$d\Phi(r)/dr = -(G/r^2)\int_0^r 4\pi r^2\rho(r)dr \equiv -GM(r)/r^2 \tag{8.16}$$

になることを用いた．ここで，式（8.15）で右辺の括弧内の第2項と第3項を無視すると，第1項は1のオーダーなのでビリアル平衡の関係 $GM(r)/r \sim \sigma_{\mathrm{r}}^2$ が得られる．

式（8.15）において，メンバー銀河の赤方偏移の測定から特異速度の分散 σ_{r}^2 を推定し，また銀河の空間分布の情報から数密度 $\nu(r)$ を推定すれば[*3]，銀河団の質量分布を推定できる．しかし，この方法の不定性は，速度分散などの観測量が視線方向に積分された2次元情報であることや，速度分散の等方性と銀河分布と質量分布間の関係について何らかの仮定をする必要があることなどである．

[*3] 通常は銀河の空間分布とダークマターの分布が同じであると仮定する必要がある．

278 | 第 8 章 銀河団の観測的性質

また多数の銀河の赤方偏移を測定するには多くの観測時間が必要であり，一般に簡単ではない．それでも，いくつかの代表的な銀河団については，その速度分散の測定から銀河団の全質量を推定することができている．

8.5 重力レンズ効果

バリオンとダークマターを合わせた銀河団の質量分布を最も直接的に調べる方法が，銀河団が背景銀河（あるいはクェーサー）に及ぼす重力レンズ効果を用いる方法である．この節では，実際の観測例を示しながら，重力レンズの方法について解説する．さまざまなスケールの天体における重力レンズ現象に関する詳しい解説については第 3 巻 2.3 節などを参考されたい．

8.5.1 重力レンズ方程式

一般相対性理論が予言する重力レンズとは，光源（ここでは銀河あるいはクェーサー）から発せられた光の経路が，観測者に届くまでの間に介在する天体（ここでは銀河団）の重力場によって曲げられる現象である．図 8.6 上図に示されるように，天球上において座標原点から測った像までの角度ベクトルを $\vec{\theta}$，レンズがなかった場合に観測されるはずの光源の位置ベクトルを $\vec{\beta}$ とすると，重力レンズ方程式は

$$\vec{\beta} = \vec{\theta} - \vec{\alpha}(\vec{\theta}) \tag{8.17}$$

で与えられる[*4]．ここで，$\vec{\alpha}$ は重力レンズの曲がり角ベクトルである．現実的には，角度ベクトル $\vec{\theta}$, $\vec{\beta}$, $\vec{\alpha}$ の大きさは 1 より十分小さいので，これらは天球上における 2 次元平面ベクトルと近似して良い（図 8.6 下図を参照）．曲がり角 $\vec{\alpha}(\vec{\theta})$ は，レンズ天体の質量分布による 2 次元重力レンズポテンシャル ψ を用いて

$$\vec{\alpha}(\vec{\theta}) = \nabla \psi(\vec{\theta}) = \frac{4G}{c^2} \frac{D_{\mathrm{L}} D_{\mathrm{LS}}}{D_{\mathrm{S}}} \int d^2 \vec{\theta}' \frac{\vec{\theta} - \vec{\theta}'}{|\vec{\theta} - \vec{\theta}'|^2} \Sigma(D_{\mathrm{L}} \vec{\theta}') \tag{8.18}$$

と表せる．ここで，Σ は銀河団の質量密度分布を視線方向に投影した 2 次元質量密度 $\Sigma(\vec{\theta}) = \int dz \, \rho(D_{\mathrm{L}} \vec{\theta}, z)$ である．また，$D_{\mathrm{L}}, D_{\mathrm{S}}, D_{\mathrm{LS}}$ は我々とレンズ

[*4] 重力レンズ方程式の詳しい解説第 3 巻 2.3.1 節を参照されたい．

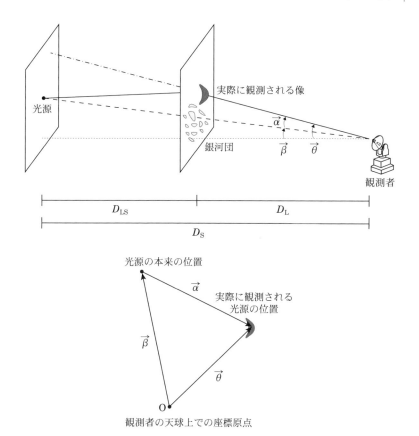

図 **8.6** （上図）光源から発せられた光の経路が手前の銀河団の重力場によって曲げられる重力レンズ現象．天球上において，光源が観測される角度位置ベクトルを $\vec{\theta}$，本来の位置を $\vec{\beta}$ とすると，重力レンズによる曲がり角は $\vec{\alpha}$ である．（下図）観測者が見る天球座標系上での $\vec{\theta}$, $\vec{\beta}$, $\vec{\alpha}$ の関係．

天体間，我々と光源間，レンズ天体と光源間の角直径距離であり，光源とレンズ天体の赤方偏移（それぞれ z_L および z_S）と宇宙モデルが与えられると決まる（5.1 節参照）．式（8.18）の導出では，宇宙論的距離（$D \sim 1000\,\mathrm{Mpc}$）に比べて，重力レンズとなる銀河団の質量分布が局在しており，視線方向に分布する他のさまざまな構造の重力レンズ効果は無視できること（薄い重力レンズ近似）を仮定している．

係数 $D_L D_{LS}/D_S$ は，ある赤方偏移 z_S の光源に対して，レンズ天体が観測者と光源のほぼ中間に位置するときに効率が最大になることを表している．与えられた光源の位置 $\vec{\beta}$ とレンズ天体の質量分布に対して，レンズ方程式の逆問題を解いたときに，$\vec{\theta}$ の解が一意的に決まるとは限らず，多重解が存在する場合があり得る．この多重解は，よく知られている重力レンズの多重像（実際には一つの光源が複数の像として観測されること）に対応している．これについては8.5.2 節で詳しく解説する．

さらに式 (8.18) において，基準点 $(\vec{\beta}, \vec{\theta})$ まわりの微小偏差ベクトル $(\vec{\beta} + \delta\vec{\beta}, \vec{\theta} + \delta\vec{\theta})$ の重力レンズマッピングを考えると，テイラー展開により

$$\delta\beta_i = \mathcal{A}_{ij}\delta\theta_j \tag{8.19}$$

が得られる．ここで $\mathcal{A}$ はヤコビアン行列と呼ばれ，

$$\mathcal{A} = \begin{pmatrix} 1 - \kappa - \gamma_1 & -\gamma_2 \\ -\gamma_2 & 1 - \kappa + \gamma_1 \end{pmatrix} \tag{8.20}$$

と定義され，

$$\kappa \equiv \frac{1}{2}(\psi_{11} + \psi_{22}) = \frac{\Sigma}{\Sigma_{cr}} \tag{8.21}$$

$$\gamma_1 \equiv \frac{1}{2}(\psi_{11} - \psi_{22}) \tag{8.22}$$

$$\gamma_2 \equiv \psi_{12} \tag{8.23}$$

を導入した．ここで，$\Sigma_{cr} \equiv c^2 D_S/(4\pi G D_{LS} D_L)$，$\psi_{12} = \partial^2\psi/\partial\theta_1\partial\theta_2$ などである．微小ベクトル $\delta\vec{\beta}$ が光源の表面輝度内を動くベクトル群とみなせば，ヤコビアン行列 $\mathcal{A}_{ij}$ によるマッピングを通して，$\delta\vec{\theta}$ が作るベクトル群は観測者が実際にその天体を見たときの形状を与える．物理的には，図 8.7 に示されるように，2 次元質量密度を与える κ は光源の形状を等方的に拡大する効果であり，γ_i は歪み効果（シアー），つまり光源に有限の楕円率を誘発する効果として解釈できる．ただし，図 8.7 で示されているように，シアーの成分 γ_i は θ_1 座標軸からの楕円率の長軸の方位角 φ に依存するので，座標系を変換するとシアーの成分も変換することに注意されたい．

重力レンズ効果は光源のフラックスを増大させる．この増光率もヤコビアン行

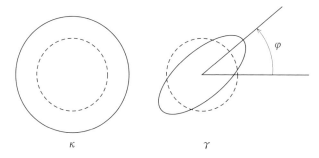

図 **8.7** 重力レンズヤコビアン行列 $\mathcal{A}$ における $\kappa, \gamma_1, \gamma_2$ の物理的意味. 破線が示すように,光源の真の形が円形である場合を考え,簡単のため $\kappa, \gamma \ll 1$ を仮定している.(左図)2 次元質量密度 κ は,光源の面積を $1/(1-\kappa)$ 倍だけ大きくする効果である.(右図)シアー γ_i は光源の面積は変えないが形状を楕円形に歪める効果.誘発される楕円率の大きさは $(a+b)/(a-b) = \gamma (= \sqrt{\gamma_1^2 + \gamma_2^2})$ (a, b は楕円の長軸と短軸の大きさ)であり,シアーの成分は $\gamma_1 = \gamma\cos 2\varphi$, $\gamma_2 = \gamma\sin 2\varphi$ で与えられる.また,楕円の長軸の方位角 φ は $\varphi = (1/2)\arctan(\gamma_2/\gamma_1)$ である.

列から与えられる.重力レンズ効果は新たに光子を生成しないので,光源の表面輝度 $b(\vec{\beta})$ は不変である.このため,重力レンズ効果による増光率 μ は観測される光源のフラックスとレンズがないときの固有のフラックスの比,つまりヤコビアン行列(8.20)の行列式

$$\mu(\vec{\theta}) \equiv \frac{\int d^2\vec{\theta}\, b(\vec{\theta})}{\int d^2\vec{\beta}\, b(\vec{\beta}(\vec{\theta}))} = \frac{1}{|\det(\mathcal{A})|} \frac{\int d^2\vec{\theta}\, b(\vec{\theta})}{\int d^2\vec{\theta}\, b(\vec{\theta})}$$
$$= \frac{1}{|\det(\mathcal{A})|} = \frac{1}{|(1-\kappa)^2 - \gamma^2|} \tag{8.24}$$

で与えられる.ここで,$\gamma = (\gamma_1^2 + \gamma_2^2)^{1/2}$ であり,観測される天体の像内で銀河団による重力レンズの強度が一定であると仮定した.$1 - \kappa + \gamma = 0$ あるいは $1 - \kappa - \gamma = 0$ を満たす $\vec{\theta}$ が作る閉曲線上で増光率は形式的に無限大になる[*5].

銀河団重力レンズの詳細に行く前に,便利な関係式を導出しよう.ヤコビアン

[*5] 厳密には,光源に有限の大きさを考慮すると,増光率が無限大になることはない.

行列（8.20）を，（たとえばレンズ天体の中心を座標原点とする）2次元極座標系 $(\theta_1, \theta_2) = \theta(\cos\varphi, \sin\varphi)$ を用いて書き直すと

$$
\mathcal{A} = \begin{pmatrix} 1 - \dfrac{\partial^2 \psi}{\partial \theta^2} & -\dfrac{\partial}{\partial \theta}\left(\dfrac{1}{\theta}\dfrac{\partial \psi}{\partial \varphi}\right) \\ -\dfrac{\partial}{\partial \theta}\left(\dfrac{1}{\theta}\dfrac{\partial \psi}{\partial \varphi}\right) & 1 - \dfrac{1}{\theta}\dfrac{\partial \psi}{\partial \theta} - \dfrac{1}{\theta^2}\dfrac{\partial^2 \psi}{\partial \varphi^2} \end{pmatrix} \tag{8.25}
$$

が得られる．ただし，この式の導出には座標基底の変換も使われていることに注意されたい．すなわち，たとえば上の $\mathcal{A}$ の $(1,1)$ 成分は座標原点から見て動径方向に沿った成分である[*6]．

式（8.25）と図 8.7 から，座標原点から見て半径 θ の円を考えたときに，その円周の接線方向（あるいは動径方向）に長軸をもった楕円形に光源を歪めるシアー成分 γ_+ は

$$
\gamma_+(\vec{\theta}) \equiv \frac{1}{2}\left(\frac{\partial^2 \psi}{\partial \theta^2} - \frac{1}{\theta}\frac{\partial \psi}{\partial \theta} - \frac{1}{\theta^2}\frac{\partial^2 \psi}{\partial \varphi^2}\right) \tag{8.26}
$$

のように表せることが分かる．これを方位角 φ で平均すると，任意の質量分布に関して

$$
\langle \gamma_+ \rangle(\theta) = \langle \kappa \rangle(\theta) - \bar{\kappa}(<\theta) \tag{8.27}
$$

なる関係が得られる．ここで，$\langle \cdots \rangle \equiv (1/2\pi)\int_0^{2\pi} d\varphi \cdots$ は方位角平均であり，$\bar{\kappa}(<\theta)$ は $\kappa(\vec{\theta})$ を半径 θ の円内で平均した量，つまり $\bar{\kappa}(<\theta) \equiv (2/\pi\theta^2)\int_0^{\theta} d\theta' \int_0^{2\pi} d\varphi\, \theta'\kappa(\vec{\theta'})$，である．また，$\gamma_+$ とは独立な歪み成分（円周の接線方向から $\pm 45°$ だけ回転した方向に沿った歪み成分）を $\gamma_\times$ とすれば，その方位角平均は常にゼロになる．これは重力レンズ効果がスカラーポテンシャルによって誘発されることに起因しており，観測的には $\gamma_\times$ を重力レンズ測定に伴う系統誤差の指標として使うことができるので重要である．

式（8.27）は，ある半径 θ の円周に現れる背景光源に対するシアーの大きさが，重力の潮汐力の性質を反映して，その円内に含まれる総質量と局所的な質量

[*6] 元のデカルト座標系 (θ_1, θ_2) の θ_1 方向に沿った成分ではない．

密度によって決定されることを意味している．たとえば，局所的に質量密度が $\kappa(\vec{\theta}) = 0$ になる半径 θ の円を考えたとしても，その円内に質量が存在すれば光源は歪み効果を受ける．また，シアー信号 γ_+ を十分に外側の $\kappa(\vec{\theta}) = 0$ になる領域 θ_b まで観測できれば，$M(<\theta_b) \propto \pi\theta_b^2 \bar{\kappa}(<\theta_b) \propto \pi\theta_b^2 \langle\gamma_+\rangle$ の関係から，その円内の全質量を不定性なしに推定できることになる．しかし注意すべきは，$\kappa \to \kappa + \lambda$ (λ は定数) なる変換に対して $\langle\gamma_+\rangle$ は不変なので，歪み効果の観測から質量を推定するときにはこの不定性が一般には生じる[*7]．また，式（8.27）は，$\langle\kappa\rangle > \bar{\kappa}$ のとき $\langle\gamma_+\rangle > 0$ であるので，光源は座標中心から見て動径方向に沿った方向に長軸をもつ楕円形に歪められ，逆に $\langle\kappa\rangle < \bar{\kappa}$ のとき，$\langle\gamma_+\rangle < 0$ であり，光源は円の接線方向に沿って歪められる．座標原点を銀河団中心にとれば，前者はおもに銀河団の中心部領域でのみ見られ，後者はそれ以外の銀河団の大部分の領域で観測されることになる．

8.5.2　強い重力レンズ効果

銀河団中心部で観測されるのが，背景光源に大きな増光，あるいは多重像やアーク状の大きく歪んだ効果を伴う強い重力レンズ効果と呼ばれる現象である．ここでは，この強い重力レンズ効果の特徴を概観する．NFW モデルの節で述べたように，第 0 近似では銀河団の質量分布は球対称とみなせるだろう．この場合，重力レンズ方程式で円対称質量分布を仮定すると，式（8.21），（8.27）を組み合わせることで，重力レンズ増光率が

$$\mu = \frac{1}{\left| \left(1 - \dfrac{d(\theta\bar{\kappa})}{d\theta}\right)(1 - \bar{\kappa}) \right|} \tag{8.28}$$

と書けることが分かる．この式から，$\bar{\kappa} = 1$ あるいは $d(\theta\bar{\kappa})/d\theta = 1$ を満たす閉曲線まわりで増光率が形式的に無限大（$\mu \to \infty$）になる．幾何学的な考察から，$\bar{\kappa} = 1$ の臨界閉曲線のまわりでは，円の接線方向に沿って大きく歪んだ像が観測される（図 8.8（右）参照）．特に，$\bar{\kappa} = 1$ を満たす半径はアインシュタイン半径（θ_{cr}）とも呼ばれ，その閉曲線内の全質量が

[*7] より厳密には，観測される歪み効果は $\gamma/(1 - \kappa)$ であるが，その歪み効果を不変にする不定性は $\kappa \to \lambda\kappa + (1 - \lambda)$ で表せる．

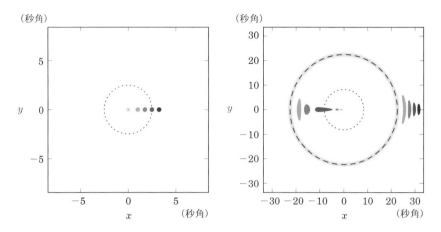

図 8.8 重力レンズマッピングの説明図.座標原点を中心とする球対称質量分布(NFW プロファイル)を持つ銀河団がある場合を仮定している.(左図)銀河団の背景にある光源の天球上での本来の位置.簡単化のため円盤の形状をした光源を考える.(右図)それぞれの光源が,実際に観測されたときの形状を示す.破線,点線は形式的に $\mu \to \infty$ になる臨界曲線を表す(左図の光源座標での破線に対応する臨界曲線は,球対称質量分布の場合は中心の点になる).左図で光源が点線の臨界曲線の内部にある場合には,右図では光源が 2 あるいは 3 個の多重像として観測されることが分かる.

$$M(<\theta_{\rm cr}) = \pi (D_{\rm L}\theta_{\rm cr})^2 \Sigma_{\rm cr}$$
$$\approx 3.5 \times 10^{14} M_\odot \left(\frac{\theta_{\rm cr}}{30''}\right)^2 \left(\frac{D_{\rm L}D_{\rm S}/D_{\rm LS}}{1 \text{ Gpc}}\right) \quad (8.29)$$

と表せる.すなわち,宇宙モデルと光源,銀河団の赤方偏移が分かれば,この臨界半径の同定から,その半径内の全質量が不定性なしに得られる.また,臨界半径は,光源の赤方偏移によっても変わるので(より高赤方偏移の光源に対してはより大きな $\theta_{\rm cr}$),赤方偏移の異なる複数の光源に対する臨界曲線を観測的に同定できれば,各曲線内の質量が求まり,これらの半径に渡る質量密度の動径プロファイルを求めることができる.

一方,$d(\theta\bar{\kappa})/d\theta = 1$ を満たす臨界閉曲線まわりでは,レンズ中心から見て動径方向に沿って大きく歪んだ像が現れる(図 8.8(右)参照).仮に 2 次元質量密

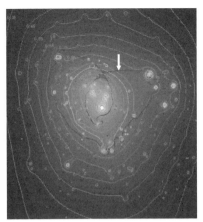

図 **8.9** （左図）近傍の A 1689 銀河団（$z = 0.18$）の中心領域のハッブル宇宙望遠鏡による撮像データ（Broadhurst et al. 2005, ApJ, 621, 53）. 銀河団中心から半径で約 2 分角（約 $200h^{-1}$ kpc）の領域. 強い重力レンズの影響で，多重像あるいは大きく歪んだ像になっている多数の背景銀河がある.（右図）多重像の測定から重力レンズ方程式の逆問題を解き，得られた 2 次元質量密度分布の等高線を示す. 太線の閉曲線（図の矢印が指し示す線）は $z_s = 3$ の光源に対する臨界曲線を表す.

度に対して単一のべき乗則を持つ，$\kappa \propto \theta^{-\alpha}$ なるモデルを考えれば，$0 < \alpha < 1$ を満たす場合にのみ，この臨界半径（$\theta_{\rm rad}$）が現れ，このとき $\theta_{\rm rad} < \theta_{\rm cr}$ であることが分かる. 一般に，この臨界半径の出現位置は銀河団の中心部付近の質量プロファイルのべき指数に敏感である.

図 8.9 の左図に示されるのは，近傍の A 1689 銀河団（$z = 0.18$）の中心部領域のハッブル宇宙望遠鏡による深い撮像データである. 大気のシーイングの影響がないため非常にシャープな画像が得られ，大きく歪んだ多数の暗く，小さな背景銀河像が確認できる[*8]. このデータの詳細な解析から，30 個以上の背景銀河に対する 100 個以上もの多重像が発見されている. さらに，これらの多重像の情報に基づき重力レンズ方程式の逆問題を解くことで，中心領域の質量分布が詳細に復元されている. 得られた質量分布は，観測領域（$r \lesssim r_s$）が限られている

[*8] 地上望遠鏡ではこれらを検出することは大変困難である.

が，NFW モデルの予言とよい一致を示すことが指摘されている．

8.5.3 弱い重力レンズ効果

前述した強い重力レンズ効果は，銀河団中心部でしか観測できない（たとえば，図 8.9 に示された A 1689 銀河団では半径で 〜 1 分角以内）．一方，銀河団のビリアル半径は典型的に 10 分角程度にも及ぶ．ビリアル半径に渡る銀河団全領域の質量分布を推定するためには，弱い重力レンズ効果と呼ばれる方法が極めて有用になる．これは，1 個の背景銀河では無理だが，多数の背景銀河の形状を統計解析することで，弱い重力レンズ効果を検出する方法である．ここでは，弱い重力レンズ効果の 2 種類の観測量について解説する．

重力レンズシアー

式 (8.22)，(8.23)，図 8.7 で述べたように，重力レンズは一般に光源銀河像に対して歪み（シアー）効果を引き起こす．実際には銀河は固有の楕円率 ε_i を持つが，いま $\kappa, \gamma_i \ll 1$ の領域に着目すれば，観測される楕円率 $\varepsilon_i^{\mathrm{obs}}$ は近似的に線形関係

$$\varepsilon_i^{\mathrm{obs}} \approx \varepsilon_i + \gamma_i \tag{8.30}$$

で与えられる．銀河団領域では典型的に最大で $|\gamma_i| \sim 0.1$，銀河固有の楕円率は $|\varepsilon_i| \sim 0.3$ 程度である．つまり，個々の銀河については固有の楕円率のほうが重力レンズシアーよりも大きい．しかし重要なのは，楕円率の成分は長軸の方位角に依存して正負の値をとり得ることである（図 8.7 参照）．このことから，異なる背景銀河間では固有楕円率の方位角に相関がないと仮定すれば[*9]，多数の銀河像の楕円率の統計平均をとることで，固有の楕円率の寄与が打ち消しあい，系統的な銀河団による重力レンズ成分のみを引き出すことができる．すなわち，N_{g} 個の背景銀河が含まれる領域における銀河の楕円率の平均値が

$$\langle \varepsilon_i^{\mathrm{obs}} \rangle \equiv \frac{1}{N_{\mathrm{g}}} \sum_{i=1}^{N_{\mathrm{g}}} \varepsilon_i^{\mathrm{obs}} \approx \langle \gamma_i \rangle \pm \frac{\sigma_\varepsilon}{\sqrt{N_{\mathrm{g}}}} \tag{8.31}$$

[*9] 観測的に用いる背景銀河の大部分は空間的に十分に離れているので，その形成過程に何ら物理的な関係を持たないため方位角に相関がないとするのは良い近似である．

になると期待できる．ここで，右辺第2項は統計誤差を表しており，σ_εは固有楕円率の標準偏差である．$\langle\gamma_i\rangle$は平均をとる領域に渡り存在する重力レンズシアー成分である（平均領域より小さいスケールのシアーはなまらされてしまう）．たとえば，すばる望遠鏡のデータでは，重力レンズ解析に適した背景銀河の個数密度が1平方分角あたり約30個程度なので，$\gamma\sim0.1$の重力レンズ効果を1σ以上の有意性でもって検出するためには，面積で約0.3平方分角以上の領域でこの平均を取る必要がある．逆に，これがこの方法による質量分布の復元の角度分解能を与えている．さらに，実際には，大気ゆらぎの影響が背景銀河に無視できない程度の歪み効果を引き起こすので，重力レンズシアー測定にはすばる望遠鏡のような高分解能を有する望遠鏡のデータを用いることも極めて重要である．

　図8.10は，すばる望遠鏡のデータの背景銀河像への重力レンズシアー効果の測定から，銀河団領域の2次元質量密度場を復元した結果である．ここでは，重力レンズ場が$\kappa(\vec{\theta})=\Sigma(\vec{\theta})/\Sigma_{\rm cr}(z_l,z_s)$で表せることから，銀河団の赤方偏移と背景銀河の測光的赤方偏移の情報から臨界密度$\Sigma_{\rm cr}(z_l,z_s)$を補正し，2次元質量密度$\Sigma(\vec{\theta})$を$[10^{15}\,hM_\odot/{\rm Mpc}^2]$の単位で示している（$x,y$軸に示された距離は，角度スケールを銀河団の赤方偏移に投影したスケール）．この結果では，赤方偏移で$0.15<z<0.30$にあるX線で明るい50個の銀河団のすばるデータを用いているが，このとき各銀河団の中心は最も明るい銀河団のメンバー銀河の位置とし，銀河団中心を座標の原点（$x=y=0$）に揃えて，実質的により多くの背景銀河像[*10]を用いている．50個の銀河団領域の平均的な質量分布では，銀河団まわりに顕著な質量の集中が存在し，また銀河団中心に近づくにつれ，その質量密度が増加していることが分かる．1個あるいは少数個の銀河団領域のデータを用いただけでは，復元した質量分布の空間集中は鮮明でない．これは，銀河団による重力レンズシアーのS/N（式（8.31）の右辺の第1項と第2項の比）が高くないこともあるが，重力レンズには観測者（我々）と背景銀河のあいだの視線方向のすべての質量分布が寄与するため，その2次元質量分布では銀河団の質量分布の寄与からのコントラストがぼやけてしまうためである．

　図8.11は，図8.10で用いた50銀河団のすばる望遠鏡のデータを用いて得られた重力レンズシアーの測定結果である．上図は，背景銀河像の楕円率の2成分

[*10] ここでは50個の銀河団で，約25万個の背景銀河像を使っている．

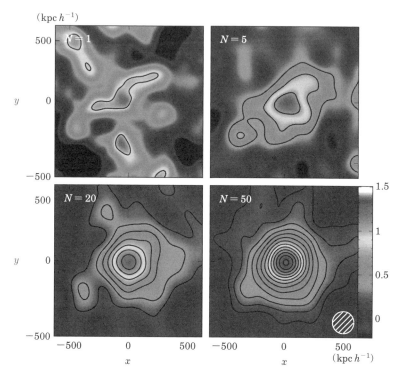

図 8.10 すばる望遠鏡データの背景銀河像への重力レンズシアー効果の測定から復元した銀河団領域の 2 次元質量密度の空間分布の結果．白黒スケールの濃淡は $[10^{15}\ hM_\odot/\mathrm{Mpc}^2]$ の単位の質量密度を表す．左上，右上，左下，右下のパネル順に，それぞれ 1, 5, 20, 50 個の銀河団領域のすばるデータを組み合わせ，質量分布を復元した結果．等高線は等密度線を表す．50 個の銀河団データを組み合わせることで，銀河団中心に向かって，質量密度が高くなるような質量分布の集中が顕著に受かっているのが分かる．それぞれのパネルの中心は銀河団の中心であり，示されているのは銀河団の平均赤方偏移の投影面で約 $1.25 \times 1.25\ [(h^{-1}\mathrm{Mpc})^2]$ の領域（$1\,\mathrm{Mpc} = 1000\,\mathrm{kpc}$）．右下パネルの白丸は，質量分布の復元に用いたスムージングスケールを示す（Okabe $et\ al.$ 2013, $ApJL$, 769, 35）．

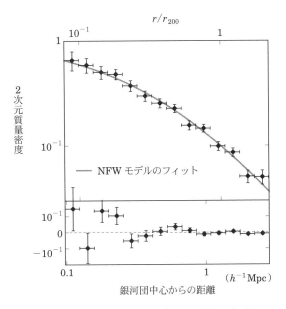

図 **8.11** 図 8.10 で用いた 50 個の銀河団領域のすばるデータの背景銀河像への弱い重力レンズシアー効果の動径プロファイルの測定結果．単位は 2 次元質量密度で，50 銀河団の平均的な 2 次元質量密度プロファイルを示してある．(上図) ひし形記号は，銀河団中心から見て円周の接線方向に沿った背景銀河像の楕円成分の結果を示し，有意な重力レンズシアーが検出されている．誤差棒は統計誤差（おもに銀河の固有の楕円率に起因する誤差）．実線は，測定結果をもっとも良く再現する NFW モデルの予言．(下図) 重力レンズ効果では生じない楕円成分（円周の接線方向から 45° 回転した方向の成分）の測定結果（Okabe et al. 2013, ApJL, 769, 35）．

のうち，銀河団中心からみて円の接線方向に沿った成分のみに着目し，半径 $[\theta - \Delta\theta/2, \theta + \Delta\theta/2]$ の円環上で平均した結果を示している．このとき，銀河団中心から各円環にあるすべての背景銀河像の平均を考えることにより，銀河固有の楕円率に起因する統計誤差を小さくしている．式 (8.27) あたりで説明したように，スカラーポテンシャルによって引き起こされる重力レンズはこの成分しか誘発しない．背景銀河の固有楕円率による統計誤差と比較して，重力レンズ信号が極めて高い有意性でもって半径で約 3 Mpc にも及ぶ領域に渡り検出されている．

重力レンズ歪み効果の強度は銀河団中心部に近づくにつれ増加し，またその強度プロファイルは NFW モデルの予言とよい一致を示している．一方，下図は，重力レンズ測定の系統誤差の指標になる，楕円率のもう一つの成分（円の接線方向から 45 度だけ回転した方向に沿った楕円率の成分）$\gamma_\times$ の統計平均の結果を示しており，観測した全領域において有意な検出がないことを示している．このように，銀河の楕円率の独立な 2 成分を観測することで，重力レンズ効果による信号の検出と系統誤差のテストが同時に可能になることも，この方法の有効性，信頼性を表している．

増光バイアス効果

　次に，もう一つの弱い重力レンズ効果である増光バイアス効果について見てみよう．この効果は，銀河団の背景銀河の個数密度を通して測定できる．この場合は，銀河像の形状の精密測定が必要な重力レンズシアーの場合とは異なり，背景銀河の個数カウントをすればよいので測定自体は単純である．この効果を理解するために，重力レンズが個数カウントに引き起こす以下の 2 つの効果を思い出す必要がある．

　まず，重力レンズ効果により背景銀河のフラックスは増光するので，銀河団がないときには暗すぎる銀河が，（ある限界等級より明るい）個数カウントのサンプルに加えられる可能性がある．これは個数密度を増加させる効果である．一方，銀河団を見通して天球上のある立体角領域を観測した場合，光源位置ではその見かけの領域よりも実際には狭い立体角の領域を観測していることになる．これは個数密度を減少させる効果である．これらの 2 つの効果の優劣により，レンズなしの場合と比べ，背景銀河の個数密度が増減することになる．より具体的には，問題を簡単化して，銀河団（重力レンズ）がないときに見かけの等級 m より明るい背景銀河の個数密度（単位は，たとえば 1 平方分角あたりの個数）が

$$N_0(<m) \propto 10^{ms} \tag{8.32}$$

の関数形で与えられると仮定する．ここで，s は限界等級 m を深くしたときにどれだけ個数密度が増加するかを特徴づけるパラメータである．このとき，銀河団を通して測定した背景銀河の個数密度を $N^{\mathrm{GL}}(<m)$ とした場合，上述の 2 つの重力レンズ効果により，相対的な個数密度の増減（増光バイアス効果）は

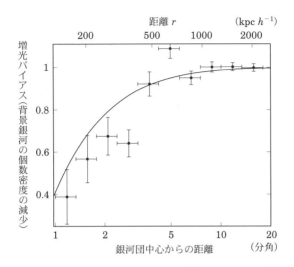

図 8.12 A 1689 による背景銀河の個数密度に対する重力レンズ増光バイアスの測定結果．銀河団中心部に近づくほど，個数密度が有意に減少しているのが分かる．実線は，同じ銀河団の重力レンズシアーの効果の測定を再現する NFW モデルの予言．(Broadhurst *et al.* 2005, *ApJL*, 619, 143)

$$\frac{N^{\mathrm{GL}}(<m)}{N_0(<m)} - 1 = \mu^{2.5s-1} - 1 \approx 5(s - 0.4)\kappa \tag{8.33}$$

で与えられることになる．ここで，重力レンズは光源のフラックス (f) を増光させるが，その等級の変化が $\Delta m = -2.5\log(\mu f)$ で与えられることを用いた．また，右辺2番目の等号では，弱い重力レンズ近似 $\kappa, \gamma \ll 1$ を仮定し，$\mu \approx 1 + 2\kappa$ であることを用いた．このように，$s > 0.4$ の場合は背景銀河の個数が増加し，$s < 0.4$ の場合には減少することが分かる．たとえば，前者では重力レンズ効果により増光された暗い銀河がサンプルに入り，個数密度を増加させる効果が大きくなるためである．一方，臨界値 $s = 0.4$ の場合は，重力レンズ効果は見かけ上現れないことになる．式 (8.33) から分かるように，この効果の測定の魅力は，2次元質量密度分布 $\kappa(\vec{\theta})$ が直接得られることである．しかし，現実的には，増光バイアス効果がない場合の真の個数密度 $N_0(<m)$ を求めるのが困難なこと，背景銀河のクラスタリングの効果（つまり固有の個数密度の不均一性）を取り除くことが難しい，などの不定性に注意する必要がある．

292 第 8 章 銀河団の観測的性質

図 8.12（291 ページ）は，A 1689 銀河団領域における暗く，赤い銀河の 2 次元個数密度を測定した結果である．銀河団外縁部の個数密度が固有密度のよい推定を与えているとすると，関数形 (8.32) に対して $s \approx 0.22$ が得られる．この場合には，銀河団の重力レンズ効果により背景銀河の個数密度の減少が期待されるが，実際の測定でも有意に検出されているのが分かる．特に，数密度の減少は中心に近づくにつれ激しくなり，NFW モデルの予言とよい一致を示している．

8.5.4 　強弱重力レンズ効果の観測による質量分布の復元

これまで，実際の観測例を挙げながら，銀河団の重力レンズについて解説してきた．特に，銀河団中心部あるいはビリアル半径に渡る銀河団全領域から測定できる強弱の重力レンズ効果について，銀河団の質量分布を復元するという観点からそれぞれの重力レンズ効果の特徴の違いについて注意しながら概観してきた．この強弱の重力レンズ効果は互いに相補的であり，それらを組み合わせることでさらに威力を発揮する．実際に，銀河団の重力レンズ研究の最前線では，現存の最良質データ，たとえばハッブル宇宙望遠鏡とすばる望遠鏡のデータ，による強弱の重力レンズ効果の測定を組み合わせることで，銀河団中心部領域から外縁部に渡り質量分布を詳細に復元し，CDM 構造形成モデルを定量的に検証することを目的とした研究が進められている（口絵 9）．

図 8.13 はこのような研究の一例である．A 1689 銀河団のハッブル望遠鏡のデータとすばる望遠鏡のデータによる強弱の重力レンズ効果の測定を組み合わせることで，復元された 2 次元質量密度の動径プロファイルを示している．特筆すべきは，このような方法により，半径で $10\,\mathrm{kpc}$ から $2\,\mathrm{Mpc}$ に渡る広範囲な領域で質量分布を復元することができることである．復元された質量プロファイルは，中心領域（$\lesssim 100$ kpc）では緩やかな勾配をもち，それより外側では密度が急激に減少するという特徴を示しており，これは明らかに NFW モデル (8.13) の予言と定性的に矛盾がない．ちなみに，観測は単純なべき乗則を持つ質量モデル $\rho \propto r^{-\alpha}$ では説明できない．

しかしながら，重力レンズ効果を用いて，その質量分布が詳細に調べられている銀河団はまだ数えるほどしかない．より信頼性の高い結論を得るためには，このような系統的な重力レンズ研究を多数の銀河団に適用し，統計的研究を進める

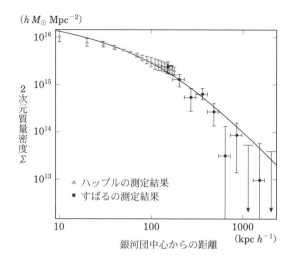

図 8.13　ハッブル宇宙望遠鏡による強い重力レンズの測定結果（△記号）とすばる望遠鏡による弱い重力レンズの測定結果（□記号）から復元した 2 次元質量密度の動径プロファイルの結果．実線は，観測結果をもっとも良く再現する NFW モデルを示す（Broadhurst *et al.* 2005, *ApJL*, 619, 143）．

ことが必要であろう．このような研究により，CDM 構造形成シナリオの定量的な検証が可能になると期待される．また，個々の銀河団で得られた質量分布と，X 線や光学観測で得られる高温ガスやメンバー銀河の空間分布との相関を調べ，銀河団の形成と進化を多角的に調べることも大変面白い方向性である．

8.5.5　重力レンズ効果による銀河団カタログ作成

　8.5.4 節までの議論では，おもに可視光・X 線などの観測ですでに知られている特定の銀河団を重力レンズ効果で測定し，その質量分布を調べることを念頭に置いていた．まったく別の観点として，大規模なサーベイ観測データの重力レンズ効果の測定から 2 次元質量分布を復元し，質量で選択された銀河団カタログを作成する手法がある．このような銀河団カタログは，銀河団の統計量（個数密度など）の理論モデルが第一義的には宇宙モデルと銀河団質量の関数として与えられることを思い出せば，宇宙論的観点から極めて有用な銀河団サンプルを与えると期待される．

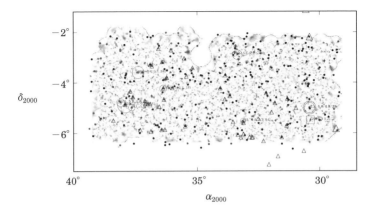

図 8.14　すばる Hyper Suprime-Cam（HSC）の広天域イメージングサーベイを用いた，重力レンズ効果測定による銀河団探査の初期成果の一つ（口絵 10）．背景のグレースケールの濃淡は，すばる HSC データから銀河の楕円率から重力レンズ効果を測定し，復元した 2 次元質量密度の分布を示し，約 40 平方度の質量（おもにダークマター）の地図（図 8.10 と同様の方法）．丸点は，同じ HSC データから多数の銀河の空間集中から同定した銀河団候補の位置を示す．円印は，重力レンズ効果（2 次元質量密度）が特に大きい銀河団候補で，丸点の位置と一致する銀河団候補．□印は，重力レンズ効果で同定した銀河団候補が存在するが，対応する丸点が存在しない銀河団候補．△印は X 線で同定された銀河団候補の位置（Miyazaki et al. 2018, PASJ, 70, S27）．

　この目的には，広視野，集光力の大きい，また結像性能が高いすばる望遠鏡は最高の観測装置である．特に，2014 年に完成したすばる主焦点の新超広視野新カメラの Hyper Suprime-Cam（HSC）による広天域イメージング（撮像）サーベイ[*11]は，銀河団カタログの作成には最適なデータである．図 8.14 は，HSC サーベイの重力レンズ効果の測定から同定した銀河団候補カタログの初期成果を示している．この方法では，撮像データの遠方銀河の楕円率の測定から 2 次元質量密度の空間分布を復元し，得られた質量地図で特に質量密度が大きい領域を銀河団候補と同定している．この方法による銀河団の検出効率は，銀河団の質量だ

[*11] すばる望遠鏡史上最大の大規模プロジェクトであり，300 夜数を投資することが決まっている．2018 年 6 月時点ではそのうち約 200 晩分の観測が終了している．

けでなく，その赤方偏移にも強く依存する．これは，質量が一定の銀河団を考えたとき，その銀河団が背景銀河と観測者の中間に位置するときに重力レンズ効率が最大になるためである[*12]．このため，すばる望遠鏡のようなデータでは，重力レンズ解析に使用される背景銀河の典型的な赤方偏移は $\langle z \rangle \sim 1$ であるので，赤方偏移 $z \sim 0.4$ にある銀河団がもっとも効率よく見つかることになる．図8.14 の円印は，2 次元質量密度の高い領域，つまり銀河団の有力候補を示している．一方，丸点は赤い，早期型銀河が狭い空間領域（角度，赤方偏移方向）に密集している領域を示し，その超過が銀河団メンバー銀河であると仮定した場合の銀河団候補の位置を示す．さらに，△ 印は X 線のデータで同定された銀河団候補の位置である．X 線の観測を用いた場合では，近傍（$z \lesssim 0.2$）の銀河団が選択的に見つかる，あるいは活動銀河核の X 線源の可能性があることに注意すべきである．図が示すように，それぞれの銀河団探査の方法に選択効果があり，注意深い比較，検証が必要なことが分かる．いずれにせよ，重力レンズ効果はダークマターの集中を直接見ることが可能な方法であり，今後この手法がますます強力になることは間違いない．

[*12] 巨大銀河団がごく近傍にあっても（たとえば，かみのけ座銀河団では），観測可能な重力レンズ効果は引き起こされない．

第**9**章

銀河団物質と銀河進化

　銀河が密集した銀河団環境は，銀河の進化に大きな影響を与えていることが知られている．実際，銀河団以外の低密度環境にいる銀河と比較すると，銀河団にいる銀河は明らかにさまざまな性質が異なっている．また，銀河団内には高温ガスが充満しており，この銀河団ガスと銀河とは互いに密接に関連しあいながら進化している．本章では，宇宙の高密度領域で，銀河がどのように生まれ，進化し，さらに銀河団ガスとどのように相互作用してきたのかを見ていく．

9.1　銀河団銀河の進化

　第 1 章で見たように，銀河の形状はさまざまで，楕円銀河，S0 銀河，渦巻銀河，および不規則銀河と多岐にわたっている．さらに，その形態に呼応して，銀河の色（スペクトル）も赤いものから青いものまでさまざまである．銀河の形態とスペクトルは，それぞれ銀河の力学構造と星種族構造を反映しており，銀河の性質を端的に表すものである．したがって，銀河の進化を論じるには，これらの成り立ちや時間変化を調べることが基本であり，それによって銀河においていつどのように星生成活動が行われ，いつどのような過程を経て銀河形態が獲得されたのかを知ることができる．

　一方，銀河の形態や色（スペクトル）は環境に強く依存しており，たとえば銀

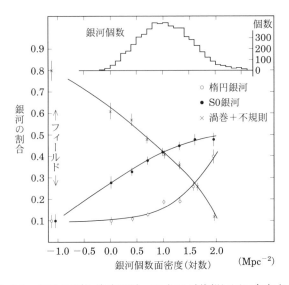

図 9.1 銀河の形態–密度関係．55 個の近傍銀河団に存在する楕円銀河（E），S0 銀河（S0），渦巻銀河（S）および不規則銀河（I）の割合を，天球に投影された銀河の局所個数面密度の関数として表したもの．左端の三つの点（フィールド）はそれぞれの銀河形態の一般フィールド（銀河団や銀河群に属さない低密度領域，7.1.1 節参照）での割合を示す．楕円銀河や S0 銀河は高密度領域に多く，渦巻銀河は低密度領域に多いという具合に銀河の棲み分けが見られる（Dressler *et al.* 1980, *ApJ*, 236, 351）．

河の形態–密度関係がよく知られている．図 9.1 に示すように，銀河の個数密度が上がるにつれ，早期型銀河の出現頻度が高くなり，逆に晩期型銀河の頻度は減少する．このことから銀河団のような高密度領域と，それ以外の領域（低密度領域）では，銀河の進化が異なることが示唆される．つまり，銀河はその形成と進化の過程において，周囲の環境から強い外的な影響を受けてきたことをうかがわせる．したがって，銀河の進化を理解するには，銀河宇宙の進化の全体的な枠組みの中で考察する必要がある．

そこで本章では，銀河団中の銀河に焦点をあて，その物理的特性から，高密度環境での銀河の形成と進化の特徴を論じ，次に銀河団構造の進化と連携させながら，銀河進化の環境依存性について考えていくことにする．

9.1.1 銀河団早期型銀河の年齢

色−等級関係による星年齢の推定

まず，今日の（すなわち近傍の）銀河団の大部分を構成している早期型銀河（楕円銀河と S0 銀河）の性質，特にその年齢についてみてみよう．早期型銀河のもっとも顕著な特徴は，そのほとんどが赤い色をしていることである．これは，若くて青い星がほとんどなく，古くて赤い星に支配されていることを意味する．したがって，早期型銀河ではその進化の初期段階で大規模な星生成活動が起こり，その後は現在の銀河の色に影響が出るような星生成が行われなかったことが示唆される．

早期型銀河の年齢を推定する際，色−等級関係（CM 関係と略す）を用いる方法がある．この CM 関係は「明るい銀河ほど，赤い色を示す」関係をいう．物理的には，質量が大きな銀河ほど星の平均重元素量が多いことに起因する関係であると考えられている．ここではこの CM 関係を経験的に用い，銀河の星年齢について考えてみよう．

まず，我々の近傍にあるかみのけ座銀河団の CM 関係を見てみよう（図 9.2）．この図にあるように，CM 関係の分散はかなり小さく，非常に良い相関であることが分かる．もう一つの代表的な近傍銀河団である，おとめ座銀河団でも同様な関係が見つかっている．つまり，同じ明るさの早期型銀河はその明るさに固有の色を持つのである．銀河すなわち星の色は，年齢が若いほど同じ年齢差に対してもより敏感に変化する性質がある．そのため，銀河が総じて若いなら，銀河間に少しの年齢差があるだけで，それが大きな色分散となって観測されるはずである．しかし，実際には図 9.2 にあるように，色分散は非常に小さい．この事実だけからも，早期型銀河の星の平均年齢は非常に古いと推定される．このような観測事実をさまざまな星のスペクトルを合成して構築した銀河のスペクトル進化モデルを使って定量的に解析すると，近傍の銀河団に属する早期型銀河の星の平均年齢は 100 億歳以上である（つまり赤方偏移 $z > 2$ に形成された）ことが示唆される．

さらに，遠方の銀河団（$z \sim 1$，すなわち約 80 億光年の距離）についても，ハッブル宇宙望遠鏡（HST）による高解像度の撮像が行われ，その画像を用いて分類された早期型銀河の CM 関係が検出されている（図 9.3）．その結果，星の

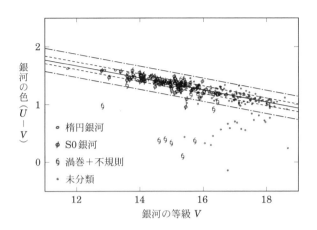

図 9.2 近傍のかみのけ座銀河団に属する銀河の色–等級図．明るい銀河ほど色が赤いという色–等級関係（CM 関係）がよく成立している．実線が一番よくフィットしている CM 関係で，破線と一点鎖線がそれぞれ CM 関係の周りの早期型銀河の色分散の 1σ と 3σ を表す（Terlevich et al. 2001, MNRAS, 326, 1547）．

平均年齢にさらに強い制限が与えられている（$z > 3$ に誕生，すなわち現在の年齢にして 110 億歳以上）．

次に，もう一つの年齢測定法として，近傍（つまり現在）の銀河団の CM 関係を，遠方（つまり過去）の銀河団の CM 関係と比較する方法がある．なぜなら，異なる時代にある銀河を比較した場合の色の差（変化量）は，銀河を構成する星の平均年齢に大きく依存する性質があるためである．赤方偏移 $z \sim 1$ まで（約 80 億光年前まで）の 20 個あまりの銀河団について，HST で形態分類された早期型銀河の CM 関係の進化が調べられており，その結果，この手法によっても，同様に星の年齢が古い（100 億歳以上）ことが示されている．

このように，銀河団中の早期型銀河の星年齢は宇宙年齢に迫るほど古いことが，さまざまな方法で示されており，多数の早期型銀河を擁する銀河団領域では，宇宙の初期に大規模な星生成が行われ，多くの銀河が比較的短時間に形成されたと考えられる．

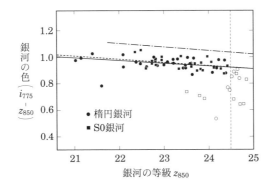

図 9.3 85億光年の彼方(赤方偏移 $z = 1.24$)にある遠方銀河団 RDCS J1252−2927 に属する銀河の色–等級図.添字の 775 と 850 はフィルターの有効波長(nm)を表す.このような昔でも色–等級関係(CM 関係)はすでに成立している.実線と破線はそれぞれ,15 個の楕円銀河と白抜きの銀河を除くすべての銀河に対して一番よくフィットしている直線(CM 関係).一点鎖線は近傍のかみのけ座銀河団の CM 関係を,色および等級の進化がないものとして $z = 1.24$ に変換したもの.縦の破線は等級限界を示す(Blakeslee *et al.* 2003, *ApJ*, 596, L143).

早期型銀河の先祖と子孫の関係

CM 関係は原理が簡単で,銀河の年齢の評価には有用である.しかし,上の解析には重大な落とし穴があり,注意が必要である.それは,現在の早期型銀河(子孫)の祖先をどう選び出すか,という問題があるからである.上述の CM 関係を用いた年齢推定法では,近傍銀河団でも遠方銀河団でも,見かけの形態で早期型銀河を選び出し,その両者に子孫と先祖の関係があるとみなして比較していた.もし,銀河の形態が時間とともに変わるとすると,この仮定は崩れる.たとえば,過去には渦巻銀河だったものが,その後の何らかの物理的作用によって楕円銀河や S0 銀河へと変貌した場合などである.冷たいダークマター(CDM)が質量の大半を担っているとする現在の標準宇宙モデルでは,銀河形成の過程は,最初小さな銀河片が誕生し,後にそれらが重力的に集合,合体してより大きな銀河へと成長してきたと考えられている.このシナリオでは,頻繁に起こる銀河同士の衝突合体のときに内部の星の速度分布の再配分が起こり,全体として角運動量を失う.そのため,銀河の形態が円盤型から回転楕円体型へと合体前後で

変化することが予想される．このように過去と現在とで銀河種族の 1 対 1 対応がつかなくなると，銀河の進化量を測定するのは困難になる．こうした先祖と子孫の対応の問題を解決するには，各時代において銀河を種族に分類するのではなく，銀河団銀河全体を一括りにして，銀河特性の分布を統計的に時系列比較する必要がある（9.1.2 節参照）．

質量集積の年齢

　銀河の年齢の議論においては，もう一つ注意しなければならないことがある．それは銀河の年齢をどう定義するかということである．これまでは，銀河のもっとも基本的な構成要素である「星」の年齢分布を銀河の典型的な年齢としてきた．しかし銀河の年齢にはもう一つの重要な側面がある．それは，銀河がいつどのような割合で質量的に成長し，現在の銀河の質量を獲得したかということである．つまり，銀河片が集合，合体して徐々に大きなものに成長するという「質量集積」という観点からも銀河の年齢を定義することができる．

　星がすでに生成され成長した銀河片同士が合体することもあるため，質量集積の年齢は，星の年齢と同じである必然性はない[*1]．したがって，銀河を構成する星の年齢は古くても，今日の早期型銀河が最終的に現在の大きさや形の銀河になったのは，比較的最近である可能性もある．実際，HST による $z = 0.8$ の遠方銀河団の撮像観測では，赤い色をした銀河のペアが多数見つかっている（図9.4）．ペアの相対距離（10 kpc 以内）が短いことから考えて，これらは遠からず合体して単独の銀河になると考えられるが，すでに星生成活動の低い赤い銀河同士の合体であることから，おそらく古い星の集団である楕円銀河になるであろう．つまり，今日の銀河団早期型銀河のすべてが，$z \sim 1$ の時代でもすでに現在の大きさや形の早期型銀河であったわけではないだろう．

　では赤い銀河同士がこのように比較的最近に合体して早期型銀河の仲間入りをするものは，どの程度までその存在が許せるのであろうか．もしこのような合体が頻繁に起こるならば，もともと成り立っていた CM 関係が均され，壊されてしまうと予想される（等級は明るくなるが，色は変わらないため）．そのため，実際

[*1] ただし，星生成と質量集積の両者の過程は，相互に関連している場合も多いと考えられる．たとえば，銀河片が合体するときにはスターバーストを誘起する可能性がある．

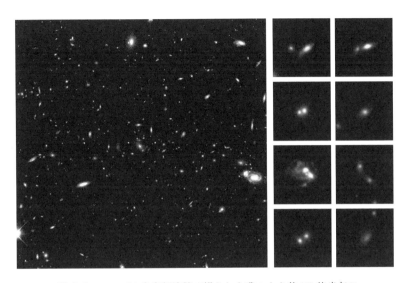

図 9.4 ハッブル宇宙望遠鏡で撮られた我々から約 70 億光年の距離にある遠方銀河団 MS 1054−03（赤方偏移 $z = 0.83$）．右の八つの小さな図は画像中の赤い近接銀河ペアを示しており，これらはおのおのいずれ合体して一つの銀河になると考えられる．星生成の時期と銀河の質量成長の時期とが必ずしも一致しないことを示唆している（van Dokkum *et al.* 1999, *ApJ*, 520, L95）．

に観測される CM 関係の分散が小さな値に保たれるには，合体による銀河質量の成長は $z = 1$ から現在までで，平均質量比にして最大でも 2 倍程度以下である必要がある．近接銀河ペアの存在頻度の解析からも，同様な結果が得られている．

9.1.2 銀河団銀河の大局的進化

これまでは早期型銀河に限ってその進化を見てきた．しかし先に述べたように，銀河の形態は時間変化する可能性があるため，銀河の形態を限った解析では結果の解釈に注意が必要である．そこで，このあとの議論では，ある限定された形態の銀河だけを対象とするのではなく，銀河団領域のすべての銀河種族を包括的に取り扱うことにする．

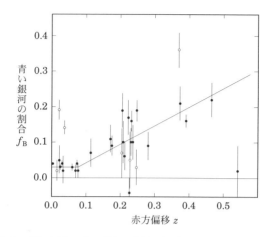

図 9.5 銀河団中の青い銀河の割合（f_B）を赤方偏移（z）の関数として示したもの．昔の銀河団ほど，青い銀河の割合が増えることが分かる（Butcher & Oemler 1984, *ApJ*, 285, 426）．

測光学的進化

まず，銀河の色分布に着目しよう．ブッチャー（H. Butcher）とエムラー（A. Oemler, Jr.）は $z \sim 0.5$ までの銀河団 20 個余りを調べ，青い銀河の割合を調べた．ここで，青い銀河とは個々の銀河団の中でもっとも赤い銀河集団の色（CM 関係の位置）よりもある一定以上青いものをさす．その結果，青い銀河の割合は遠方の銀河団ほど大きいことを見出した（図 9.5）．この現象はブッチャー – エムラー効果と呼ばれる．ただし，同じ時代の銀河団であっても青い銀河の割合には大きな分散はあるが，その後も多数の追研究によってこの関係の存在が確認され，さらにより遠方の銀河団（$z \sim 1$）にも延長されている．銀河の色が青いということは，それだけ星生成活動が盛んであることを意味するので，$z \lesssim 1$ の宇宙（宇宙年齢で約半分以降）では，銀河団領域での大局的な星生成活動性が時間とともに減衰してきたことを意味する[2]．このような青い銀河は，銀河団の中心部よりは比較的外側に広がって分布することが分かっており，また暗

---

[2] 最近の宇宙望遠鏡による中間赤外線領域での遠方銀河団（$z \sim 0.2$–0.5 すなわち 25–50 億年前）の観測によると，従来の可視光線での観測では，星生成領域に多量に存在するダスト（塵）によって光が吸収されるために，活発な星生成活動が包み隠されて見えなかったことが分かりつつある．したがって，銀河団中の銀河の進化はこれまでに分かっている以上に激しいものである可能性がある．

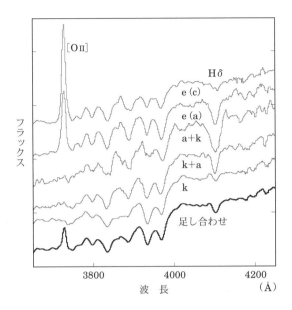

図 9.6 遠方銀河団銀河のスペクトルを分類した図. 楕円銀河に特徴的な古い星（K 型星など）による多数の金属吸収線と赤い連続光を示すもの（k）, 通常の渦巻銀河に特徴的な輝線（O II）と青い連続光を示すもの（e (a), e (c)）などに加え, K 型の連続光に A 型星の寄与を示す水素の強いバルマー吸収線（Hδ）を持つもの（a+k, k+a）も見られる. このスペクトルは, 多数の古い星の寄与に加えて, 比較的最近（数億年から 10 億年前）にスターバーストを起こし, その直後に星生成率が急激に減衰したようなモデルで再現される. このようなスペクトルを持つ銀河はポストスターバースト銀河あるいは E+A 銀河と呼ばれる（Dressler et al. 2004, ApJ, 617, 867）.

い銀河ほど青い銀河の割合が増えることも示されている.

分光学的進化

次に銀河の分光特性を見てみよう. これらの青い銀河団銀河を分光観測したところ, 通常の渦巻銀河や不規則銀河のように星生成活動を示す電離ガスからの輝線（O II など）を持つ銀河が見つかる一方, フィールドでは稀な, 水素原子によるバルマー吸収線（Hδ など）が非常に強い銀河が多数見つかった（図 9.6）. バ

ルマー吸収線が強いということは，水素原子の電離温度（約1万K）に対応する高温のA型星の寄与が大きいことを意味する．これらの銀河は早期型銀河（E/S0）のような古い星が卓越した赤いスペクトルエネルギー分布（K型星に類似）を持つにも関わらず，比較的年齢の若いA型星に特徴的な吸収線をもつことから，「E+A」や「k+a」などと分光学的に分類されている．

　もし，これらの銀河に，非常に高温でもっと短命なO,B型星が多く存在していると，バルマー吸収線は強い連続光に埋もれてしまい見えない．したがって，これらの銀河は，現在は星生成は行っておらず，A型星の寿命に相当する数億年–10億年前に急激に星生成活動を終止したような銀河であろう．特に吸収線が強いものは，単に星生成活動が止まるだけではなく，その直前にスターバースト（4.1節参照）が伴わないと実現できない．したがって，銀河団の領域では，このように突然星生成が誘起され，その直後に静かになったようないわゆるポストスターバースト銀河が多く存在することが示唆される．このような現象はいかなる物理過程によって引き起こされたのであろうか？

形態進化

　それを解く鍵は，銀河の形態分布にある．すでに図9.1に示すように，近傍銀河団では，早期型銀河の割合が9割以上と圧倒的に多く，晩期型銀河は少数派である．これは遠方ではどうなるのであろうか．ドレスラー（A. Dressler）らはHSTを用いて，$z \lesssim 0.55$の10個の遠方銀河団の高空間分解能撮像観測を行い，銀河形態分布の進化を調べた．その結果，楕円銀河の割合はほぼ5割という一定値を示すのに対して，S0銀河の割合が遠方銀河団で激減することを発見した[*3]．一方，晩期型銀河の割合は逆に過去に行くほど増える．これらの観測結果は，銀河団領域では，晩期型銀河が途中で形態を変えて早期型銀河へと進化してきたことを示唆する．

　また，上で述べた遠方銀河団の青い銀河の形態を調べると，通常の渦巻銀河や不規則銀河に加えて，衝突銀河も存在することが分かっている．実際，衝突銀河の割合は昔に行くほど高いことも示されている．したがって，このような銀河同

[*3]　ただし遠方では楕円銀河とS0銀河の分類はHSTの解像度でも難しく，この結果を疑問視する研究もある．しかし，両者を合わせて早期型銀河と括れば，その割合が赤方偏移とともに減少することは確実視されている．

士の相互作用（衝突や合体）が銀河の星生成活動や形態の変化に関与した可能性は高い（7.4 節参照）.

このように，現在の銀河団中にある早期型銀河は一般的に星年齢が古いとは言いながら，銀河団銀河を大局的に見ると，測光，分光，および形態のどの側面から見ても，宇宙の後半生においても顕著な進化をしてきたことがうかがわれる. 昔の銀河団には星生成が進行中の青い晩期型銀河が多数存在したが，後に銀河間相互作用などの何らかの外的作用（後にこれを後天的環境効果と呼ぶ）によって急激に星生成活動が終止し，赤い早期型銀河へと形態も一緒に変化したものが存在すると考えられるのである.

9.1.3 銀河の性質と環境

これまでは，宇宙でもっとも密度の高い銀河団の中心領域に着目して，銀河の形成時期と進化の様子を見てきた. しかしすでに述べたように，銀河の性質は銀河を取り巻く環境に大きく依存している. したがって銀河の進化を解明するには，さらに視点を広げて，環境と関連付けた考察が不可欠である. ここで重要な点は，現在銀河団にある銀河のすべてが，もともと銀河団の中で生まれ育ったわけではないことである. 銀河団は初めから現在のような高密度領域だったわけではなく，銀河や銀河群がだんだんと重力的に寄り集まって，徐々に密度の高い領域へと進化してきたと考えられるからである. したがって，個々の銀河の環境も，このような集団化の過程に伴って時々刻々と変化してきたのである.

そこで，この節ではさらに一歩踏み込んで，銀河団銀河の進化を銀河団自体の成長の過程と連動させながら見ることにしよう. そのためには銀河団の中心部だけでなく，さまざまな環境を包含する銀河団周辺領域を見渡すような広視野の研究が不可欠となる.

銀河団の成長（宇宙大規模構造の発展）

まず，宇宙の構造形成のシミュレーションから見てみよう. 口絵 9 は，冷たいダークマターに満ちた標準的宇宙モデルが予測する，最終的に巨大銀河団になる領域の質量分布の時間変化を示したものである. 宇宙誕生直後は物質の質量分布は一様であったが，時間の経過とともに，非一様な分布へと成長することが分かる. さらによく眺めると，初め小さな構造がネットワーク状（連結したフィラメ

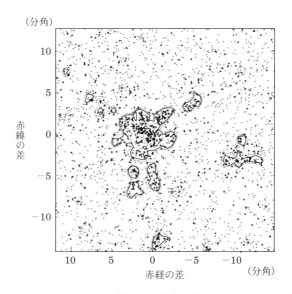

図 **9.7** CL 0939+4713 銀河団（赤方偏移 $z = 0.4$, すなわち距離 43 億光年）の広域地図. 銀河団の距離で一辺が約 12 Mpc の距離に相当（共動座標）. 横軸, 縦軸はそれぞれ銀河団中心から角度（分角）で測った赤経と赤緯. スペクトルエネルギー分布から銀河の距離を推定し, メンバー銀河候補のみを表示した. 明るい銀河と暗い銀河を点の大きさの違いで示し, 等高線はメンバー銀河候補の個数面密度を表す. 赤い銀河に支配された銀河団中心部から多数の蛸足（フィラメント構造）が伸び, それらに沿って銀河群が並んで分布している. 周りから銀河や銀河群を引き付け, 飲み込みながら成長していく銀河団の姿を見ていると考えられる（Kodama et al. 2001, ApJ, 562, L9）.

ント状）に発展し, 次にフィラメントに沿ってそれらの交差点に物質がさらに寄せ集まり, 徐々に大きな構造ができ上がってくる様子が見てとれる. このように, 銀河団はその周りからフィラメント構造に沿って, より小さな構造（銀河や銀河群）を引き付け, 飲み込みながら成長していくと考えられる.

　近年大望遠鏡（特にすばる望遠鏡）に搭載された広視野カメラの登場によって, 遠方銀河団の周りに広がる巨大な銀河構造が観測できるようになった. 図 9.7 はすばる望遠鏡の広視野カメラのデータを元に作成された CL 0939+4713 銀河団（距離は 43 億光年）の広域地図である. この図で, 銀河団と同じ距離にあ

るメンバー銀河候補は測光赤方偏移（5.3節参照）にもとづいて抽出されたものである．中心に赤い銀河が多数を占める銀河団のコアがあり，そこから周りに向かって多数のフィラメント構造が伸びている．そして，そのフィラメントに沿うようにして，多くの銀河群が並んでいる．これは口絵11でみた理論シミュレーションの予測と非常によく似ており，まさに銀河団の成長過程が実際の宇宙で見えてきたことになる．このような銀河団の周りに広がる大規模構造は，今や多数の遠方銀河団において確認されている．

先天的環境効果と後天的環境効果

　このような大規模構造の存在は，銀河の環境が多様であることを意味する．銀河団の中心部のように銀河が混み合う非常に高密度な環境から，銀河団の外側やフィラメント上の銀河群のように中程度の密度環境，さらには周縁領域の低密度領域（フィールド），とさまざまである．そこで次にこの構造に沿って，銀河の特性がどのように変化しているのかを詳しく見てみよう．

　現在の宇宙では，先に述べたように，銀河の形態が環境に大きく依存していることは，形態–密度関係としてよく知られている（図9.1）．また，銀河における星生成の活動性も，環境と密接に関係しており，高密度環境ほど銀河単位質量あたりの星生成率が低い．では遠方宇宙ではどうなっているであろうか？これらの関係はいつどのようにでき上がったのであろうか？

　図9.7に示したCL 0939+4713銀河団とその周辺領域において，銀河の色を銀河の局所個数面密度の関数として表示したのが図9.8である．やはり近傍宇宙と同じように，密度が高くなるにつれて銀河の色が青から赤へと全体的に移行していくことが分かる．このような傾向は，赤方偏移$z = 0.83$（70億年前）の遠方銀河団の周辺領域においても確認されている．つまり銀河の強い環境依存性（銀河の棲み分け）は，少なくとも宇宙年齢がおよそ半分の時代にはすでにできていたことになる．

　このような環境依存性の成因については，大きく2種類に分けられる．一方が先天的な要因，他方が後天的な要因である．先天的な要因とは次のようなものである．すなわち，銀河団コアのような高密度領域になる領域はもともと宇宙の初期密度ゆらぎが大きい領域であり，いち早く物質が集まり銀河の形成が早く起

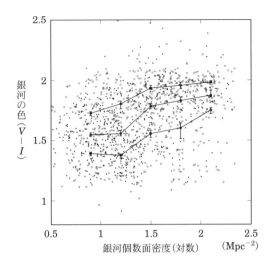

図 **9.8** 図 9.7 に示した CL 0939+4713 銀河団において，個々の銀河の色 ($V - I$) を銀河の局所個数面密度の関数として表示したもの．データを見やすくするため，ある面密度の範囲に入る銀河の色分布を調べ，青い方（下側）から 25%, 50%, 75%パーセントの銀河が含まれる色（パーセンタイル値）を求める．3 本の線はそのパーセンタイル値をつないだ線．丸印と三角印は，それぞれある等級よりも明るい銀河と暗い銀河を示す．密度が高くなるとともに青い色から赤い色へと銀河色分布の中心が移っていく傾向が見られる．しかも，ある臨界密度（銀河群程度）を境に銀河の色が急激に赤くなることが分かる（Kodama *et al.* 2001, *ApJ*, 562, L9）．

こるが，それに比べて低密度領域はゆっくりと成長し，結果として銀河の形成・進化のタイムスケールがそもそも環境に依存している，という解釈である．

　これに対して後天的な要因とは，その後構造が成長し銀河がより密度の高い領域へと集団化していく過程で，なんらかの外的な効果が作用し銀河の特性が変化する，というものである．実際，上でみたように銀河団は時々刻々と周りの構造から銀河や銀河の塊を飲み込みながら成長を続けており，それら降着してくる銀河は星生成活動が活発な晩期型銀河が多く，そのままにしておくと銀河団中の晩期型銀河の割合が増え，先天的な効果によってできた環境依存性はどんどん薄められてしまう．したがって，形態–密度関係を維持するには，降着，集団化の過

程で銀河の星生成活動性を止め，形態も早期型に変化させる機構が必要である．

このような外的効果の候補は，これまでにいろいろと議論されている．まずは動圧による銀河ガスの剥ぎ取りである．銀河団に降着する銀河は $1000\,\mathrm{km\,s^{-1}}$ もの高速で落ちてくるため，銀河団中にある高温ガスからの動圧によって銀河円盤にあるガスが剥ぎ取られて星生成が止まり，円盤の光度も急速に暗くなって S0 銀河に進化する，というものである．これは，数値計算によっても再現されている．実際に，かみのけ座銀河団とおとめ座銀河団などの近傍銀河団の銀河の電波観測よって，ガスの割合がきわめて少なくなっている渦巻銀河や，ガスの分布が星の分布に対してずれたような，ちょうどガスが剥ぎ取られつつあるような銀河が見つかっており，現象論的にもこのような効果が起こることが確認されている．この効果は，ガス密度がある程度高くかつ銀河の移動速度が大きい，銀河団の中心部のような高密度環境で有効に働く．

次に考えられるのは，銀河同士の相互作用である．銀河が集団化し個数密度が高くなると，銀河同士の近接相互作用や衝突合体が起こるようになる．そのときに潮汐力によって銀河のガスが剥ぎ取られたり，衝突に伴うスターバーストによって急激にガスを消費したりすることが起こるであろう．この効果は，銀河の相対速度が大きすぎても銀河が互いにすり抜けてしまって有効な相互作用に至らないため，銀河団の中心部よりは比較的密度の低い銀河団の外側や銀河群程度の環境でもっとも有効に働く．実際に，銀河団の比較的外側で銀河の近接ペアが多数見つかっており，このような銀河相互作用による環境効果が実在すると考えられる．

これらさまざまな環境効果がそれぞれどの程度効いて今日の強い銀河の環境依存性が成り立っているのかは実はまだよく分かっていない．現在すばる望遠鏡をはじめとする広視野の観測によって，徐々に明らかになりつつある段階である．その一例を示すと，図 9.8 は赤方偏移 $z = 0.4$ での銀河の色の環境依存性を示したものであるが，よく見ると，ある密度を境にして銀河の色分布が急激に赤くなっていることが分かる．この色変化は星生成率にして一桁弱の減衰に相当する．図 9.7 のデータと詳細に比較すると，実はこの臨界密度は，銀河団コアからは遠く離れたフィラメント上に並ぶ銀河群程度の密度に相当していることが分かる．したがって，銀河が銀河団へと集団化してゆく過程で，動圧によるガスの剥

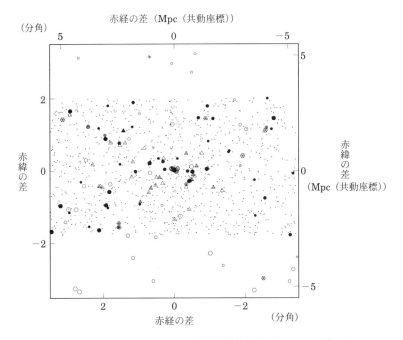

図 **9.9** すばる望遠鏡による近赤外線撮像観測によって描かれた，赤方偏移 $z = 2.2$ にある原始銀河団 1138–262 の 2 次元地図．横軸，縦軸はそれぞれ，銀河団中心からの赤経と赤緯の差で，それを角度の分単位および原始銀河団での共動座標距離 Mpc で表してある．宇宙年齢が現在の 5 分の 1 程度の 30 億歳の初期宇宙に，将来銀河団に成長すると思われる銀河の密集領域が見つかった．我々の銀河系より重いような巨大な銀河がすでに多く存在しており，高密度環境での銀河形成の早さを物語っている．丸印（塗りつぶし）が原始銀河団に付随すると思われる重い銀河で，白抜きの三角印と六角印が原始銀河団にある形成途上の輝線銀河を示す（Kodama *et al.* 2007, *MNRAS*, 377, 1717）．

ぎ取りの起こる銀河団中心部へ到達する以前に，すでに銀河群程度に集まった段階でおそらく銀河同士の相互作用によって大きな環境効果を受け，星生成活動が急激に減衰していると考えられる．

今日の銀河宇宙を彩るさまざまな形態や色（星生成活動性）を持つ銀河とそれらの環境に依存した棲み分けは，上で述べたような先天的な環境効果とその後の

銀河集団化に伴う後天的な環境効果とが相まって，形作られたのであろう．

9.1.4 みえてきた原始銀河団

最後に，銀河団研究のフロンティアが現在どのように広がっているかを紹介しよう．上の 9.1.3 節で述べたような，同じ時代で環境軸方向に銀河の特性を調べていく研究に加えて，今度は時間軸方向に拡張して，より時代を遡った宇宙において，銀河団の原始の姿を探ろうという研究が盛んに行なわれている．

昔の宇宙に銀河団を探すには，近傍で可視光線で見ている銀河のスペクトルが近赤外線へと赤方偏移するため，近赤外線カメラでの観測が必要である．図 9.9 に示したのはその例で，すばるによる近赤外線広視野観測によって撮られた赤方偏移 $z = 2.2$（宇宙年齢が 30 億年の時代）の原始銀河団の地図である．既に進化の進んだ，$10^{11} M_\odot$ 以上の星質量を持つ大きな銀河が数多く発見されており，先の 9.1.1 節で予測したように，高密度環境での早期型銀河の形成，進化の早さを実証している．さらに $z = 3$（宇宙年齢で 20 億年）の時代の原始銀河団では，このような重い銀河が急激に減少しつつあるという示唆もあり，我々はついに巨大な銀河団銀河の形成現場を捕らえつつある．

さらに遠方の宇宙（$z > 3$）に行くと，再び可視光で星形成銀河が捕らえられるようになる．静止座標の 912–1216Å にあるライマン・ブレークと呼ばれる遠紫外線スペクトルの不連続な段差や，星形成領域から 1216Å に放出されるライマン α 輝線が，可視光の波長域に入ってくるからである．すばる望遠鏡の超広視野可視光カメラ（HSC）は，このような遠方の星形成銀河を広大な天域において系統的に探すのに適しており，それらが天球面上で集中している領域を探すことによって，より昔の原始銀河団を見つける研究が盛んに行われている．宇宙誕生後まだ 10 億年程の時代にまで遡り，さまざまな時代に，形成途上銀河が密集した原始銀河団やそれを取り囲む大規模構造などが次々と見つかっている (10.4 節も参照)．図 9.10 に示すのはその例である．これらの初期宇宙に既に存在する高密度領域は，おそらく現在までに立派な銀河団へと進化するであろう．今後このような原始銀河団を構成する銀河の性質を詳しく調べていくことによって，銀河環境に依存した銀河の形成と初期進化の様子がより直接的に明らかになっていくだろう．

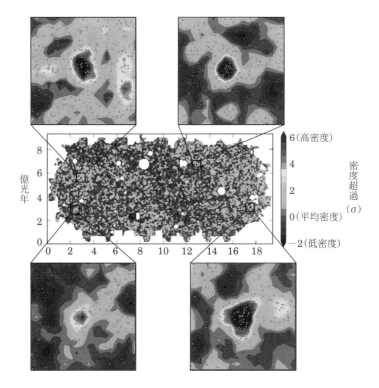

図 9.10 すばる望遠鏡の超広視野主焦点可視光カメラ（HSC）の探査観測によって描き出した，宇宙誕生 17 億年後の銀河の大局的分布と，見つかった原始銀河団領域の拡大図．図のコントアは銀河の面密度を表し，拡大図上の白丸は銀河の位置を表す．これまでに 200 個もの銀河団候補が見つかっている（Toshikawa et al. 2018, PASJ, 70, S12）（国立天文台提供）．

9.2 銀河団ガス

銀河団では銀河と銀河の間の空間は，数千万 K にも達する高温のガスで満たされている．このガスを銀河団ガスと呼ぶ．図 9.11 に示すように，r_{500}[*4] より内側での銀河団中のバリオン比（バリオンの質量/重力質量）は，おおよそ 10–15%程度であり，巨大銀河団では宇宙のバリオン比（17%）と同程度に達す

[*4] 内側の平均密度が宇宙の臨界密度の 500 倍になる半径．

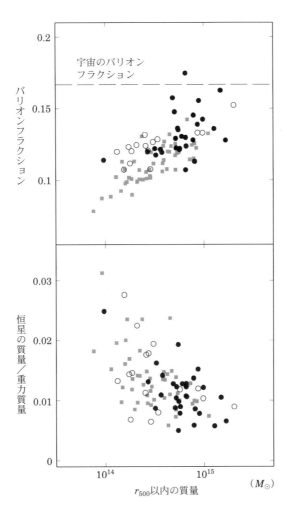

図 **9.11** （上）r_{500} より内側のバリオンフラクション（バリオンの質量と銀河団の重力質量の比）と r_{500} 以内の銀河団の重力質量（M_{500}）の関係. ここで, バリオンの質量とは銀河団銀河の恒星の質量と銀河団ガスの質量の和である. 破線は $WMAP$ 衛星により宇宙背景放射のゆらぎから測定された宇宙のバリオンフラクション（Komatsu *et al.* 2009, *ApJS*, 180, 330）. （下）r_{500} より内側の恒星の質量と銀河団の重力質量（M_{500}）の関係（Lin *et al.* 2012, *ApJL*, 745, L3）.

316 第 9 章 銀河団物質と銀河進化

るものもある．銀河団銀河の恒星の質量は銀河団の重力質量の 1–2% 程度であり，銀河団のバリオンのほとんどは恒星ではなく，熱的*5 な高温ガスとして存在していることになる．そのほかに，銀河団がさまざまな高エネルギー現象の舞台であることを反映して，非熱的な高エネルギー粒子や磁場などの兆候が観測されることがある．

　銀河団ガスは，宇宙におけるガスの進化を知る上できわめて重要である．このような大量のガスがかつて銀河の中に存在したとは考えにくく，一度も星になったことのない原始ガスが銀河団ガスの大部分を占めると考えられている．一方，銀河の中で合成されたさまざまな元素が銀河団ガス中に存在するため，その組成は銀河の化学進化や銀河風などの物理過程の理解に重要な情報を与える．

　本節では，熱的な高温ガス（以下では便宜上この成分を銀河団ガスと呼ぶ）の熱的性質と化学的性質を詳しく解説し，9.4 節では非熱的な高エネルギー粒子と磁場について簡単に述べる．銀河団の中心からの距離は r_δ*6 でスケールし，r_δ より内側の全質量は M_δ と表す．ビリアル半径 $r_{\rm vir}$*7 は典型的には r_{500} の 2 倍程度である．

9.2.1　銀河団ガスの温度

　銀河団は互いの重力で引きつけあい，衝突をくりかえしながら成長する．その過程で衝撃波が起こりガスが加熱され数千万 K に達する．その結果，銀河団ガスの温度はおもに銀河団の重力ポテンシャルを反映すると予想される*8．銀河団ガスの温度が $\sim 8\,{\rm keV}$ を越えるような銀河団は，力学質量が $10^{15} M_\odot$ に達するような巨大銀河団である．一方，ガスの温度が $\sim 1\text{--}2\,{\rm keV}$ と低い銀河団は力学質量が $10^{14} M_\odot$ 程度であり，銀河群と分類する*9．銀河団の大きさを R,

---

*5 粒子の速度分布がマクスウェル分布に近いことを意味する．

*6 内側の平均密度が宇宙の臨界密度の δ 倍になる半径．

*7 8.1.2 節脚注 1 参照．

*8 温度 T とエネルギー E の関係式 $E = kT$（k はボルツマン定数）を通じて，温度を絶対温度（K）ではなくエネルギー（keV や MeV）の単位で表すことも多い．$1\,{\rm keV} = 1.16 \times 10^7\,{\rm K}$.

*9 7.2.1 節で述べたように，銀河団と銀河群は物理的に連続した天体であるため，両者に厳密な境界を設定することはできない．本節で銀河団という場合も，巨大銀河団からより小規模な銀河群まで含む広い範囲の銀河集団を指していることに注意されたい．

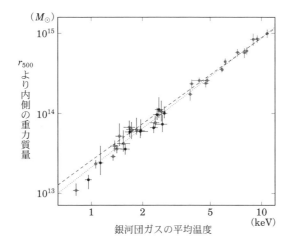

図 **9.12** r_{500} より内側の銀河団の重力質量（M_{500}）と銀河団ガスの平均温度の関係．破線は銀河団データへの最適フィット（$M_{500} \propto T_{500}^{1.53\pm0.08}$）であり，点線は数値シミュレーションによる予測（Sun *et al.* 2009, *ApJ*, 693, 1142）．

全質量を M とおき，銀河団ガスの温度 T が重力ポテンシャルに比例し（$T \propto M/R$），銀河団が自己相似形（$M \propto R^3$）であることを仮定すると，$M \propto T^{3/2}$ となる．図 9.12 に示すように，観測された銀河団，銀河群の重力質量と銀河団ガスの平均温度の関係は予想された関係に近い．

衝突から時間がたち，ほぼ力学的平衡状態に達している銀河団では，ガスの温度分布の半径方向プロファイルはなめらかであり，銀河団の規模による違いを規格化すると，コア領域より外側ではどの銀河団でもプロファイル形状は比較的よく似ている（図 9.13（上））．銀河団形成の数値シミュレーションによると，高温ガスの温度はビリアル半径の近くで中心近く（〜0.1 ビリアル半径）の温度の半分ほどに下がると予想されている．チャンドラ衛星や XMM–ニュートン衛星により観測された銀河団ガスの温度分布（図 9.13（下））は，シミュレーションから予想された温度分布に近いが，バックグラウンドの不定性による系統誤差が問題になっていた．その後，バックグラウンドが低く，銀河団周辺部での感度が優れているすざく衛星の観測からも温度が外縁部ほど低下していることが確認されてきている（図 9.13（下））．一方，コア領域では，温度が中心に向かって 1/2 程

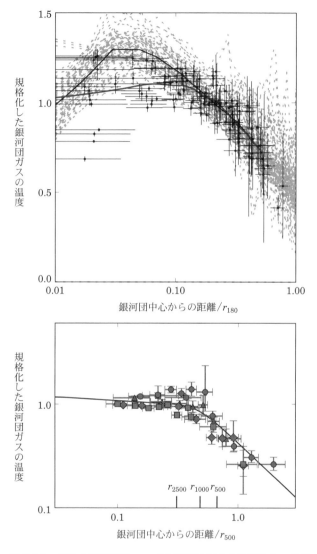

図 **9.13** 複数の銀河団についての銀河団ガスの温度分布の半径方向プロファイル．縦軸は銀河団ガスの平均温度で規格化した銀河団ガスの温度．（上）XMM–ニュートン衛星による観測結果（誤差棒つきデータ点）と数値シミュレーションの予測（点線）（Pratt et al. 2007, A&A, 461, 71）．（下）すざく衛星による観測結果（Okabe et al. 2014, PASJ, 66, 99）．

度に低下している銀河団と低下がみられない銀河団が存在する．前者をクールコア銀河団と呼ぶ（9.3.1節）．

9.2.2 銀河団ガスのエントロピー

銀河団ガスの温度分布は基本的には銀河団衝突で解放された重力エネルギーで決まると考えられるが，冷却や加熱など重力以外の影響も受けている．銀河団ガスのエントロピーは銀河団ガスの加熱の情報をもっともよく保持していると考えられる．エントロピーは断熱的な変化では当然保存され，衝撃波などの加熱により増加し放射冷却により減少する．便宜上，エントロピーパラメータ K を

$$K = T/n_e^{2/3} \quad [\mathrm{keV\,cm^2}] \qquad (9.1)$$

で定義する．ここで，T はガスの温度，n_e は電子密度であり，いずれも観測から直接求まる量である[*10]．

銀河団の成長に伴う重力的な加熱により，エントロピーは上昇する．規模の違う銀河団を同じ r_δ で比較すると，銀河団が自己相似形でありバリオンフラクションが同じであれば，n_e が等しくなるため，K は T に比例することになる．銀河団が成長するに伴い，物質が降着することによる衝撃波は強くなるため K は銀河団中心から離れるほど上昇すると予想される．重力によるガスの降着による銀河団の成長を数値シミュレーションにより予測すると $K \propto r^{1.1}$ となる．

図 9.14 は，さまざまな規模の銀河団と銀河群に対して，エントロピー K を $M_{500}{}^{2/3}$ に比例する規格化定数（銀河団が自己相似系なら $M^{2/3} \propto T$ となる）で規格化し，M_{500} に対してプロットしたものである．クールコアのすぐ外側 $0.1\,r_{200}$ では銀河団ガスのエントロピーは，重力による加熱を考えた数値シミュレーションの予測に比べ系統的に高い．このエントロピー超過は大規模な銀河団ほど，また銀河団中心から離れるほど小さくなり r_{500} では，どの規模の銀河団でも観測されたエントロピーの値は予測とおおむね一致する．コアの外側のエントロピー超過を説明するためには，ガスが銀河団に取り込まれる前にある程度加熱されていればよい．これを前加熱（プレヒーティング）という．しかし，前加熱のメカニズムはまだ分かっていない．多数の超新星爆発によって銀河から銀河団ガスへ放出されるエネルギーが考えられるが，それだけでは加熱量が足りないため，活動銀河中心核による加熱などが議論されている．

[*10] 熱力学的なエントロピーはこの K の対数をとって定数を加えたものである．

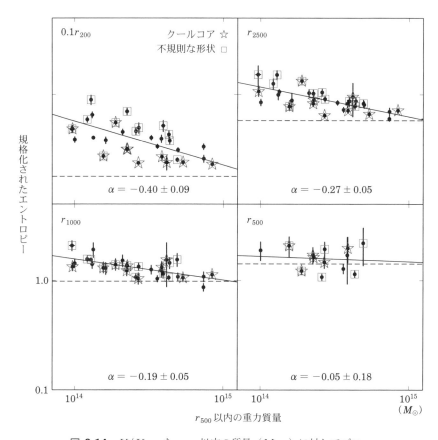

図 9.14 K/K_{500} を r_{500} 以内の質量（M_{500}）に対してプロットしたもの．ここで，K_{500} は $M_{500}^{2/3}$ に比例する規格化定数である．☆はクールコア（9.3.1 節参照）を持つ銀河団であり□は不規則な形状の銀河団．実線はデータ点をもっともよく再現するべき乗関係であり，破線は重力による加熱を考慮した数値シミュレーションの予測（Pratt et al. 2010, A&A, 511, 85）．

9.3 銀河団ガスの圧力とスニヤエフ–ゼルドビッチ効果

銀河団ガスの電子と宇宙背景放射の光子との逆コンプトン散乱によるスニヤエフ–ゼルドビッチ（S–Z）効果（6.4 節参照）の強度は電子密度と温度の積，すなわち圧力を視線方向に積分したものに比例する．一方，銀河団ガスからの X 線

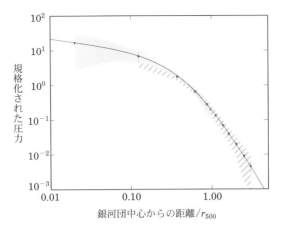

図 9.15 S–Z 効果が測定された近傍銀河団の平均的な圧力分布（黒丸）とその分散（斜線領域）と X 線観測により測定された高温ガスの圧力分布の分散（灰色の領域）．実線は一般化された NFW モデル（8.3 節参照）に対応するモデル．横軸は r_{500} 単位での銀河団中心からの距離（Planck collaboration *et al.* 2013, *A&A*, 550, A131）．

放射の強度は，制動放射のみを考えると，電子密度の 2 乗と温度の 1/2 乗の積を視線方向に積分したものとなる．つまり，S–Z 効果は銀河団ガスを観測する X 線以外の手法であり，しかも，温度と密度への依存性が異なるため，X 線観測とあわせることにより，視線方向のガスの密度，温度，大きさの情報を得ることができる．近年，S–Z 効果の観測は急速に進歩している．図 9.15 は宇宙背景放射を観測するためのプランク衛星により得られた S–Z 効果から求められた銀河団の圧力の平均的な分布である．ビリアル半径（$\sim 2r_{500}$）まで信号を検出していることがわかる．r_{500} より内側ではプランク衛星による圧力と X 線観測の結果はよく一致しており，ともに，一般化された NFW モデルでよく再現することができる．さらに，すざく衛星によりビリアル半径まで銀河団ガスからの X 線を検出することが可能になり，プランク衛星の結果とおおむね一致した結果が得られている．

宇宙初期では，宇宙背景放射の光子密度が大きいため，S–Z 効果による銀河団からの放射光度は $(1+z)^4$ に比例する．したがって，遠方の銀河団でも比較的

S–Z 効果の観測は容易である．将来，S–Z 効果は遠方の宇宙の構造を銀河団を用いて解明するのに，有効な手段となるであろう．

9.3.1 冷却流（クーリングフロー）問題

銀河団の研究分野で，長年未解明のままとなっている，冷却流（クーリングフロー）問題と呼ばれるものがある．銀河団ガスの X 線放射（制動放射）による冷却時間は

$$t_{\mathrm{cool}} \approx 8.5 \times 10^{10} \left(\frac{n_{\mathrm{gas}}}{10^3 \, \mathrm{m}^{-3}} \right)^{-1} \left(\frac{T}{10^8 \, \mathrm{K}} \right)^{1/2} \quad [\mathrm{y}] \tag{9.2}$$

と表せる．ここで n_{gas} は銀河団ガス粒子の個数密度，T は銀河団ガスの温度である．銀河団の平均的な領域では，$n_{\mathrm{gas}} \sim 10^3 \, \mathrm{m}^{-3}$，$T \sim 10^8 \, \mathrm{K}$ なので，$t_{\mathrm{cool}} \sim 10^{11} \, \mathrm{y}$（1000 億年）となり，これは宇宙年齢（138 億年）よりも長いので，銀河団ガスは実質的には冷えない．ただし例外は銀河団の中心から ~ 0.05 ビリアル半径以内の，コアと呼ばれる密度が高い領域である．この領域では，温度は周囲の数分の 1 である一方，個数密度が $10^5 \, \mathrm{m}^{-3}$ にも達するので，冷却時間は 10^9 年以下になり，理論的に予想される銀河団の年齢（$\sim 10^{10}$ 年）よりも短くなる．そのため冷却は無視できなくなる．この状況でコアで何がおきるか考えてみよう．

銀河団の中心部のコア領域は放射冷却により熱を失うので，温度が低下し，圧力も低下する．一方それを取り囲む領域は冷えることがないので，圧力もそのままである．したがって，やがてコアの圧力では周囲からの圧力を支えることができなくなり，ガスはコアの周囲からコアに向かって冷えながら流れ込むようになるはずである．これを冷却流（クーリングフロー）という．単位時間に流れ込むガスの質量（質量降着率）を $\dot{M}$ とすると，それはコアの X 線光度 L_{core} とコア付近のガスの温度 T_{core} と次のような関係がある．

$$L_{\mathrm{core}} \approx \frac{5}{2} \frac{k T_{\mathrm{core}}}{\mu m_{\mathrm{p}}} \dot{M} \tag{9.3}$$

ここで，k はボルツマン定数，μ は平均分子量，m_{p} は陽子の質量である．この式は，X 線として放射されるエネルギーはコアに流れ込んだガスが持ち込むエネルギーに等しいという意味である[11]．

---

[11] この場合，圧力も仕事をするので，エンタルピー収支を計算すると係数の 5/2 が出てくる．コア付近のみの関係式のため，重力による仕事は小さいので無視している．

式（9.3）において，L_{core} と T_{core} は観測より分かり，$\dot{M}$ を見積もることができる．それによると典型的には $\dot{M} \sim 100\, M_\odot\, \mathrm{y}^{-1}$ に達することが分かった．銀河団の年齢を $\sim 10^{10}$ 年とすると，その間，冷却流が続いていれば，$10^{12}\, M_\odot$ もの大量のガスが銀河団の中心に流れ込んだことになる．これは銀河の質量に匹敵する．そもそも銀河はこのようにガスが天体の中心に流れ込みつつ冷えてできたと考えられるので，冷却流は現在観測できる銀河形成の現場として注目された．また実際のところ，多くの銀河団のごく中心部（~ 0.05 ビリアル半径以内）では銀河団ガスの温度が周辺に比べ半分程度に低下している（図9.13）．

しかしながらこの冷却流というアイデアには弱点があることも知られていた．流れ込んだガスの行方が分からないのである．まずガスが星になっているとすると，一年間で約 $100\, M_\odot$ の質量に相当する星ができているはずである．ところが実際の銀河団の中心で観測される星生成率はもっと小さい．ガスが星にならずに分子雲などの冷たいガスのままでいる可能性もある．その場合は，銀河団の中心に $10^{12}\, M_\odot$ 程度の分子ガスが観測されるべきであるが，観測された冷たいガスの量はそれよりもはるかに少ない．

その後 X 線の観測技術が進歩し，式（9.3）だけではなく，X 線のスペクトルから直接冷却途中のガスの量を測定することができるようになった．冷えているガス（温度 $\sim 10^6$–10^7 K）に特有の重元素の輝線放射を測定するのである．あすか衛星によるスペクトル観測によると，冷えているガスの量は式（9.3）を使って見積もったものよりもかなり少ないことが分かった（図9.16（左））．この結果はその後の XMM–ニュートン衛星やチャンドラ衛星による観測でも確認されており，銀河団中心の明るいコア領域はクールコアと呼ばれることになった．

このようにガスは冷却流の形では冷えていないことは分かったが，一方で X 線放射によりガスからエネルギーが失われていることは明らかなので，それを埋め合わせるための何らかの加熱源が銀河団のコア領域にあることになる．以下で可能性のある加熱源を挙げてみる．

まず考えられるのは，コア周囲の温度の高い銀河団ガスからの熱伝導による加熱である．熱伝導を担うのは電子である．電子の熱速度が十分大きい場合，もしコア領域に磁場がなければ，電子は自由に運動できるので，熱伝導は有効に働くはずである．銀河団ガス全体から考えれば，中心部で放射により失うエネルギー

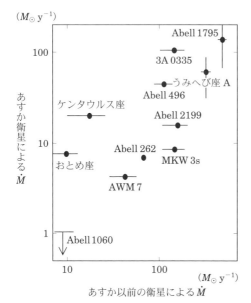

図 9.16 （左）あすか衛星でスペクトルから見積もった質量降着率 $\dot{M}$ （縦軸）とあすか以前の衛星で式（9.3）から見積もった質量降着率 $\dot{M}$ （横軸）．あすか衛星で見積もった質量降着率の方が系統的に値が小さいことが分かる（Makishima et al. 2001, PASJ, 53, 401）．（右）チャンドラ衛星により観測されたうみへび座 A 銀河団の中心部．白線で縁取りされている画像は電波強度を示す．左上と右下に電波ジェットが伸びている（McNamara et al. 2000, ApJ, 534, L135）．

はわずかであるから，エネルギー的には熱伝導で十分補うことが可能だろう．問題は，熱伝導率の微調整が要求されることである．熱伝導が効きすぎると，銀河団中心部の温度も周囲のガスの温度と同じになって，銀河団中心でガスの温度が下がっているという観測事実と矛盾する．一方，磁場が少しでもあれば，特殊な磁力線の配置を考えない限り，ガスの熱伝導率は一般に下がり，銀河団中心を暖めることができない．次に，磁場そのものも加熱メカニズムを持っている可能性がある．たとえば，太陽では，磁力線の再結合が太陽コロナの加熱に大きな役割をはたしていることが知られている．太陽コロナの加熱メカニズムと同様かどうかは不明であるが，磁場による銀河団ガスの加熱メカニズムを追究することも重

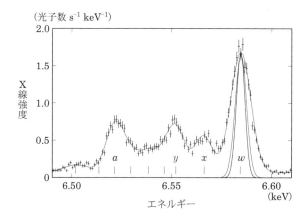

図 9.17　ひとみ衛星によるペルセウス座銀河団のクールコアからの 6.7 keV 鉄輝線群の X 線スペクトル．6.57–6.58 keV の 2 本の実線は検出器のみの広がりとそれに加えて鉄イオンの熱運動によるドップラー効果を示す（Hitomi collaboration *et al.* 2016, *Nature*, 535, 117）．

要だろう．さらに活動銀河中心核（4.3 節）が加熱源である可能性もある．ガスの冷却時間が短く，冷却流があるとされた銀河団の中心部には，必ず cD 銀河が存在している．この cD 銀河の中心には活動銀河中心核が存在することが多い．実際に活動銀河中心核から噴出する電波ジェットが銀河団ガスと相互作用している現場が観測されている（図 9.16（右））．この場合，活動銀河中心核で発生したエネルギーが銀河団ガスの乱流運動や非熱的な高エネルギー粒子により周囲の銀河団ガスに伝えられる可能性が考えられている．ひとみ衛星により銀河団ガスの運動の精密な測定が可能になった（図 9.17）．その結果，近傍の X 線で明るいペルセウス座銀河団の中心の活動銀河核周辺のガスの視線方向の運動速度は 100–$200\,\mathrm{km\,s^{-1}}$ と，音速に比べはるかに小さいことが明らかになった．少なくともこの銀河団では銀河団中心部の活動銀河核からガスの乱流によりクールコア全体の銀河団ガスを加熱することは難しいことになる．

9.3.2　銀河団ガス中の重元素

X線による重元素の観測

　銀河団ガスには酸素，硅素，鉄などのさまざまな重元素が含まれている[*12]. 銀河団ガスに含まれる重元素の組成比は太陽組成の数分の1である．一方，図 9.11のように巨大銀河団ガスの質量は銀河団内の星の全質量より数倍から一桁 大きいため，星の重元素の組成比が太陽と同程度とすると，銀河団の重元素の大 半は銀河団ガスに含まれることになる．このような大量の重元素は，いつ，どの ように合成されたのであろうか．

　数千万Kという高温のガスでは，水素，ヘリウムは完全電離しており，また 鉄などの重元素でさえ，1個から数個の電子を残して電離している．イオンや電 子は高速で飛び回っているために，イオンに束縛された電子は他の粒子との衝突 により高いエネルギー準位に励起される．その後，低いエネルギー準位にもどる ときに準位間のエネルギー差に等しいエネルギーの光子を放射する．これが輝線 となって観測されるのである（特性X線）.

　エネルギー準位は原子番号の2乗に比例するため，重元素のライマンα輝線 はX線領域で放射される[*13]. 図9.18は我々からもっとも近い銀河団である， おとめ座銀河団の中心部をXMM-ニュートン衛星で観測したスペクトルと，小 規模な銀河団である，ろ座銀河団をすざく衛星で観測したスペクトルである．お とめ座銀河団のスペクトルの連続成分は，おもに電子-イオン衝突からの熱制動 放射であり，それに加え，強く電離した酸素（O），マグネシウム（Mg），硅素 （Si），硫黄（S），アルゴン（Ar），カルシウム（Ca），および鉄（Fe）からの輝 線がはっきりと分かる．ろ座銀河団では銀河団ガスの温度が低く，鉄のL殻か ら放射される輝線群が強く，酸素，マグネシウム，硅素，硫黄からの輝線も分離 できる．これらの輝線の強度はガスの温度とそれぞれの重元素の量に依存する． このようなスペクトル全体の形と輝線の強度から，ガスの温度と重元素量の空間 分布を調べることができる．

　[*12] そもそも，1970年代にペルセウス座銀河団からのX線スペクトルに高階電離した鉄イオンの輝 線が検出されたことが，銀河団に密度の薄い高温（数千万K）の銀河団ガスが存在する証拠となった．

　[*13] H I のライマンα輝線は 10.2 eV である．O VIII, Fe VVVI のライマンα輝線はそれぞれ 0.65 keV, 6.96 keV となる．

9.3 銀河団ガスの圧力とスニヤエフ–ゼルドビッチ効果　327

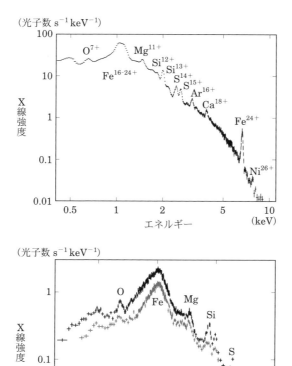

図 9.18　(上) XMM–ニュートン衛星に搭載された CCD 検出器により観測された，おとめ座銀河団の中心領域からの X 線スペクトル．横軸は，X 線のエネルギー (単位は keV)，縦軸は，単位時間，単位エネルギーあたりに検出された X 線の光子数である (Matsushita *et al.* 2002, *A&A*, 386, 77 の図を改変)．(下) すざく衛星で観測された，ろ座銀河団の X 線スペクトル．上下のデータは，それぞれ cD 銀河領域とその外側からのスペクトル (Matsushita *et al.* 2007, *PASJ*, 59S, 327 の図を改変)．

重元素の起源

重元素は，宇宙初期には存在せず，恒星内部における核融合や超新星爆発により合成される．この超新星爆発には，おもに大質量星の進化の最期の重力崩壊により起こる重力崩壊型超新星と，連星系にある白色矮星がチャンドラセカール質量に近づくと爆発する Ia 型超新星がある．酸素やネオン，マグネシウムのほとんどは重力崩壊型超新星から放出されるため，銀河団中のこれらの元素の総質量は銀河団中の銀河でかつて形成された大質量星の総量を反映することになる．そのため，銀河団ガス中の酸素，ネオン，マグネシウムなどの元素を観測することにより，過去の銀河の星生成の歴史を調べることができる．一方，鉄，硅素などは，Ia 型超新星でも重力崩壊型超新星でも合成される．これらの元素の量を酸素，ネオン，マグネシウムの量と比較することにより，過去に爆発した Ia 型超新星の量を評価できる．

銀河団ガス中の鉄の観測

重元素の放射する X 線輝線の中では鉄のライマン α 輝線の等価幅がもっとも大きく，またエネルギーが他の輝線から離れているため，エネルギー分解能の低い検出器でも輝線強度の測定が容易である．そのため，重元素の中では鉄がもっとも詳しく調べられており，天体によってはすざく衛星により銀河団外縁部 r_{500} より外からも鉄の輝線が検出されている．鉄の質量のガスの質量に占める割合（質量組成比）は銀河団の中心部を除くと，太陽の値のほぼ3割もある．銀河団ガスの温度が高い巨大銀河団でも，ガスの温度が低い小規模な銀河団でも，銀河団ガスに占める鉄の割合はあまりかわらない．

図 9.19 は，銀河団ガス中の鉄の質量と銀河団の銀河の全光度の比と銀河団ガスの温度との関係を示したものである．鉄の質量と銀河光度の比は，銀河団ガスの温度の高い（$\gtrsim 4\,\mathrm{keV}$），つまり巨大な銀河団ではほぼ一定であり，小規模な銀河団（$\sim 2\text{--}4\,\mathrm{keV}$）と銀河群（$\sim 1\,\mathrm{keV}$）でやや小さくなる．巨大銀河団の鉄質量と銀河光度の比がほぼ一定なことから，基本的には鉄は銀河の明るさに比例して合成されたと考えられる．また，すざく衛星により観測された鉄質量–銀河光度比の空間分布からは，鉄は銀河団中の銀河に比べはるかに外側にまで広がっていることがわかる．銀河団成長後に銀河から銀河団ガスに鉄を供給されたとする

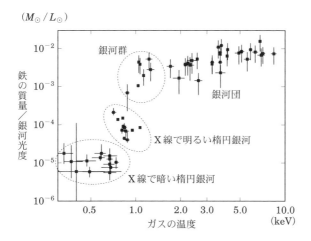

図 **9.19** あすか衛星により観測された銀河団，銀河群，楕円銀河のガスに含まれる鉄の質量と銀河光度の比 (Makishima *et al.* 2001, *PASJ*, 53, 401).

と鉄の分布は銀河の分布と一致しているはずである．現在の Ia 型超新星の鉄の生成率（Ia 型超新星の爆発率に比例）を宇宙年齢の期間積分しても銀河団ガスに含まれる鉄の量の 1 割以下であることも考えると，おそらく，銀河団の鉄ははるか昔，現在よりもはるかに数が多かった Ia 型超新星爆発によって大量に合成され，銀河間ガスを汚染したと考えられる．

鉄以外の重元素の観測と重力崩壊型超新星の寄与

酸素，マグネシウム，ケイ素などの元素の等価幅はそれほど大きくなく，また，中程度電離された鉄の輝線が近くにあり，検出が困難であったが．近年，酸素やマグネシウムは明るいクールコアの外側でも，ケイ素の輝線は r_{500} 近くまで検出が可能になった．図 9.20 のように観測されたケイ素と鉄の組成比は，観測限界である r_{500} までおおむね太陽と同程度であった．銀河団ガス中に含まれる元素を合成した重力崩壊型超新星と Ia 型超新星の数の比は，我々の銀河系とあまり変わらないことがわかる．また，銀河団ガス中の鉄の多くは Ia 型超新星で合成されたことが結論される．

現在の銀河団の銀河の多くは渦巻銀河である我々の天の川とは違い楕円銀河やレンズ状銀河である．これらの銀河では，近年星形成はあまり行われておらず，

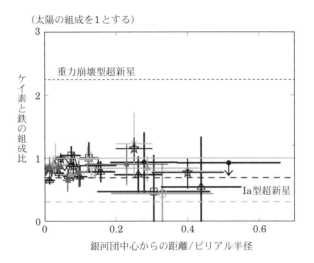

図 9.20　銀河団，銀河群のケイ素と鉄の組成比（太陽の組成比を単位とする）の空間分布．個々のマークは個々の銀河団，銀河群に対応．点線は重力崩壊型超新星の爆発噴出物の，破線は Ia 型超新星が合成する元素の組成比についての複数の理論モデルを示す（Sasaki et al. 2014, ApJ, 781, 36）．

寿命の長い小質量星がほとんどである．星形成活動の直後には寿命の短い大質量星が重力崩壊型超新星を起こし，おもに酸素，マグネシウム，ケイ素などの重元素をばらまく．その結果，銀河団に含まれる酸素やケイ素などの質量と銀河の光度の比はかつて存在した大質量星とまだ生き残っている小質量星の数の比，すなわち，星の初期質量関数を反映することになる．

銀河からの重元素の供給

銀河団ガスに重元素が多量に存在することは，超新星爆発により合成され星間空間にばらまかれた重元素の数割が，新たに生まれる星にとりこまれるのでもなく，銀河内に星間ガスとしてとどまるのでもなく，銀河の重力ポテンシャルから銀河間空間へと脱出したことを示している．cD 銀河が中心にあるような銀河団では，cD 銀河周辺で銀河団ガスに占める鉄やケイ素の組成比が高いことが多い．これは銀河団中の銀河の中で，特に cD 銀河が大量の重元素を放出するためだと考えられている．

図 9.21 スターバースト銀河 M 82 の可視光画像 (左, 1 辺は約 12.5 分角) とチャンドラ衛星で観測した X 線画像 (右, 1 辺は 5 分角) (NASA, http://chandra.harvard.edu/photo/0094).

　スターバースト銀河 M 82[*14]や NGC 253 を X 線で観測すると，数百万 K のガスが銀河面から垂直方向に吹き出しているのがみえる (図 9.21)．スターバーストがおこると，必然的に大量の超新星爆発がおこる．その結果，星間ガスが加熱され，銀河のポテンシャルの底から，ガスが吹き出す．銀河団ガスの重元素も，その一部は昔，銀河の星が大量に形成されたときに，銀河風として銀河間空間に放出されたと考えられている (4.2 節参照)．

　銀河が銀河団ガスの中を運動していると，銀河の周辺部のガスは，銀河団ガスの圧力により剥ぎ取られる．現在の銀河団の銀河の多くは楕円銀河や S0 銀河などの早期型銀河である．早期型銀河では，最近星生成はほとんど起こっていないために，重力崩壊型超新星爆発は起こっていない．しかし，晩期型星から質量放出されたガスが星の運動で数百万度にまで加熱されて X 線を放射している．この高温の星間ガスには，最近起こった Ia 型超新星により合成された重元素も含まれている．楕円銀河の高温ガスに含まれる鉄の質量を星の光度で規格化すると，銀河団や銀河群よりはるかに少ない (図 9.19)．銀河団中を移動している楕円銀河 M 86 (図 9.22) の X 線画像は，可視光で観測される星の分布とは大きく

[*14] M 82 の他の波長帯での画像については口絵 3, 図 4.1, 図 4.3 を参照.

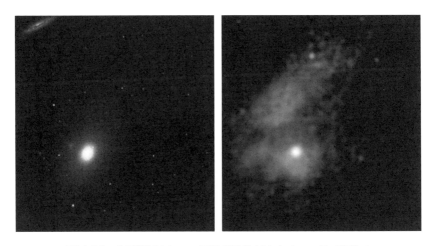

図 9.22　楕円銀河 M 86 の可視光画像 (左) とチャンドラ衛星で観測した X 線画像 (右). 両図とも 1 辺は約 15 分角 (NASA 提供, http://chandra.harvard.edu/photo/2003/m86/more.html).

異なっており，ガスが剥ぎ取られている様子が分かる．銀河団ガスの重元素の一部は，このように，銀河から剥ぎ取られたガスから供給されたものであろう．

9.4　高エネルギー粒子と磁場

これまでは銀河団中の熱的な高温ガスについて述べてきたが，本節は非熱的な高エネルギー粒子と磁場について述べる．

9.4.1　銀河団の衝突

まず非熱的な高エネルギー粒子が生まれる原因と考えられる銀河団衝突について考えてみる．図 9.23 の銀河団 1E 0657−56 では，一つの銀河団の中を別の銀河団が超音速で通過している．このような銀河団衝突で解放される重力エネルギーを求めてみる．

簡単のために二つの銀河団を質量 M_1, M_2 の質点として考え，他の天体を考えないことにする．また二つの銀河団は正面衝突をする軌道にあるとする．ケプラーの第 3 法則から，二つの銀河団がもっとも離れたときの距離 d_0 は

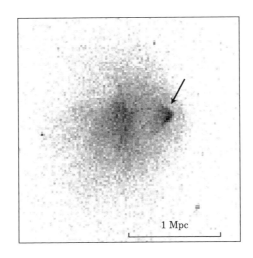

図 9.23 チャンドラ衛星で観測した銀河団 1E 0657−56. 一つの銀河団の中を別の小さな銀河団が通過している (矢印) (Markevitch et al. 2002, ApJ, 567, L27).

$$d_0 \approx [2G(M_1+M_2)]^{1/3}\left(\frac{t_{\mathrm{merger}}}{\pi}\right)^{2/3}$$
$$\approx 4.5\left(\frac{M_1+M_2}{10^{15}\,M_\odot}\right)^{1/3}\left(\frac{t_{\mathrm{merger}}}{10^{10}\,\mathrm{y}}\right)^{2/3}\ [\mathrm{Mpc}] \quad (9.4)$$

となる. t_{merger} は離れた銀河団が衝突するまでのタイムスケールで, 現在衝突している銀河団については宇宙年齢程度になる. 一方, 二つの銀河団が距離 d だけ離れているときの速度 v は, エネルギー保存の法則から,

$$\frac{1}{2}mv^2 = \frac{GM_1M_2}{d} - \frac{GM_1M_2}{d_0} \quad (9.5)$$

となる. ここで $m = M_1M_2/(M_1+M_2)$ である. 実際の銀河団は質点ではなく, 大きさを持つので, 二つの銀河団が距離 $d=R$ のときに衝突したとすると,

$$v \approx 3000\left(\frac{M_1+M_2}{10^{15}\,M_\odot}\right)^{1/2}\left(\frac{R}{1\,\mathrm{Mpc}}\right)^{-1/2}\left(1-\frac{d}{d_0}\right)^{1/2}\ [\mathrm{km\,s^{-1}}] \quad (9.6)$$

となる. R としてビリアル半径 ($\sim 1\,\mathrm{Mpc}$) をとると, (9.6) 式の右辺の最後の項は 1 のオーダーなので, $v \sim 3000\,\mathrm{km\,s^{-1}}$ いう衝突速度を得る. これは銀河団

ガスに対しマッハ数では 2–3 程度になる．また，解放されるエネルギーは

$$E_{\mathrm{merger}} \approx \frac{1}{2}\left(M_1 + M_2\right)v^2$$
$$\approx 9 \times 10^{57} \left(\frac{M_1 + M_2}{10^{15}\,M_\odot}\right)\left(\frac{v}{3000\,\mathrm{km\,s^{-1}}}\right)^2 \quad [\mathrm{J}] \qquad (9.7)$$

という莫大なものになる．これに匹敵するようなエネルギーの天体現象はビック
バン以降ない．

9.4.2　粒子加速

　銀河団を 10 GHz 以下の比較的低周波の電波で観測すると，銀河団そのものか
らの電波放射（電波ハロー，電波レリック）が見えることがある．特にこの電波
放射は銀河団衝突を起こしている銀河団で見つかることが多い（図 9.24）．すざ
く衛星などの観測により，電波レリックは銀河団ガスの温度と密度の不連続面に
対応していることが発見され，電波レリックは銀河団衝突に伴う衝撃波面である
ことが確認されてきている．この電波放射は高エネルギー電子からのシンクロト
ロン放射[*15]だと考えられている．高エネルギー電子は銀河団衝突で発生した銀
河団ガス中の衝撃波，あるいは乱流によって加速されたものと考えられている
（第 8 巻 4 章参照）．銀河団は宇宙最大の加速器でもあるといえる．
　衝撃波加速の場合，加速された粒子からのエネルギー放射率は，大まかに

$$L = \varepsilon f_{\mathrm{gas}} E_{\mathrm{merger}} t_{\mathrm{merger}}^{-1} \qquad (9.8)$$

と見積もることができる．ここで ε はガスのエネルギーのうち粒子加速に消費さ
れる効率，f_{gas} は銀河団中のガスの割合，E_{merger} は（9.7）式で与えられる衝突
のエネルギー，および t_{merger} は銀河団の合体が始まってから完了するまでの
タイムスケールである．f_{gas} については観測から 8.1.2 節のようにして M_{gas}
と M を求め，$f_{\mathrm{gas}} = M_{\mathrm{gas}}/M$ として求めることができる．典型的には $f_{\mathrm{gas}} \sim$
0.15 である．一方，効率 ε はよく分かっていない．
　そこで超新星残骸における電子加速効率と同程度であると考え，$\varepsilon = 0.05$ と
する．さらに銀河団衝突のタイムスケールは

[*15] 高速の電子が磁場によって軌道を曲げられるときに出す放射．第 12 巻 3 章参照．

9.4 高エネルギー粒子と磁場 | 335

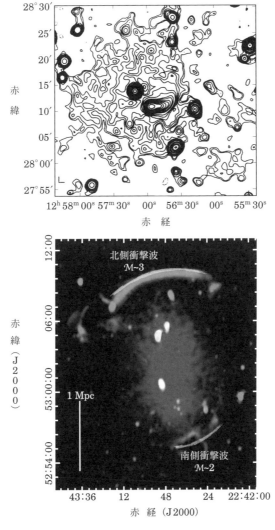

図 9.24 （上）0.6 GHz の電波で観測したかみのけ座銀河団．銀河団全体から電波が放射されている．かみのけ座銀河団は衝突銀河団として知られている（Giovannini *et al.* 1993, *ApJ*, 406, 399）．（下）CIZA2242 銀河団の電波画像（1.4 GHz）と X 線画像の合成画像．巨大な円弧状の構造が電波レリック（Akamatsu *et al.* 2015, *A&A*, 582, A87）．

$$t_{\text{merger}} = 2R/v \sim 7 \times 10^8 \left(\frac{R}{1\,\text{Mpc}}\right) \left(\frac{v}{3000\,\text{km s}^{-1}}\right)^{-1} \quad [\text{y}] \qquad (9.9)$$

と見積もられる.以上から,

$$L \sim 3 \times 10^{39} \left(\frac{\varepsilon}{0.05}\right) \left(\frac{f_{\text{gas}}}{0.15}\right) \left(\frac{E_{\text{merger}}}{9 \times 10^{57}\,\text{J}}\right) \left(\frac{t_{\text{merger}}}{7 \times 10^8\,\text{y}}\right)^{-1} \quad [\text{J s}^{-1}] \qquad (9.10)$$

となる.電波放射にはこのエネルギーの一部が使われる.また一部は宇宙マイクロ波背景放射光子との逆コンプトン放射に消費され,$10\text{–}100\,\text{keV}$ 程度の硬 X線として放射される.残りはすぐにはエネルギーを失わない低エネルギーの電子として銀河団内に蓄積される.なお,以上で考えたのは電子の加速であるが,陽子の加速も同様に考えられる.しかし電子と違い,直接電磁波を放射することがほとんどないので,銀河団の高エネルギー陽子についてはよく分かっていないのが現状である.

9.4.3 磁場

　銀河団ガスにはかなり強力な磁場があることが知られている(銀河磁場については,3.4 節参照).そもそもシンクロトロン放射が観測されているので磁場の存在は明らかであるが,さらに銀河団の背景天体からやってくる電磁波が銀河団ガス中の磁場で偏向角を変えるファラデー回転によってもその存在が確かめられている.強さは中心部では $\sim 10^{-10}\,\text{T}$ $(\sim \mu\text{G})$ もあり,銀河磁場の強さとあまり変わらない.重要なのは銀河団の場合,Mpc といった大きなスケールで磁場が存在することである.このような広い領域にどのようにして磁場が形成されたかについては諸説ある.

　まず宇宙初期に何らかの原因でできた種となる磁場(種磁場と呼ぶ)が,銀河団の形成期に,銀河団の中に圧縮して取り込まれたというものである.ランダムな向きを持つ磁場が単に圧縮される場合,磁場の強度 B と密度 ρ は $B \propto \rho^{2/3}$ の関係を持つ.銀河団の密度は外部の密度の 1000 倍ほどであるから,銀河団内部の $\sim 10^{-10}\,\text{T}$ の磁場を説明するためには,外部に $\sim 10^{-12}\,\text{T}$ の磁場が必要になる.しかし,このレベルの種磁場を宇宙初期に作るような理論モデルを構成するのは難しいので,種磁場はこれよりも小さく,銀河団の中でガスが運動するときに発生するダイナモ効果により,磁場が後で増幅されたと考えるのが一般的で

ある.

一方，種磁場を特に必要とせず，銀河団が形成されるときにミクロなプラズマ不安定性によって磁場が発生するというモデルもある．銀河団ガスは高温なので，電子とイオンが分離したプラズマである．ガスが銀河団に向かって落下するときに衝撃波が発生するが，その中でプラズマ不安定性が成長する可能性がある．ただしプラズマ不安定性で発生する磁場は銀河団で観測されている磁場よりも特徴的な空間スケール（それ以下では磁場の向きが揃っているとみなせるスケール）が桁違いに小さく，そのような磁場がはたして観測されているような磁場に進化するかについては今後調べる必要がある.

第**IO**章

銀河団と大規模構造

　銀河団よりはるかに大きな 100 Mpc を越えるスケールで銀河分布を調べると，銀河はほぼ一様に分布しているように見える．しかし，詳しくみると，銀河団ほど顕著ではないが，銀河の多く集中している領域とそうでなくほとんど銀河の存在しない領域が多数存在していることが明らかになってきた．このような銀河分布からなる構造を宇宙の大規模構造（あるいは単に大規模構造）と呼ぶ．本章では，大規模構造の観測的性質をまとめ，現在考えられているその形成機構について解説する．

10.1　宇宙大規模構造の認識

　宇宙では，すべての物質は互いに重力で引き合っている．重力に対抗する力が働かなければどんな天体も自らの重力でつぶれてしまう．安定な形を保っている天体では，重力に対抗する力が重力とつりあっている．この場合，天体は力学平衡[*1]状態にあるという．たとえば渦巻銀河の円盤は，銀河中心に向かう重力と，銀河回転による遠心力がつりあって平衡状態にある．銀河群や銀河団では，銀河が無秩序な運動をすることで，重力に対抗して平衡形状を保っている[*2]．

　[*1]　重力平衡，ビリアル平衡という言葉も用いられる．

　[*2]　無秩序な運動による速度分散がガスの圧力と同じ効果でつぶれようとする重力に対抗している．

7 章から 9 章で見てきたように，銀河団は数 Mpc もの広がりがあり，力学平衡状態にある天体としては宇宙で最大のものである [*3]．しかし，宇宙をさらに広いスケールで観測すると，銀河や銀河群さらに銀河団がフィラメント状に分布している様子が分かってきた．さらに，それとは逆に銀河がほとんど存在しない領域（ボイド領域）も発見され，その大きさは数 10 Mpc にも及ぶことが分かってきた．

　天体の形状が楕円体あるいは円盤であるときには力学的に平衡状態にあるとみなせるのに対し，大規模構造の形状（ボイドやフィラメント）はこのような力学的な平衡状態にある形状と異なっている．それゆえ，大規模構造は力学的に平衡になく，時間とともに構造が変化していく段階にあるといえる．

　いくつかの銀河団がゆるく結び付いた数 10 Mpc 規模の構造を超銀河団と呼ぶ．超銀河団とフィラメントには実質的な違いはあまりない．重要なのは，超銀河団もフィラメントも，明確な境界や規則正しい形を持った構造ではなく，宇宙膨張から切り離された系でもないということである．実際，銀河団内部の平均密度は宇宙の平均密度より 2 桁程度も高いが，超銀河団やフィラメントの中の平均密度は宇宙の平均密度と大差ない．このことからも，超銀河団やフィラメント（やボイド）は力学系として成熟しておらず，その進化の初期条件の記憶をとどめている可能性があることが分かる．したがって，大規模構造を調べることで，すべての天体の種になったとされる原始密度ゆらぎの性質の手がかりを得ることができる．

　宇宙の大規模構造は，銀河の 3 次元的な分布における密度の濃淡を反映している．したがって，大規模構造の解明には，この 3 次元分布の様子を定量化する必要がある．もっともよく用いられるのは 2 点相関関数である（第 3 巻参照）．これは，一つの銀河を選んだとき，そこから距離 r だけ離れたところに別の銀河が見つかる確率の平均からのずれを表す．これまでの観測から，銀河の 2 体相関関数 $\xi(r)$ は 3 桁以上の距離スケールにわたって，$\xi(r) \propto r^\alpha$ という r のべき関数で近似でき $\alpha \sim -1.8$ であることがわかっている．

　銀河の 2 体相関関数 $\xi(r)$ が r のべき乗則に従うことは日本の東辻浩夫と木原太郎によって 1969 年に初めて指摘された．ただし，2 体相関関数は銀河分布の

[*3] ただし，銀河群や銀河団の中にはまだ力学平衡状態に達していないものもある．

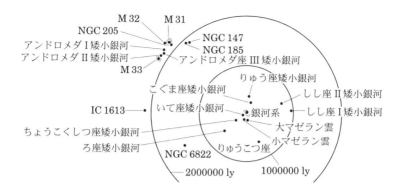

図 10.1　局所銀河群．中心に銀河系があり，左上にアンドロメダ銀河（M 31）がある．銀河系を中心として半径 100 万光年と 200 万光年の円を示してある（http://ircamera.as.arizona.edu/NatSci102/lectures/galaxies.htm）．

すべての情報を含んでいるわけではないため，大規模構造の特徴をうまく定量化するためのさまざまな統計量が考案されている段階である．

　銀河団と大規模構造の研究は，宇宙論的な構造形成の理解と密接に関係している．光が届くには時間がかかるため，遠くの宇宙を観測すると大規模構造の形成途中の様子を観測できる可能性があり，構造形成の手がかりを与えると考えられる．この章では，こうした視点で銀河団と宇宙の大規模構造について解説する．

10.1.1　局所銀河群

　宇宙の構造を調べる手始めとして，我々の銀河である銀河系周辺の宇宙の構造を紹介しよう．銀河系のそばには，銀河系とほぼ同じ大きさのアンドロメダ銀河（M 31）がある．それぞれの周辺には，小さな銀河が分布し，銀河系を中心とするグループとアンドロメダ銀河を中心とするグループがある．銀河系のまわりの 1 Mpc くらいの範囲には，この二つのグループを中心に，約 30 個の銀河が分布し，局所銀河群を作っている（図 10.1）．局所銀河群を詳しく調べると興味深い事実が分かる．アンドロメダ銀河は，銀河系の方向へ約 $100\,\mathrm{km\,s^{-1}}$ で近づいている．この銀河までの距離は 769 kpc（約 250 万光年）と推定されているの

で*4，このままの速度でアンドロメダ銀河が銀河系に近づくと，今後およそ70億年で銀河系と衝突することになる．膨張宇宙では銀河同士は離れていくはずである．それにも関わらず，銀河系とM 31が近づいているという事実は何を意味しているのだろうか．

宇宙の初期には宇宙全体として高温高密度でほぼ一様であった．このことは，宇宙マイクロ波背景放射の観測によって確かめられている．宇宙マイクロ波背景放射は，宇宙全体が高温高密度であった時代に放射されたものである．宇宙マイクロ波背景放射が放射された時期（宇宙年齢で37万年）には，まだ銀河は形成されていなかった．さて，その後，初期の宇宙の中で密度が少し大きい領域は，その重力によって膨張が宇宙の平均の膨張よりも遅れる．このため，この領域内の密度は宇宙の平均よりもしだいに高くなる．これを密度ゆらぎの成長と呼んでいる．この領域はやがて宇宙膨張から切り離され，収縮に転じて物質が小さな領域に集中し，そこで銀河が形成されたと考えられる．銀河の集団である銀河群や銀河団も同様に，銀河より大きなスケールの密度ゆらぎが成長して形成されたと考えられている．

以上のことから，現在アンドロメダ銀河が銀河系に近づいていることも，こうした宇宙の進化の結果であると考えることができる．つまり，アンドロメダ銀河もかつては宇宙の膨張とともに銀河系から遠ざかっていたが，だんだんその速度は小さくなり，やがてアンドロメダ銀河と銀河系は互いに近づくようになったのである*5.

以上の考えを使って単純な仮定の下に局所銀河群の質量を次のようにして推定してみよう．銀河系の質量をm_1，アンドロメダ銀河の質量をm_2とする．簡単のため，他の銀河は無視する．アンドロメダ銀河はまっすぐ我々の銀河に向かって運動していると仮定しよう．そして，これらの銀河が互いの重力で運動しているという単純化を行う．これらの銀河の相対運動についての古典力学の運動方程

---

*4 理科年表には1989年版以降，推定誤差15%とした上で230万光年という値が掲げられている．広く社会に影響のある理科年表では，研究の進展に伴う微小な修正を頻繁に行わないことを基本方針としている．最近の研究においては250万光年に近い値が得られているので，本巻および第5巻ではそれを採用した．

*5 実際にアンドロメダ銀河と銀河系がどのような軌道に沿って運動したかについては確定的なことが分かっているわけではなく，さまざまな研究が行われている（たとえば第5巻7章参照）．

式から

$$\frac{1}{2}v^2 - \frac{GM}{R} = e \tag{10.1}$$

が得られる．式（10.1）は相対運動に対する単位質量あたりの力学的エネルギー e の保存を表しており，v は銀河系とアンドロメダ銀河の相対速度，R は互いの距離，および G は重力定数で $G = 6.67 \times 10^{-11}$（MKS 単位系）である．また，ここで，$M = m_1 + m_2$ である．アンドロメダ銀河は銀河系から離れる運動をした後，我々に近づいていると考えられるので $e < 0$ と考えられる．式（10.1）から

$$M = \left(\frac{1}{2}v^2 - e\right)\frac{R}{G} \tag{10.2}$$

が得られる．アンドロメダ銀河までの距離とアンドロメダ銀河の速度が分かっているので，（10.2）を使って質量を求めることができる．いま $e < 0$ であり，$(1/2)v^2$ や GM/R に比べて $|e|$ の値が小さいと仮定すると

$$M = \frac{1}{2}\frac{v^2 R}{G} \tag{10.3}$$

と近似でき，$v = 100\,\mathrm{km\,s^{-1}}$, $R = 250$ 万光年を使うと，$M \sim 1.8 \times 10^{42}\,\mathrm{kg} \sim 10^{12}\,M_\odot$ が得られる．これは，銀河系の質量（ダークマターハローを含めて）$6 \times 10^{11}\,M_\odot$ の 2 倍弱である．この推定値は銀河系とアンドロメダ銀河が互いにまっすぐ近づいているなどの単純化からえられたものであり，より詳細な議論が必要である．しかし，局所銀河群には銀河系の 2 倍程度の質量が存在することは間違いない．

10.1.2 局所超銀河団

銀河系にもっとも近い銀河団を含む宇宙の姿はどうなっているのかを次に見てみよう．銀河系にもっとも近い銀河団はおとめ座銀河団である．おとめ座銀河団は銀河系から約 17 Mpc の距離にある．銀河系から 40 Mpc の範囲では，おとめ座銀河団を中心に，半径 20 Mpc の比較的平らな領域に数千個の銀河が集中的に分布している（図 10.2）．これは，銀河系の近くにある，銀河団を越えるスケールをもつ銀河分布構造なので，この集中を局所超銀河団と呼んでいる．

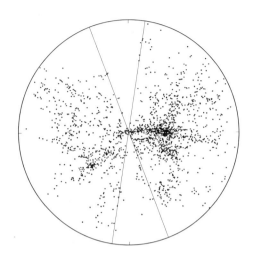

図 **10.2** 局所超銀河団．図の黒い点は銀河を表している．円の中心から，やや右の銀河が多く集中している領域はおとめ座銀河団である．円の中心に銀河系が位置している．円の半径は約 40 Mpc（Tully 1982, *ApJ*, 257, 389）．

銀河系やアンドロメダ銀河は局所超銀河団の端に位置している．このため，銀河系は（局所銀河群の他のメンバーとともに）おとめ座銀河団の方向に重力を受けるため，宇宙膨張からずれた特異運動が発生する．この特異運動は，あたかも局所銀河群がおとめ座銀河団に引かれてそこに向かって落ち込んでゆくように見えるため，「おとめ座銀河団への落下運動」（Virgo infall）と呼ばれている．この特異運動の速度を観測から精度良く求めるのは大変難しい．

局所銀河群がおとめ座方向に「落下」している速度については研究者ごとに $200\text{--}400\,\mathrm{km\,s^{-1}}$ の範囲でばらつきがある．ただし，約 17 Mpc の距離にあるおとめ座銀河団の宇宙膨張による後退速度は $\sim 1200\,\mathrm{km\,s^{-1}}$ なので，局所銀河群とおとめ座銀河団の実際の距離が縮まっているわけではない．宇宙膨張による銀河の後退速度が，おとめ座銀河団の方向では周辺より小さく観測され，あたかも宇宙膨張にブレーキがかかっているように見えるが，両者の距離は増大している．

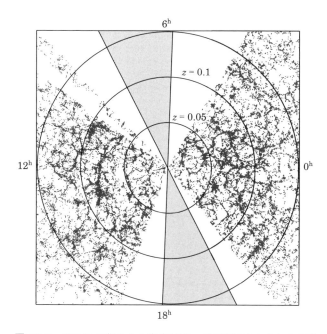

図 10.3 SDSS で得られた宇宙地図．天の赤道を中心とする赤緯幅 $2°$ の環状天域にある $r = 17.8$ 等より明るい 47783 個の銀河の分布を示す．一つ一つの点が銀河を表す．実際の銀河の大きさは点の大きさよりもずっと小さい．銀河系は中心にある．三つの円の半径は中心からそれぞれ，赤方偏移 $z = 0.05$（約 6.5 億光年），0.1（約 13 億光年），0.15（約 18 億光年）に対応する．灰色の扇形領域は銀河系の円盤によって隠されているために観測できない天域である（http://spectro.princeton.edu/#plots）．

10.1.3 局所超銀河団から宇宙の大規模構造へ

さらに銀河系から 200 Mpc の範囲で銀河の分布を調べるとかみのけ座銀河団を含む比較的狭い領域に銀河が集中している構造（フィラメント構造）が明らかになる（10.2 節参照）．また，銀河の数が平均よりも少ない領域（ボイド構造）も見えてくる．最近では，さらに大きな領域でボイド構造やフィラメント構造が至る所に観測され，それらは特殊な構造ではないことが明らかにされている．

図 10.3 は，スローンデジタルスカイサーベイ（SDSS）のデータの一部を用いて描かれた扇形図である．この図には赤方偏移 $z \sim 0.15$ までしか描かれていな

いが，CfA サーベイ（10.2 節参照）で見つかったような大規模構造は，現在の大規模サーベイ（掃天探査）の観測限界である $z \sim 0.5$ まで普遍的に存在していることが分かっている．ただし，100 Mpc（約 3 億光年）を大きく越えるような明瞭な構造は存在しない．次節で，宇宙の大規模構造が明らかにされてきた経過と，大規模構造の観測から宇宙における構造形成についてどのようなことが分かるかについて解説する．

10.2　宇宙地図の歴史と大規模構造の発見

この節では，宇宙における銀河の空間分布を調べる研究を歴史を追って解説する．また，観測技術の進歩についても触れる．

10.2.1　銀河の発見以前

宇宙における銀河の分布が研究対象となったのは 18 世紀の終わり頃からである．天王星の発見で名高いハーシェル（W. Herschel）は，天球面上の星雲の分布を調べ，かみのけ座の方向に星雲が集中していることを見出した．同様に，メシエカタログで有名なメシエ（C. Messier）はおとめ座の方向に星雲が多いことを指摘した．これらはそれぞれかみのけ座銀河団とおとめ座銀河団に対応している．その後，ハーシェルや彼の息子のジョン（J. Herschel）によって，いくつかの近傍銀河団や銀河群に対応する星雲の集団が発見された．20 世紀初頭までには，いくつかの近傍銀河団で星雲の天球分布が詳しく調べられた．ただし，当時はまだ星雲までの距離はおろか，星雲の正体が銀河であることすら分かっていなかった[*6]．

10.2.2　宇宙地図作りの黎明期

1923 年に，ハッブル（E. Hubble）によって，渦巻星雲が，銀河系の外にある天体すなわち銀河であることが明らかになった．銀河の距離と，その銀河が我々から遠ざかる後退速度の間の比例関係（ハッブルの法則）が 1929 年に発見されると，分光観測で銀河の赤方偏移[*7]を測定し，それをハッブルの法則に当てはめ

[*6] 星雲の一部は銀河ではなく，銀河系内のガス星雲や星団であった．

[*7] 赤方偏移に光速度をかけると後退速度が得られる．

て銀河の距離が測られるようになった.

第二次大戦後，銀河の赤方偏移データが蓄積されるとともに，宇宙における銀河の空間分布に銀河団を越える規模の疎密があるらしいことが認識され始めた. 1950 年代には，写真乾板の眼視による銀河団の系統的な探査が始められ，エイベルやツビッキーらが銀河団の大規模なカタログを発表した. エイベルは，自ら見つけた銀河団の距離を銀河の見かけの明るさから推定し，それをもとに銀河団の空間分布を調べ，銀河団の集団，すなわち超銀河団が存在することを主張した[8]. 一方，ツビッキーは，一貫して超銀河団の存在を否定し続けた.

その後，ド・ヴォークルールが，当時の限られた数の銀河の赤方偏移データをもとに，後退速度が $2000\,\mathrm{km\,s^{-1}}$ 以下の銀河が宇宙空間にきわめて非一様に分布していることを指摘し，局所超銀河団という巨大な銀河集団が存在することを実証した. より遠い銀河の分布は，データが不足していたために調べることができなかった. 現在の知識によれば，局所超銀河団は，銀河系からの後退速度がおよそ $3000\,\mathrm{km\,s^{-1}}$ あたりまで広がっている（図 10.2）.

10.2.3 赤方偏移サーベイの始まり

銀河の赤方偏移を測るには分光観測をしてスペクトルを得なければいけない. 当時天文観測に使われていた検出装置は写真乾板であるが，写真乾板は感度が非常に低いため，銀河のスペクトルを得るには何時間も露出しなければならなかった. しかし，1970 年代に入って，映像増倍管という，暗い像を電子的方法で増幅する装置が発明されると，写真乾板だけを使うのに比べてはるかに短い観測時間で銀河のスペクトルが得られるようになった. これが大きなきっかけとなり，多数の銀河をしらみつぶしに分光する赤方偏移サーベイが行われるようになった. まず，グレゴリー（S.A. Gregory）やトンプソン（L.A. Thompson）らによって，かみのけ座銀河団の方向にある銀河の空間分布が調べられた.

銀河の空間分布を図示するには扇形図（パイ図ともいう）が便利である. これは，扇の要に銀河系を置き，銀河系からの距離を動径方向に，赤経（α）を弧の向きに取って，銀河の分布を描いた図である. この場合，赤緯（δ）方向の情報は失われているが，狭い赤緯の範囲の銀河しか描き入れないことにすれば，赤緯

---

[8] ただし，銀河団の距離を分光観測で測定したわけではないことに注意.

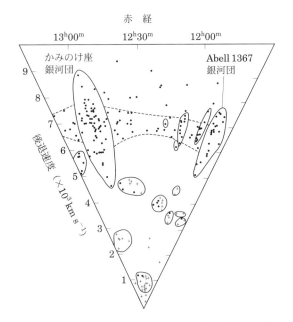

図 10.4 グレゴリーとトンプソンが 1978 年に発表した宇宙地図．かみのけ座銀河団と Abell 1367 銀河団を含む天域（$\alpha = 11^\mathrm{h}\!.5 - 13^\mathrm{h}\!.3$, $\delta = 19° - 32°$ にある，見かけ等級が 15 等より明るい 238 個の銀河が描かれている．一つ一つの点が銀河を表す．実際の銀河の大きさは点の大きさよりもずっと小さい．二つの銀河団は図の左右にある（Gregory & Thompson, 1978, *ApJ*, 222, 784）．

方向の重なりによる銀河分布のなまりを抑えることができる．いわば扇形図は，ある特定の赤緯に沿った宇宙の断面図である．

図 10.4 は，1978 年にグレゴリーとトンプソンが発表したかみのけ座銀河団と Abell 1367 銀河団を含む天域の扇形図である．$\alpha = 11^\mathrm{h}\!.5 - 13^\mathrm{h}\!.3$, $\delta = 19° - 32°$ にある見かけ等級が 15 等より明るい 238 個の銀河が描かれている．二つの銀河団は図の左右にある．この図から，かみのけ座銀河団と Abell 1367 銀河団はフィラメントのような構造を介して繋がり，全体で一つの大きな集合体を作っていることが分かる．銀河のこうした集合体は超銀河団と呼ばれる．また，これら二つの銀河団の手前には銀河があまり存在しない空間が広がっていることも分か

る．この図は，この天域の銀河の空間分布には数 10 Mpc の規模の構造があることを示している．

銀河分布にこれほど大きな構造が存在するというのは，当時の宇宙論や銀河の研究者にとって予想外の発見だった．そのため，こうした構造は，赤方偏移サーベイが不完全であることによる見かけの構造であり，実際は銀河はもっと一様に近い分布をしているのであろうという議論も起こった．赤方偏移サーベイの完全性については次節で述べる．また，こうした構造が宇宙に普遍的に存在するのかという重大な疑問も生まれた．そこで，他のいくつかの天域で同様のサーベイが相次いで行われ，大きさや鮮明さに程度の差こそあれ，こうした構造はありふれた存在であることが分かってきた．

10.2.4 大規模構造の発見から大型サーベイの時代へ

1980 年代までの赤方偏移サーベイで群を抜いて大がかりなものが，ハクラ（J.P. Huchra）とゲラー（M.J. Geller）を中心としたハーバード–スミソニアン天体物理学研究センター（CfA）の研究者による CfA サーベイである．このサーベイによって宇宙の大規模構造の存在が確立した．

CfA サーベイは一次と二次に分けて行われた．一次サーベイでは，北銀極と南銀極を含む 8700 平方度[*9]の天域にある，B バンド等級が 14.5 等より明るいすべての銀河（2401 銀河）の赤方偏移が求められた[*10]．第二次 CfA サーベイでは，1 等級暗い 15.5 等までの銀河が観測された．CfA サーベイの結果，銀河の空間分布は，銀河の集中するフィラメント状の領域と，銀河のあまり存在しない空洞のような領域（ボイド）によって特徴づけられることがはっきりと分かった．フィラメントとボイドで特徴づけられる銀河の大規模な空間分布のことを，大規模構造と呼ぶ[*11]．図 10.5 は第二次サーベイの結果の一部である．図の中央付近にある銀河の集中した領域はかみのけ座銀河団である．フィラメントとボイドが大規模構造を作っていることが見てとれる．

[*9] 全天 41253 平方度の約 1/5 に相当する．

[*10] それ以前に赤方偏移が求められていたものもあった．赤方偏移サーベイでは，まず対象とする銀河のカタログを作り，次にそれらの銀河に対する過去の赤方偏移の観測記録を調べて，データのないもの，あるいは精度が十分でないものに対してだけ新たに観測するのが通例である．

[*11] 多数のシャボン玉がくっつき合う様子にたとえて泡構造と呼ばれることもある．

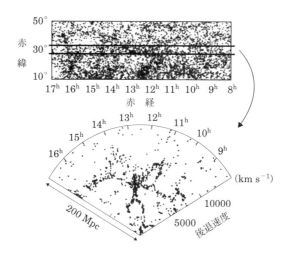

図 10.5 CfA サーベイで得られた宇宙地図．上図は，赤経 8^h–17^h，赤緯 $10°$–$50°$ の銀河の天球分布．下図は，上図の 2 本の線で挟まれた領域の銀河の赤方偏移を測って得られた扇形図．一つ一つの点が銀河を表す．銀河系は扇の要にある．いずれの図も，実際の銀河の大きさは点の大きさよりもずっと小さい（Geller & Huchra, 1989, *Science*, 246, 897 の図を改変）．

　CfA サーベイで見つかった構造の最大の大きさは，サーベイ領域の差し渡しに匹敵する．この事実は，大規模構造の大きさの上限を調べるにはもっと遠くまでのサーベイが必要なことを意味している．そこで，より大規模な赤方偏移サーベイが 1990 年代に次々に行われた．以下では，主要なサーベイである，ラスカンパナス赤方偏移サーベイ（LCRS），2dF 銀河赤方偏移サーベイ（2dFGRS），スローンデジタルスカイサーベイ（SDSS）を紹介する．

　CfA サーベイおよびそれ以前のサーベイでは，1 回の露出で基本的に 1 個の銀河のスペクトルしか取れなかった．それに対して，これらの新しいサーベイでは，広視野の望遠鏡に多天体ファイバー分光器が取り付けられ，視野に入る数十から数百個の銀河が一度に分光された．また，LCRS と SDSS では，分光観測だけでなく，分光対象の銀河を選ぶために必要な撮像データも，CCD カメラを用いて自らの手で取られた．CCD は 1980 年代から本格的に天文観測へ応用された半導体素子で，写真乾板より約 2 桁も感度が良く，かつ応答の線形性も高い．

図 **10.6** SDSS で用いられているサーベイ望遠鏡．口径 2.5 m のこの望遠鏡はアメリカ合衆国ニューメキシコ州のアパッチポイント天文台に設置されている（米国フェルミ国立加速器研究所提供）．

LCRS は南天にあるラスカンパナス天文台の 2.5 m 望遠鏡で行われたサーベイで，700 平方度の天域にある約 26000 個の銀河の赤方偏移が測られた．赤方偏移（z）は最大で $z \sim 0.2$ に達している．2dFGRS はオーストラリアにある口径 4 m の望遠鏡を用いた銀河サーベイで，南天の約 2000 平方度の領域にある $z < 0.3$ の 22 万個余りの銀河の赤方偏移が測られた．

SDSS は，アメリカ合衆国に口径 2.5 m の専用望遠鏡（図 10.6）を建設して行われた野心的なサーベイである．おもに北天の約 8000 平方度の天域を可視の五つの測光バンド（u, g, r, i, z）で撮像し，約 2 億個の天体を検出し，多天体ファイバー分光器を使って $z \sim 0.5$ までの約 70 万個の銀河の赤方偏移を測定した．9 万個のクェーサーと 6 万個の銀河系内の恒星のスペクトルも得ている．SDSS は，分光銀河の数においても，銀河の等級や色など撮像データの質と量においても，これまでに行われた赤方偏移サーベイの中で突出している．すべてのデータは 2006 年までに公開されている[*12]．

[*12] その後，より遠くの銀河やクェーサーを対象とした新たなサーベイが行われている．2017 年現在，第四次サーベイ（SDSS-IV）が進行中である．

SDSS による扇形図は 10.1 節（図 10.3）に示されている.

10.3 完全サーベイの重要性

宇宙地図作りでもっとも重要なのは, 分光する銀河をいかに偏りなく一様に選ぶかである. 銀河の選び方が場所によって変わると, ありもしない大構造が「発見」されてしまう恐れがある. 分光観測による赤方偏移の測定自体には不定性はほとんどない. 宇宙地図の質は, 分光対象を選ぶもとになる撮像データの質に大きく左右される.

宇宙地図のためのもっとも理想的な赤方偏移サンプルとは, ある空間内に存在する一定の絶対等級より明るい銀河をすべて含んだサンプルだろう. しかし, 銀河の絶対等級は分光して赤方偏移から距離を求めなければ分からない以上, 我々は見かけ等級を基準に分光対象を選ぶしかない. その意味で, 我々が現実的に手にし得るもっとも完全で扱いやすい赤方偏移サンプルは, ある一定の見かけ等級より明るい銀河をすべて分光観測して得られるサンプルである. このサンプルには, 遠くにいくほどより絶対等級の明るい銀河だけが含まれるようになるというバイアスが存在する. なぜなら, 同じ見かけ等級でも遠くの銀河ほど絶対等級が明るいからである. これは避けられないバイアスだが, 原理が単純なため, 銀河の空間分布の研究でこのバイアスを補正するのはやさしい.

現実の赤方偏移サーベイでは, 見かけ等級に対して完全なサンプルを作ることさえ容易ではない. 広い天域にわたって銀河の見かけ等級を高い精度で測るのが難しいからである. LCRS や SDSS では, 自らの手で CCD による撮像観測も行って, 銀河の見かけ等級を精度良く測り, この問題を克服している. CfA や 2dF サーベイでは, 写真乾板にもとづく既存の撮像カタログから分光対象を選んでいるため, 銀河の等級の精度や選択の一様性は落ちる.

分光対象にすべき銀河の数があまりにも多すぎて, 限られた観測時間ではすべてを分光できないこともある. 観測天域を縮小せずにこの問題を解決するには, 基準を満たす銀河のうち, 一定の割合だけを無作為に選んで分光すればよい. そうすれば, サンプルの完全性は失われるが一様性は保たれる.

10.4 宇宙大規模構造　353

10.4 宇宙大規模構造

10.4.1 ボイド–フィラメント構造の起源とその進化

　ボイドとフィラメントで特徴づけられる大規模構造は，何が原因でどのように形成されたのだろうか．ボイドがちょうど泡のように見えることから，宇宙の初期に膨大なエネルギーが宇宙空間に放出される現象が起き，それによって泡の膜のように掃き集められた物質が大規模構造を作ったというモデルが 1980 年頃に池内了らによって検討された．しかし，このモデルが予想するボイドを満たす高温ガスは，宇宙背景マイクロ波放射への影響が大き過ぎて観測と矛盾してしまう．現在では，ボイドやフィラメントは，ビッグバン直後に生成した密度ゆらぎが自己重力で成長して形成されたと考えられている．

　宇宙初期の密度ゆらぎの性質は宇宙マイクロ波背景放射（以下では背景放射）から探ることができる．背景放射をいろいろな方向で精密に観測すると，方向によって背景放射の温度がわずかに異なることが分かる．この温度のゆらぎは，宇宙が中性化した時期の密度ゆらぎを反映していると考えられている．温度ゆらぎの測定には COBE 衛星（1989 年打ち上げ），WMAP 衛星（同 2001 年），そして Planck 衛星（同 2009 年）が大きな役割を果たした．

　Planck 衛星は，それまでの宇宙マイクロ波背景放射観測衛星と比べて高感度で，角度分解能も飛躍的に高く，偏光観測の精度も向上していた．そのため，Planck 衛星は，宇宙マイクロ波背景放射の温度ゆらぎの性質をより詳しく調べることが可能となり，宇宙年齢やハッブルパラメーター，宇宙を構成している各成分の割合をこれまでにない精度で測定することができた．また，宇宙の密度ゆらぎについても，いわゆる「スケール不変ゆらぎ」からのズレを観測的に示し，「初期宇宙インフレーションによる密度ゆらぎの生成理論」に対して影響を与えた．偏光観測では，「初期宇宙インフレーションの際に生成した原始重力波による宇宙マイクロ波背景放射への影響（B モード偏光）」に対する上限値や，宇宙初期の星形成による宇宙の再電離の時期が 5.5 億年である証拠を与えるなどの成果をあげた．

　密度ゆらぎの起源はまだ明らかになっていないが，宇宙のインフレーションの時期に量子的なゆらぎから生成されたとする説が有力である．いずれにしても，

生成時の密度ゆらぎのコントラスト（疎密のコントラスト）は非常に小さかったはずである．後述するように，重力によって，密度ゆらぎのコントラストは時間とともに大きくなる．これをゆらぎの成長という．密度ゆらぎの形や大きさはまだ完全に測られているわけではない．以下で密度ゆらぎの基本的性質を簡単に説明しよう．

膨張宇宙とともに広がる共動座標での半径 R の球の平均の質量を M とする．密度ゆらぎが存在するために，無作為に選んだ球の質量 M' は平均値 M とごくわずかに異なる．共動半径 R の球を宇宙のさまざまな場所に置いて質量を求めると，平均値 M からのずれが大きい球の数は少ないと期待される．具体的には，ずれの大きさと球の数はガウス分布に従うと考えられる．これは，密度ゆらぎの元になったとされる量子的ゆらぎがランダムなゆらぎであるからである．ガウス分布は平均値と標準偏差 $\sigma(M)$ で特徴づけられる．ここで $\sigma(M) = \sqrt{\langle (M' - M)^2/M^2 \rangle}$ であり，$\langle\ \rangle$ は平均を表す．標準的な ΛCDM 宇宙モデル（5.1 節参照）で計算した，現在における $\sigma(M)$ を図 10.7 に示す．

図 10.7 において，この図の実線から，現在においては，平均質量 M の大きな球ほど $\sigma(M)$ が小さいことが分かる．図には，$+1\sigma(M)$ のゆらぎをもつ球が成長して力学平衡に達する時期も（赤方偏移 z で）右縦軸に示されている．$z = 0$ は現在を表し，より大きな z はより過去の宇宙を意味する．たとえば，現在 $\sigma(M) = 4$ のゆらぎは，$z = 2$ で力学平衡に達したことが分かる．その質量はおよそ $10^{10}M_\odot$ である．図 10.7 は，M の大きい球ほど，最近になって力学平衡に達することを示している．このことは次のようにして理解できる．

宇宙空間から共動半径 R の球の領域を取り出したとき，球の質量 M' が平均値 M と等しければ，球は宇宙全体と同様に膨張すると考えることができる．この場合，球の中の密度は宇宙の平均値とつねに一致し，密度ゆらぎは成長しない．次に，$M' > M$ であれば，球の重力が平均よりも強いために，この球は宇宙膨張からしだいに遅れ，やがて収縮に転ずる．このため，球の中の密度は宇宙の平均よりも大きくなり，密度ゆらぎは成長する．この重力の強さの目安は $(M' - M)/M$ で与えられる．すなわち，$(M' - M)/M$ が大きければゆらぎは早く成長する．図 10.7 に示されているように，大きな M（言い替えれば大きなスケール）のゆらぎほど $\sigma(M)$ の値は小さくなり，平均するとより遅く形成されるこ

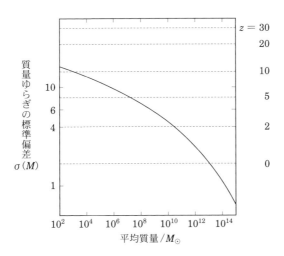

図 10.7 ΛCDM 宇宙モデルにおける平均質量 M の球の質量ゆらぎの標準偏差 $\sigma(M)$. 実線が M に対する $\sigma(M)$ の値である. 破線は, いくつかの $\sigma(M)$ をもつゆらぎに対して, そのゆらぎが力学平衡になる時期を右の縦軸の脇に赤方偏移 z で示したものである (Barkana & Loeb, 2001, *Physics Reports*, 349, 125).

とになる. ゆらぎは実際には球対称ではないので, 宇宙の膨張からの遅れは非等方的である. その結果, ゆらぎは非等方的につぶれてゆき, シートやフィラメント状の形状を経て, 最終的には, 高密度で比較的球に近い力学平衡形状になる.

一方, 球の中の質量が平均よりも小さく $M' - M < 0$ である場合は, この球の重力は平均よりも弱いため, 球の膨張は宇宙全体の平均的な膨張よりも速い. このため, 球は平均よりも大きく広がる. これがボイドになる. ボイドの周辺にはフィラメントが分布する. このように, ボイドはフィラメントの形成と並行して形成されることになる. 現在の宇宙に見られるボイドやフィラメントは, 非常にスケールの大きいゆらぎが非等方的に成長している途中の姿であるといえる.

図 10.7 にはゆらぎが力学平衡になる時期が示されている. フィラメントはゆらぎが力学平衡に至る途中の状態なので, フィラメント (やボイド) が見られる時期は, この図に示された力学平衡になる時期よりかなり早い. 一本のフィラメントの典型的な質量を $10^{16} M_\odot$ とする. この質量のゆらぎのうち, 力学平衡に

達しているものは，標準的な ΛCDM 宇宙モデルでは，ずれが $+6\sigma(M)$ 程度以上のものだけである．ゆらぎはガウス分布しているので，$+6\sigma(M)$ 以上のゆらぎの存在確率は無視できるほど小さい．現実の宇宙でも，力学平衡になっている $10^{16}M_\odot$ の天体は見つかっていない．言い替えれば，$10^{16}M_\odot$ のゆらぎのほとんどは力学平衡になっておらず，シートやフィラメントのような構造として観測されるわけである．

以上は定性的な議論である．実際の研究では，宇宙の初期の密度ゆらぎを再現して，その進化を数値シミュレーションで計算し，ボイドやフィラメントがどのように形成されるのかを定量的に調べている．その際問題になるのが，密度ゆらぎと銀河の対応関係である．

ボイドやフィラメントは銀河の分布の疎密構造なので，数値シミュレーションにおいても，単に密度ゆらぎの進化を追うだけでなく，ゆらぎの中での銀河形成も計算する必要がある．しかし，ゆらぎの進化が（計算時間はかかるものの）ほぼ正確に計算できるのとは対照的に，銀河形成の過程は，星生成をはじめとした複雑でまだ十分理解されていない物理過程を含んでいる．したがって，大規模構造の形成を理論的に再現するには，密度ゆらぎの中で銀河がどう形成されるのかを理解する必要がある．これについては 5 章及び次節で述べられている．

10.4.2 銀河団や大規模構造から何が分かるか

銀河団や大規模構造の現在および過去の姿を観測することは，宇宙論と銀河形成論双方にとって重要である．宇宙論的に見れば，銀河団や大規模構造は大きなスケールでの物質分布の疎密である．こうした疎密の成長過程が明らかになれば，密度ゆらぎの性質，ダークマターやダークエネルギーの性質，宇宙論パラメータの値に制限を与えることができる．これらの性質や値が，物質分布の様子や疎密の成長の速さを決めるからである．

密度ゆらぎの性質は素粒子論的宇宙論の中心問題の一つである．ダークマターとダークエネルギーの正体は 21 世紀の天文学の最大の難問であるとともに，素粒子論の研究課題でもある．また，宇宙論パラメータの値も素粒子論に関連がある．我々の宇宙で最大規模の構造を調べることが微小な素粒子の世界の解明につながるというのは興味深い．

一方，銀河形成論の観点では，銀河団や大規模構造は，銀河の形成と進化を左右する環境要因と捉えることができる．よく知られているように，現在の宇宙にはさまざまな形態の銀河が見られる．たとえば，楕円銀河は，比較的古い星からできており，星生成活動をすでに終えている．一方で，渦巻銀河は新しい星を多く含み，まだ活発に星生成活動を行っている．

興味深いことに，現在の宇宙では，ほとんどの楕円銀河は銀河団やフィラメントの内部のような銀河密度の高い場所に見られ，反対に渦巻銀河は銀河密度の低い場所に好んで存在する．楕円銀河や渦巻銀河に代表されるさまざまな形態の銀河が，いつ，宇宙のどういう場所で生まれたのか，また，そもそもその形態がいつどのようにして決まったのかは未解決の問題である．この問題に取り組むには，いろいろな時代の，いろいろな環境（ボイドからフィラメント，銀河団まで）にある銀河を観測する必要がある．

さまざまな環境での銀河の進化を解明することは，宇宙論からの要請でもある．なぜなら，銀河の分布は物質分布を忠実には反映していないからである．宇宙論では，宇宙空間での物質の密度分布が重要であるが，質量の大部分を占めるダークマターは直接観測できないので，通常，物質の分布は銀河の分布から推定される．しかし，実際の宇宙では，たとえば銀河の数密度が平均より2倍高い領域に，物質が必ずしも平均の2倍存在するわけではない．たとえば，楕円銀河は，ダークマターよりもずっとメリハリのついた分布をしていることが知られている．楕円銀河が見つからない場所にもダークマターは存在するし，逆に，楕円銀河が集中しているほどにはダークマターは集中していない．

このように，銀河の分布とダークマターの分布には，銀河の形態や明るさなどに依存したきわめて複雑な関係がある．この関係を銀河分布のバイアスという．バイアスの起源と時間変化を解明することは，銀河の形成と進化を解明することにほぼ等しい．そして，この複雑な関係が理解できないと，銀河の分布を宇宙論の研究に安心して使うことはできないのである．

現在の宇宙では，大規模な赤方偏移サーベイのおかげで，銀河の分布の様子が，形態や明るさなどさまざまな変数の関数として詳しく調べられている．こうした観測を高赤方偏移（過去）の宇宙にまで延長して銀河分布の進化を描き出すとともに，それを物理的に説明できるような銀河進化モデルを作らなければいけない．

10.4.3 見えてきた高赤方偏移の銀河団と大規模構造

遠方の銀河団や大規模構造の観測は容易ではない．そのおもな理由を三つ挙げる．第1に，遠方の銀河はそれだけ見かけ等級が暗いので，観測には大口径の望遠鏡による長時間の観測が必要である．第2に，遠方の構造ほど見込む角度は小さくなるものの，大規模構造を調べるには，差し渡し1度程度の天域をサーベイしなければいけない．しかし，大望遠鏡の多くはこれよりはるかに狭い視野しか持たないため，サーベイに時間がかかる．第3に，目的とする赤方偏移の銀河団や大規模構造を調べるには，同じ視線方向に見える圧倒的多数の前景・背景銀河[*13]を取り除かなければいけない．しかし，視線方向にある銀河をすべて分光して距離を測るのは非現実的なので，何らかの工夫で，撮像データだけから希望の赤方偏移付近の銀河を選び出さねばならない．

2000年代になって，こうした困難が少しずつ克服され，遠方の銀河団や大規模構造が見つかり始めた．当時この分野の進展にもっとも貢献したのは日本のすばる望遠鏡（口径8.2 m）である．すばる望遠鏡は，口径8 m以上の望遠鏡の中で唯一主焦点に撮像装置を持っている．主焦点は視野を広く取れるという特長がある．すばる望遠鏡で2000年に稼働を始めた主焦点カメラ（Suprime-Cam）は，30分四方というきわめて広い視野を持ち，遠方の銀河団や大規模構造の探査に威力を発揮した．現在は，Suprime-Camの7倍の視野を持つHyper Suprime-Camが稼働中である．

多数の銀河の赤方偏移を測光的に推定し，それに基づいて遠方宇宙の大規模構造を探す研究も行われている．また，背後の銀河の画像に及ぼすかすかな重力レンズ効果を多数の銀河について検出してダークマターの大規模構造を描き出すという，新しい研究も始まっている．これらの研究の代表例としてはCosmic Evolution Survey（COSMOS）によるものがある．

銀河団は大規模構造より小さいため，視野の狭い望遠鏡でも探査できる．赤方偏移 $z \sim 1$ を超える銀河団も多数見つかっており，その中にはすばる望遠鏡で発見されたものもある．ただし，見つかった銀河団の多くは，現在の宇宙に見られる銀河団に比べて銀河の相対密度が低い．ここで，相対密度とは，当時の宇宙の

[*13] 調べたい赤方偏移の手前側と向こう側の銀河．

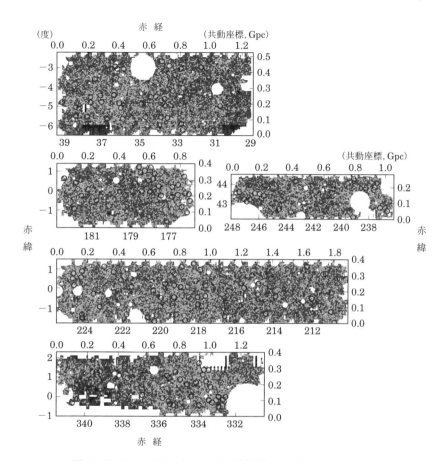

図 10.8 5つの天域（合計 121 平方度）における $z \sim 4$ の銀河の分布．個別の銀河ではなく，各場所での銀河の面密度が表示されている．色が薄いほど面密度が高い．丸印は原始銀河団である．100 Mpc（0.1 Gpc）に迫る規模の疎密が見られる（Toshikawa *et al.* 2018, *PASJ*, 70, S12）.

平均の銀河密度で銀河団内の平均の銀河密度を割った値である．相対密度が低いということは，銀河団がまだ力学平衡には達していないことを示唆している．

遠方の大規模構造の探査はすばる望遠鏡が得意としている．すばるの運用開始時（1999 年）から装着されていた広視野カメラ Suprime-Cam によって多くの大規模構造が見つかっているほか，後継機 Hyper Suprime-Cam（HSC）での探

査も行われている．図 10.8（359 ページ）は HSC が描き出した $z \sim 4$ の銀河の分布である．100 Mpc に迫る規模の疎密が見られる．密度の高い場所には原始銀河団も見つかっている．

　見つかった大規模構造は，スケールが大きい（数 10 Mpc）という点でも，分布の疎密が大きいという点でも，現在の大規模構造によく似ている．つまり，大規模構造は宇宙の歴史の早いうちに形成されたのである．一方で，標準的な構造形成理論は，こうした遠方宇宙ではダークマターの分布の疎密は現在よりもずっと小さいと予想する．もし，銀河の分布がダークマターの分布を忠実に反映しているとすれば，こうした遠方宇宙には大規模構造は存在しないはずである．遠方の大規模構造の存在は，当時の銀河がダークマターよりもめりはりをつけて分布していたことを示唆している．さまざまな時代の大規模構造を詳しく観測して銀河，銀河団，大規模構造の進化を総合的に理解することが今後の課題である．

参考文献

　本書を読むにあたり参考になる図書および辞典・事典を挙げておく．図書は銀河に関係するもので 2000 年以降に出版されたものから選んだ．また，本書では宇宙論に関する基礎的な知識も要求されるので宇宙論関係の図書も挙げておいた．なお，天文学全般の知識が必要な場合は，本シリーズの適切な巻を参照し理解に努めていただければ幸いである．

● 銀河に関する参考書

祖父江義明・家正則・有本信雄編『銀河 II［第 2 版］（シリーズ現代の天文学 第 5 巻）』，日本評論社，2018

塩谷康広・谷口義明著『銀河進化論』，プレアデス出版，2009

嶋作一大著『銀河進化の謎（UT Physics 第 4 巻）』，東京大学出版会，2008

吉田直紀著『宇宙 137 億年解読——コンピューターで探る歴史と進化』，東京大学出版会，2009

S. フィリップス，福井康雄監訳・竹内努訳『銀河——その構造と進化』，日本評論社，2013

Alessandro Bosselli 著，竹内努訳『多波長銀河物理学』，共立出版，2017

ブラッドリー・M. ピーターソン著，和田桂一，栗木久光，亀野誠二，谷口義明，寺島雄一訳『ピーターソン活動銀河核』，丸善，2010

● 宇宙論に関する参考書

佐藤勝彦・二間瀬敏史編『宇宙論 I［第 2 版］（シリーズ現代の天文学 第 2 巻）』，日本評論社，2012

二間瀬敏史・佐藤勝彦・池内了編『宇宙論 II（シリーズ現代の天文学 第 3 巻）』，日本評論社，2007

松原隆彦，『現代宇宙論——時空と物質の共進化』東京大学出版会，2010

● 天文学関係の以下の辞典・事典も参照されたい．

『インターネット版天文学辞典』http://astro-dic.jp で閲覧できる（岡村定矩編『天文学辞典（シリーズ現代の天文学 別巻）』，日本評論社，2012，をもとにした増補改訂版．改訂は継続的に行われる）．

谷口義明編『新・天文学事典』，ブルーバックス，講談社，2013

国立天文台編『理科年表』，丸善出版（毎年発行）

付表

Planck 宇宙論パラメータ $H_0 = 67.7\,\mathrm{km\,s^{-1}\,Mpc^{-1}}$, $\Omega_{\mathrm{m}0} = 0.309$, $\Omega_{\Lambda 0} = 0.691$ に基づく，赤方偏移と宇宙年齢，ルックバックタイム，角度距離，光度距離の関係（Gy = 10 億年，Gly = 10 億光年 $= 3.06 \times 10^8$ pc）．

赤方偏移	宇宙年齢 （Gy）	ルックバック タイム（Gy）	角度距離 （Gly）	光度距離 （Gly）
0.000	13.798	0.000	0.000	0.000
0.010	13.654	0.143	0.143	0.145
0.020	13.513	0.285	0.282	0.293
0.030	13.374	0.424	0.418	0.443
0.040	13.237	0.561	0.550	0.595
0.050	13.102	0.696	0.680	0.749
0.060	12.968	0.829	0.806	0.905
0.070	12.837	0.961	0.929	1.063
0.080	12.707	1.090	1.049	1.224
0.090	12.580	1.218	1.167	1.386
0.100	12.454	1.344	1.281	1.550
0.120	12.207	1.590	1.503	1.885
0.140	11.968	1.830	1.714	2.227
0.160	11.735	2.063	1.915	2.577
0.180	11.508	2.290	2.107	2.934
0.200	11.288	2.510	2.291	3.299
0.250	10.763	3.035	2.714	4.240
0.300	10.272	3.526	3.091	5.223
0.350	9.813	3.985	3.426	6.245
0.400	9.384	4.414	3.726	7.302
0.450	8.981	4.817	3.993	8.394
0.500	8.604	5.194	4.231	9.519
0.550	8.250	5.548	4.442	10.673
0.600	7.917	5.881	4.631	11.855
0.650	7.604	6.193	4.799	13.064
0.700	7.310	6.488	4.948	14.298
0.750	7.033	6.765	5.079	15.556
0.800	6.771	7.027	5.196	16.835
0.850	6.524	7.273	5.299	18.136
0.900	6.291	7.506	5.390	19.456
0.950	6.071	7.727	5.469	20.796
1.000	5.862	7.935	5.538	22.152
1.100	5.478	8.320	5.650	24.916
1.200	5.131	8.666	5.731	27.739
1.300	4.819	8.979	5.788	30.618
1.400	4.535	9.263	5.824	33.547
1.500	4.278	9.520	5.844	36.522
1.600	4.043	9.755	5.849	39.539
1.700	3.828	9.970	5.843	42.596
1.800	3.631	10.166	5.828	45.688
1.900	3.450	10.347	5.804	48.814

2.000	3.284	10.514	5.775	51.972
2.200	2.987	10.810	5.7006	58.374
2.400	2.732	11.065	5.6125	64.881
2.600	2.511	11.286	5.5155	71.481
2.800	2.318	11.480	5.4132	78.166
3.000	2.148	11.649	5.3080	84.928
3.200	1.998	11.800	5.2018	91.759
3.400	1.864	11.933	5.0959	98.656
3.600	1.745	12.053	4.9911	105.61
3.800	1.638	12.160	4.8882	112.62
4.000	1.541	12.257	4.7875	119.69
4.200	1.453	12.344	4.6893	126.80
4.400	1.373	12.424	4.5938	133.96
4.600	1.301	12.497	4.5011	141.16
4.800	1.234	12.563	4.4113	148.40
5.000	1.173	12.624	4.3243	155.67
5.200	1.117	12.681	4.2401	162.99
5.400	1.065	12.733	4.1586	170.34
5.600	1.017	12.781	4.0799	177.72
5.800	0.973	12.825	4.0037	185.13
6.000	0.931	12.866	3.9301	192.57
6.200	0.893	12.905	3.8589	200.04
6.400	0.857	12.941	3.7900	207.54
6.600	0.823	12.975	3.7234	215.07
6.800	0.792	13.006	3.6590	222.62
7.000	0.762	13.036	3.5967	230.19
7.200	0.734	13.063	3.5363	237.78
7.400	0.708	13.089	3.4779	245.40
7.600	0.684	13.114	3.4213	253.04
7.800	0.660	13.137	3.3665	260.70
8.000	0.639	13.159	3.3134	268.38
8.200	0.618	13.180	3.2619	276.08
8.400	0.598	13.199	3.2119	283.80
8.600	0.580	13.218	3.1634	291.54
8.800	0.562	13.236	3.1163	299.29
9.000	0.545	13.253	3.0706	307.06
9.200	0.529	13.269	3.0262	314.85
9.400	0.514	13.284	2.9831	322.65
9.600	0.499	13.298	2.9412	330.47
9.800	0.486	13.312	2.9004	338.31
10.00	0.472	13.325	2.8608	346.16
11.00	0.414	13.383	2.6778	385.60
12.00	0.367	13.430	2.5170	425.37
13.00	0.329	13.469	2.3745	465.40
14.00	0.296	13.501	2.2475	505.69
15.00	0.269	13.529	2.1336	546.19
16.00	0.245	13.552	2.0308	586.90
17.00	0.225	13.573	1.9376	627.80
18.00	0.207	13.590	1.8528	668.86
19.00	0.192	13.606	1.7752	710.08
20.00	0.178	13.619	1.7039	751.44
21.00	0.166	13.631	1.6383	792.94

22.00	0.156	13.642	1.5776	834.56
23.00	0.146	13.652	1.5213	876.29
24.00	0.137	13.660	1.4690	918.14
25.00	0.129	13.668	1.4202	960.09
26.00	0.122	13.676	1.3747	1002.1
27.00	0.116	13.682	1.3320	1044.3
28.00	0.110	13.688	1.2919	1086.5
29.00	0.104	13.693	1.2542	1128.8
30.00	99.11×10^{-3}	13.699	1.2187	1171.2
40.00	64.92×10^{-3}	13.733	0.9510	1598.6
50.00	46.63×10^{-3}	13.751	0.7808	2031.0
60.00	35.53×10^{-3}	13.762	0.6630	2466.9
70.00	28.20×10^{-3}	13.769	0.5764	2905.5
80.00	23.06×10^{-3}	13.775	0.5100	3346.2
90.00	19.30×10^{-3}	13.778	0.4575	3788.6
100	16.46×10^{-3}	13.781	0.4149	4232.4
200	5.689×10^{-3}	13.792	0.2158	8719.0
300	3.022×10^{-3}	13.795	0.1463	13251
400	1.917×10^{-3}	13.796	0.1107	17806
500	1.341×10^{-3}	13.796	0.0891	22374
600	0.999×10^{-3}	13.797	0.0746	26952
700	0.777×10^{-3}	13.797	0.0642	31536
800	0.624×10^{-3}	13.797	0.0563	36126
900	0.513×10^{-3}	13.797	0.0502	40719
1000	0.430×10^{-3}	13.797	0.0452	45316
1090[*]	0.373×10^{-3}	13.797	0.0415	49455

* 宇宙晴れあがり期

索引

数字・アルファベット

1/4 乗則	23, 59
Ia 型超新星	210, 328
1 次距離指標	199
II 型超新星	114, 123
2 次距離指標	201
2 体相関関数	340
4000 Å ブレイク	31
ACO カタログ	244
B–M 分類	247
cD 銀河	11, 247, 325
COBE 衛星	353
DDO 分類	11
D_n–σ 関係	64, 203
E+A	306
FR I 型，FR II 型	134
Gaia 衛星	194
H I 欠乏銀河	263
k+a	306
NFW モデル	54, 274
Planck 衛星	353
R–S 分類	247
S0 銀河	7
SED	16
VLBI	135, 136, 145
WIMPs	58
WMAP 衛星	353
XD 銀河団	248
β モデル	271
κ – 空間	66
ΛCDM モデル	157

あ

アインシュタイン半径	283
アインシュタイン方程式	153
厚い円盤	53
泡構造	349

色勾配	28
色指数	25
色–等級関係	27, 122, 299
インフレーション	160
ウォルフ・ライエ銀河	109
薄い円盤	53
渦巻腕	5
渦巻銀河	7
宇宙原理	152
宇宙項パラメータ	154
宇宙地図	346
宇宙定数	153
宇宙年齢	151
宇宙の距離はしご	192
宇宙の大規模構造	232, 339
宇宙マイクロ波背景放射	156
宇宙論的赤方偏移	41, 152
エイベルカタログ	244
エッジオン	40
エディントン限界	145
円盤	7
円盤銀河	9, 23, 37
横断時間	233
おとめ座銀河団への落下運動	344
音速横断時間	267

か

開口	20
階層的集団化モデル	263
改訂ハッブル分類	8
回転曲線	28, 38, 55
回転楕円体成分	7
化学進化	166, 181
角直径距離	157
ガス降着	145
ガスの剥ぎ取り	311
活動銀河中心核	46, 258

活動銀河中心核統一モデル	146	光度関数	29, 168
環境依存性	309	光度距離	158
環境効果	309, 312	光度密度	31
ガン–ピーターソン検定	130	固有距離	157
ガンマ線バースト	188	孤立銀河	231
基本平面	63	コンパクト銀河群	236
球状星団	7		
狭輝線領域	141	**さ**	
共動体積	170	最大円盤	55
局所銀河群	341	差動回転	38
局所超銀河団	343	サブハロー	274
巨大銀河	3	サルピーターの初期質量関数	176
許容線	125, 127	散開星団	7
距離指標関係	202	シアー	280
銀河円盤	50	ジーンズ質量	163
銀河合体残骸	257	ジーンズ長	163
銀河群	231, 236	ジーンズ不安定性	162
銀河系外巨大電離ガス領域	108	ジーンズ方程式	277
銀河進化モデル	33, 177	シェヒター関数	30, 169
銀河相互作用	253	シェル構造	46, 254
銀河団	231, 241, 265	自己重力系	28
銀河団ガス	253, 267, 314	指数法則	23, 59
銀河中心核	123	質量–光度比	49
銀河風	109, 114, 316	質量集積	302
キングモデル	54	周期–光度関係	199
禁制線	118, 125, 127	重元素	27, 328
クェーサー	129, 258	収束点法	195
クロン半径	34	重力質量	28
形態型指数	9	重力不安定性	162
形態–密度関係	265, 298	重力崩壊型超新星	328
ケニカット則	164	重力レンズ	213, 250, 278
高エネルギー粒子	332	重力レンズシアー	286
広輝線領域	141	重力レンズ方程式	278
光子インデックス	133	主系列フィット	199
校正	199	受動的進化モデル	167
剛体回転	38	シュミット則	164
後退速度	40, 344	初期質量関数	112
降着円盤	16, 146	シンクロトロン放射	253
光度階級分類	11	スーパーウィンド	109, 113, 144

スーパーウィンド銀河	110	多重銀河	236
スーパーバブル	113	ダストレーン	6, 18
スケーリング則	59	タリー–フィッシャー関係	59, 203
スケーリング平面	65	チャンドラセカール限界質量	210
スケール因子	152	超銀河団	231, 340
スケール長	23, 51	超高光度赤外線銀河	111
スターバースト	107, 258	超光速運動	138
スターバースト銀河	331	冷たいダークマター	301
スニヤエフ–ゼルドヴィッチ（S–Z）効果		冷たいダークマターモデル	160, 273
212, 253, 320		強い重力レンズ効果	283
スペクトルエネルギー分布	16, 146	電波銀河	128
スローンデジタルスカイサーベイ	26,	電波ジェット	134, 325
130, 350		電波ローブ	134
星間吸収	26	電離水素領域 （H II 領域）	18
星間塵	17	電離パラメータ	142
静水圧平衡	57, 233, 267	動圧	311
セイファート銀河	124, 258	等輝度線	6
赤化	26	等輝度線よじれ	43
赤色巨星分枝先端法	205	統計視差法	196
赤方偏移	41, 151	トーラス	146
赤方偏移サーベイ	347	とかげ座 BL 型天体	131
セファイド	199	特異運動	344
セルシック則	23	特異銀河	254
前加熱（プレヒーティング）	319	ドップラー効果	29
早期型	5	ド・ヴォクルール則	23
早期型銀河	12	ド・ヴォクルール分類	8
増光バイアス効果	290		
相対論的ビーミング	137	**な**	
測光赤方偏移	169, 249	年周視差	192
た		**は**	
ダークエネルギー	356	ハーンキストモデル	54
ダークマター	41, 48, 167, 356	バイアス	357
ダークマターハロー	28, 159	ハイパー赤外線銀河	111
ダークレーン	6	ハッブル定数	154
大規模構造	349	ハッブルの法則	346
大質量ブラックホール	145	ハッブル分類	4
ダイナモ効果	336	バリオン	156, 167
ダウンサイジング	186	バルジ	7

ハロー	7, 53
晩期型	5
反響マッピング	144
半禁制線	125
ビッグブルーバンプ	133, 146
標準光源	198
表面輝度	20
表面輝度プロファイル	23
ビリアル温度	271
ビリアル質量	232, 274
ビリアル半径	267, 274
ビリアル平衡	28
貧血銀河	11
フィールド	11, 232
フィールド銀河	234
フィラメント	231, 340
フェイスオン	40
フェイバー–ジャクソン関係	61, 203
不規則銀河	8, 108
ブッチャー–エムラー効果	304
ブラックホール	16, 42
プランマーモデル	54
フリードマン方程式	153
ブルーコンパクト矮小銀河	13, 108
ブレーザー	131
プレス–シェヒター型	31
プレス–シェヒター関数	270
分光視差法	197
分光赤方偏移	169
ペトロシアン半径	34
ポアッソン方程式	277
ボイド	231, 340
棒渦巻銀河	8, 258
崩壊時間	233
棒構造	258
膨張光球法	205
星質量関数	178
星生成率	109, 111
星生成率密度	174

ポスト・スターバースト銀河	110, 306
ホットスポット銀河中心核	108

ま

マージャー	257
マゼラン雲	8
密度パラメータ	153, 269
無衝突ボルツマン方程式	277
面輝度ゆらぎ法	204

や

ヤーキス分類	11
有効半径	25
弱い重力レンズ効果	286

ら

ライナー	131
ライナー銀河中心核	110
ライマン α 天体	173
ライマンブレーク銀河	171
ライマンブレーク法	171
力学質量	28
力学的摩擦	274
リップル	46, 254
臨界曲線	284
臨界密度	153, 269
リング銀河	256
ルーズ銀河群	238
ルックバックタイム	151
冷却時間	322
冷却流（クーリングフロー）	322
連銀河	234
ロバートソン–ウォーカー計量	152

わ

矮小銀河	3, 13, 108
惑星状星雲光度関数法	203

執筆者一覧 369

日本天文学会第 2 版化ワーキンググループ

茂山　俊和（代表）　岡村　定矩　熊谷紫麻見　桜井　隆　松尾　宏

日本天文学会創立 100 周年記念出版事業編集委員会

岡村　定矩（委員長）

家　　正則　　池内　　了　　井上　　一　　小山　勝二　　桜井　　隆

佐藤　勝彦　　祖父江義明　　野本　憲一　　長谷川哲夫　　福井　康雄

福島登志夫　　二間瀬敏史　　舞原　俊憲　　水本　好彦　　観山　正見

渡部　潤一

4巻編集者　谷口　義明　放送大学・愛媛大学名誉教授（責任者）

　　　　　　　岡村　定矩　東京大学名誉教授（1, 2, 6, 7, 8, 10 章）

　　　　　　　祖父江義明　東京大学名誉教授（2, 3 章）

執　筆　者　梅村　雅之　筑波大学大学院数理物質科学研究科（5.1 節）

　　　　　　　太田　耕司　京都大学大学院理学研究科（5.3, 5.4 節）

　　　　　　　大橋　隆哉　首都大学東京都市教養学部（7.2, 7.3 節）

　　　　　　　大山　陽一　Academia Sinica Institute of Astronomy and Astrophysics（4.2 節）

　　　　　　　岡村　定矩　東京大学名誉教授（6.5 節）

　　　　　　　幸田　　仁　ニューヨーク州立大学ストーニーブルック校（2.3 節）

　　　　　　　郷田　直輝　国立天文台（6.1 節）

　　　　　　　河野孝太郎　東京大学大学院理学系研究科（3.2 節）

　　　　　　　児玉　忠恭　東北大学大学院理学研究科（9.1 節）

　　　　　　　阪本　成一　国立天文台（3.3 節）

　　　　　　　嶋作　一大　東京大学大学院理学系研究科（7.2, 7.3, 10.2–10.4 節）

　　　　　　　須藤　広志　岐阜大学工学部（4.4 節）

　　　　　　　祖父江義明　東京大学名誉教授（3.4 節）

　　　　　　　高田　昌広　東京大学国際高等研究所カブリ数物連携宇宙研究機構（8.3–8.5 節）

谷口　義明　放送大学・愛媛大学名誉教授（はじめに, 4.1 節）

土居　　守　東京大学大学院理学系研究科（1.1, 1.2, 6.4 節）

中井　直正　関西学院大学理工学部（3.1 節）

西浦　慎悟　東京学芸大学教育学部（7.1 節）

野口　正史　東北大学大学院理学研究科（7.4 節）

羽部　朝男　北海道大学大学院理学研究院（10.1, 10.4 節）

藤田　　裕　大阪大学大学院理学研究科（8.1, 8.2, 9.2–9.4 節）

本間　希樹　国立天文台（2.1, 2.2 節）

松下　恭子　東京理科大学理学部（9.2, 9.3 節）

村山　　卓　東北大学大学院理学研究科（4.3, 4.5 節）

安田　直樹　東京大学宇宙線研究所（6.2, 6.3 節）

山田　　亨　宇宙科学研究所（1.3, 1.4 節）

吉田　直紀　東京大学大学院理学系研究科（5.2 節）

銀河Ⅰ─銀河と宇宙の階層構造［第2版］
シリーズ現代の天文学　第4巻

発行日　2007年10月25日　第1版第1刷発行
　　　　2018年8月25日　第2版第1刷発行

編　者　谷口義明・岡村定矩・祖父江義明
発行者　串崎　浩
発行所　株式会社 日本評論社
　　　　170-8474 東京都豊島区南大塚3-12-4
　　　　電話 03-3987-8621（販売）　03-3987-8599（編集）
印　刷　三美印刷株式会社
製　本　牧製本印刷株式会社
装　幀　妹尾浩也

JCOPY〈(社)出版者著作権管理機構委託出版物〉
本書の無断複写は著作権法上での例外を除き禁じられています．複写される
場合は，そのつど事前に，(社)出版者著作権管理機構（電話03-3513-6969,
FAX03-3513-6979, e-mail: info@jcopy.or.jp）の許諾を得てください．また，
本書を代行業者等の第三者に依頼してスキャニング等の行為によりデジタル
化することは，個人の家庭内の利用であっても，一切認められておりません．

© Yoshiaki Taniguchi *et al.* 2007, 2018 Printed in Japan
ISBN978-4-535-60754-5

シリーズ 現代の天文学 全17巻 [第2版]

圧倒的な支持を得た旧版に、重力波の直接観測、太陽系外惑星など、この10年のトピックスを盛り込んだ[第2版]刊行開始!

＊表示本体価格

- 第1巻 **人類の住む宇宙** [第2版] 岡村定矩／他編 ◆第1回配本／2,700円＋税
- 第2巻 **宇宙論I**──宇宙のはじまり [第2版増補版] 佐藤勝彦＋二間瀬敏史／編 ◆続刊
- 第3巻 **宇宙論II**──宇宙の進化 [第2版] 二間瀬敏史／他編 ◆続刊
- 第4巻 **銀河I**──銀河と宇宙の階層構造 [第2版] 谷口義明／他編 ◆第5回配本／2,800円＋税
- 第5巻 **銀河II**──銀河系 [第2版] 祖父江義明／他編 ◆第4回配本／2,800円＋税
- 第6巻 **星間物質と星形成** [第2版] 福井康雄／他編 ◆続刊
- 第7巻 **恒星** [第2版] 野本憲一／他編 ◆続刊
- 第8巻 **ブラックホールと高エネルギー現象** [第2版] 小山勝二＋嶺重 慎／編 ◆続刊
- 第9巻 **太陽系と惑星** [第2版] 渡部潤一／他編 ◆続刊
- 第10巻 **太陽** [第2版] 桜井 隆／他編 ◆第6回配本（2018年11月予定）
- 第11巻 **天体物理学の基礎I** [第2版] 観山正見／他編 ◆続刊
- 第12巻 **天体物理学の基礎II** [第2版] 観山正見／他編 ◆続刊
- 第13巻 **天体の位置と運動** [第2版] 福島登志夫／編 ◆第2回配本／2,500円＋税
- 第14巻 **シミュレーション天文学** [第2版] 富阪幸治／他編 ◆続刊
- 第15巻 **宇宙の観測I**──光・赤外天文学 [第2版] 家 正則／他編 ◆第3回配本／2,700円＋税
- 第16巻 **宇宙の観測II**──電波天文学 [第2版] 中井直正／他編 ◆続刊
- 第17巻 **宇宙の観測III**──高エネルギー天文学 [第2版] 井上 一／他編 ◆続刊
- 別巻 **天文学辞典** 岡村定矩／代表編者 ◆既刊

日本評論社